L'HISTOIRE DE L'HOMME

DU MÊME AUTEUR
CHEZ ODILE JACOB

Pré-ambules, 1998 ; « Poches Odile Jacob », 2001.
Le Genou de Lucy, 1999 ; « Poches Odile Jacob », 2000.
Yves Coppens raconte l'Homme, 2008.
Le Présent du passé, 2009.
L'Histoire des singes, 2009.

YVES COPPENS

L'HISTOIRE DE L'HOMME

22 ans d'amphi au Collège de France

Odile Jacob
poches

15, rue Soufflot, 75005 Paris

www.odilejacob.fr

ISBN : 978-2-7381-2407-4
ISSN : 1621-0654

*À Martine et Quentin, qui ont vécu (subi), chaque année, la préparation des enseignements, le temps de leur délivrance et la rédaction (souvent estivale) de leurs résumés pour l'*Annuaire, *vingt-deux ans pour l'une, dix ans pour l'autre.*

À la mémoire de mes collègues Henri Albertini, Franck Bourdier, Jacques Briard, Jean Dastugue, Pierre Delétie, Henri Delporte, Francis Clark Howell, Jan Jelínek, Jacques Lacarrière, Lucien Leclaire, Jean-Charles Sournia et Andor Thoma invités à donner conférences ou séminaires à ma tribune et décédés depuis.

Avant-propos

C'est sous la pression (douce) de beaucoup d'auditeurs fidèles et nostalgiques que je me suis décidé à réunir ces cours et ces séminaires.

Vingt-deux ans, c'est en effet une petite tranche d'histoire des sciences, d'histoire de l'évolution des idées en plus de l'histoire de l'évolution des idées de l'auteur. Cet enchaînement de textes, avec ses hypothèses, ses hésitations, ses présomptions, ses anticipations, était finalement amusant à composer. Comme le titre de l'ouvrage engage en outre l'Institution, j'ai tenu à y énumérer les séminaires et les colloques de manière à donner un aperçu de la totalité du contenu de l'enseignement des disciplines affichées dans l'intitulé de la chaire, paléoanthropologie et préhistoire, tel qu'il a été dispensé pendant cette période (il y manque 68 conférences données par 24 invités de 12 nationalités).

Cette période 1983-2005 a représenté en fait vingt-deux années d'une extraordinaire fécondité de découvertes et de leurs implications, comparables aux vingt-deux années de terrain – 1960 à 1982 – particulièrement fertiles d'où j'arrivais ; nous avions alors tracé les grandes lignes des trois derniers millions d'années (et de quelques-unes de leurs racines), nous allions vivre l'éclairage des quatre millions d'années d'avant (et de quelques petits rameaux d'après).

Un appareil de notes, un glossaire et une bibliographie ont été spécialement construits pour faciliter ou étendre la lecture de ce livre.

Je suis reconnaissant à Odile Jacob de publier ce bilan ; j'ai pour Odile de l'affection et de l'admiration et tiens à la remercier en toute première place.

Mais merci aussi à Bernard Gotlieb, qui explique, rassure et pondère. Merci à Monique Tersis, Anaïs Besnard-Statian, Fabrice Demeter qui ont réalisé, avec compétence, gentillesse et patience, le *dirty work*.

Merci à tous les invités des conférences, des séminaires, des colloques qui ont accepté de donner aux auditeurs de cet enseignement des morceaux de leur expertise et de leur talent. Merci à ces auditeurs – certains ont fait tout le parcours ! – et à la chaleur de leur soutien attentif.

Merci, bien sûr, à l'administrateur du Collège, le professeur Pierre Corvol, de m'avoir autorisé à publier ce concentré de vingt-deux années d'amphithéâtre.

Merci enfin à Patrick Norbert, auteur et éditeur, et à Tanino Liberatore, dessinateur, pour m'avoir généreusement autorisé à leur emprunter la superbe image de l'enfant de Lucy, symbôle de la somptueuse grandeur du Passé et de l'immense espoir de l'Avenir, pour illustrer la couverture de ce livre.

Introduction

Les cours donnés au Collège de France (que l'on appelle leçons) sont, depuis 1530, ouverts à quiconque veut venir les entendre. Ces cours sont censés, par ailleurs, exposer, en même temps qu'elles se font, les recherches dans les domaines couverts par l'intitulé de la chaire. La combinaison de ces deux caractéristiques fait donc théoriquement de ces enseignements les textes les plus à jour qui soient dans le langage le plus accessible qui puisse être, exercice évidemment parfois délicat – c'est compliqué d'être simple !

En fonction de leurs habitudes, certains collègues écrivent leurs cours, d'autres en griffonnent des morceaux (c'est mon cas), d'autres encore improvisent. Mais, quelle que soit la manière que l'on ait de le conduire, ce cours doit faire l'objet d'un résumé que l'Institution publie dans son *Annuaire*. Or les cours, obligatoirement originaux, statutairement différents chaque année, ont souvent fait l'objet d'une importante préparation ; ils offrent par suite des synthèses, des idées, des approches et des éclairages inédits, quelles qu'en soient les qualités, figurant dans le résumé édité par l'*Annuaire*.

Durant mon temps de Collège – 1983-2005 –, j'ai donc délivré vingt et une années de cours (car s'est glissée en leur cœur une année sabbatique). Ce livre a pour ambition d'en réunir ici les textes en les associant de la manière la plus cohérente possible. L'ouvrage est divisé en deux parties, les leçons d'une part, les séminaires et les colloques apparaissant comme annexes d'autre part ; les leçons se subdivisent en trois ensembles, les séminaires en cinq.

Le premier ensemble propose en six leçons l'histoire de l'Homme dans le sens du temps telle qu'elle se dessinait alors ; le deuxième reprend le même parcours tant il s'était enrichi de découvertes récentes et nombreuses et y ajoute quelques leçons sur la partie de l'histoire qui concerne l'Eurasie et l'Amérique. Le troisième regroupe, de manière un peu artificielle, les leçons sur l'environnement, les comportements culturels et sur quelques aspects d'histoire des sciences.

Quant aux séminaires, nous les avons réunis sous les cinq rubriques suivantes : paléoanthropologie, préhistoire, environnement, techniques, histoire.

Une leçon inaugurale, prononcée le 2 décembre 1983, et une leçon clôturale, le 21 juin 2005, toutes deux « exceptionnelles » en ce sens qu'elles ont été entièrement rédigées, encadrent les vingt et un cours au même titre qu'elles ont effectivement ouvert le premier et fermé le dernier ; la leçon inaugurale est reprise ici ; la leçon clôturale a été publiée sous le titre *Histoire de l'homme et changements climatiques.*

La leçon inaugurale et les onze premiers enseignements ont été donnés dans la salle 8 du Collège de France, les trois suivants, le Collège étant en travaux, dans l'amphithéâtre Charcot de l'hôpital de la Pitié-Salpétrière (université Paris-VI) (moins une heure dans l'amphithéâtre de l'Institut Pierre-et-Marie-Curie), les sept derniers et la leçon clôturale dans le grand amphithéâtre Marguerite-de-Navarre du Collège de France.

LEÇONS

Leçon inaugurale

Je n'ai pas besoin d'avouer l'émotion que j'éprouve aujourd'hui à cette tribune – elle apparaît d'elle-même ; je tiens à dire, par contre, ma profonde gratitude aux professeurs du Collège de France pour le grand honneur qu'ils m'ont fait en m'appelant auprès d'eux dans cette impressionnante Institution de près d'un demi-millénaire. Je dirai aussi, sans attendre, la reconnaissance toute particulière que je dois à celui d'entre eux qui eut l'idée de me confier l'enseignement que j'ouvre en cet instant, le professeur Jacques Ruffié, mais je n'oublierai pas pour autant ni l'ardeur du soutien ni la chaleur des encouragements des professeurs Lucien Bernot, André Caquot, Jean Dausset, Jean Delumeau, Jacques Gernet, François Jacob, Yves Laporte, Jean Leclant, Emmanuel Le Roy-Ladurie, André Miquel, François Morel, Jean-Claude Pecker, Jacques Tits, tout au long du cycle initiatique que cette leçon doit clore.

*
* *

C'est une tradition de cinquante-quatre ans déjà que je saisis en affichant à nouveau sur ces murs, après une très courte interruption, le terme de préhistoire, tradition que l'on ne peut qualifier d'ancienne au regard de l'âge de bien d'autres chaires, mais qui se trouve pourtant déjà illustrée par deux grands noms, Henri Breuil et André Leroi-Gourhan, et par l'ombre d'un troisième, Pierre Teilhard de Chardin. Bien que l'introduction de ce dernier dans cet hommage ne soit pas très orthodoxe puisqu'il ne fut jamais élu au Collège de France, elle ne me paraît pas non plus tout à fait anormale ; le père Teilhard fut appelé par plusieurs professeurs de la maison ; dans des lettres aujourd'hui publiées, il fait alors savoir combien ce choix le touche, l'intéresse et l'honore. Mais la procédure est arrêtée, son ordre ne l'ayant pas autorisé à répondre à cette sollicitation, soulignant du même coup l'importance de l'homme et de l'Institution.

Breuil, Teilhard de Chardin, Leroi-Gourhan, trois maîtres aux personnalités bien différentes et que lient pourtant l'attrait des sciences naturelles, la fascination du passé, la passion du terrain, l'art de la synthèse. Il serait vain, comme on peut s'en douter, d'en définir en quelques lignes les œuvres immenses et complexes.

Je ne peux cependant m'empêcher de rappeler l'extraordinaire travail de relevés de peintures et de gravures pariétales réalisé par l'abbé Breuil dont le coup de crayon était devenu légendaire ; « si ces dessins sont faux, avait-il déclaré en ma présence un jour en parlant des figures de Mammouths de la grotte de Rouffignac, ils imitent si bien les modèles magdaléniens qu'une seule personne au monde aurait été capable de les peindre, et cette personne, c'est moi ; comme je n'en suis pas l'auteur, je peux vous assurer que ces dessins sont authentiques ». On dit qu'il passa, au total, plus de deux années dans les grottes de France, d'Espagne, de Rhodésie et d'Afrique du Sud. Il a, le premier, ouvert les yeux des préhistoriens, mais aussi ceux des peintres, à ce qu'il appelait « ces splendeurs inutiles à la vie matérielle, essentielles à l'esprit ». Son classement du Paléolithique supérieur basé sur la stratigraphie et l'évolution typologique des outillages est une autre pièce maîtresse de son œuvre et tout spécialiste connaît la vigueur de ceux de ses écrits qui en défendent l'ordre de succession. Mais ses tentatives de compréhension de l'histoire combien complexe des dépôts, des creusements, des emboîtements, des solifluxions des vallées ou des côtes du nord de la France, de la Belgique et du sud de l'Angleterre n'en sont pas moins importantes ; elles aboutirent à l'idée nouvelle d'une chronologie longue du Paléolithique inférieur, clairement confirmée depuis, jalonnée par les outillages de l'Abbevillien, du Clactonien, de l'Acheuléen et du Levalloisien.

Le révérend père Teilhard de Chardin apparaît plutôt comme un géologue et un paléontologiste et, bien entendu, comme un philosophe, aux côtés de son ami préhistorien Henri Breuil. Ses travaux sur les Mammifères du Paléocène et de l'Éocène d'Europe, du Miocène, du Pliocène et du Pléistocène d'Extrême-Orient font toujours autorité ; ses recherches de géologie sédimentaire en Chine, en Indonésie, en Éthiopie, en Afrique du Sud restent les précieuses observations d'un infatigable homme de terrain. Son activité en paléoanthropologie est moins participante ; il visite et réfléchit plus qu'il ne fouille, mais intègre magistralement toutes les connaissances de son époque en des synthèses élégantes qui ressemblent à des prédictions. N'a-t-il pas déclaré en 1954 : « Au point où nous en sommes parvenus de nos connaissances en paléontologie générale, il paraît surprenant que l'Afrique n'ait pas été identifiée du premier coup comme la seule région du monde où rechercher, avec quelque chance de succès, les premières traces de l'espèce humaine. » On sait avec quel éclat les travaux de ces vingt dernières années lui ont donné raison. Extrêmement séduit par la perspective d'un enseignement au Collège, Pierre Teilhard y pensa certainement beaucoup puisque, quelques mois avant ce qui aurait pu être le vote de l'Assemblée des professeurs sur l'intitulé de la chaire qui lui était destinée, il déclarait être parvenu à une définition du contenu de ses futures leçons : « Nulle part des cours sont encore donnés où la mise en place, la structure et l'épanouissement du groupe zoologique humain, considéré comme un tout, soient techniquement présentés... C'est, me semble-t-il, dans cette direction encore neuve, qu'il serait intéressant de voir le Collège de France faire une expérience que je serais disposé à tenter », écrivait-il le 23 septembre 1948 à Paul Fallot, titulaire de la chaire de géologie méditerranéenne. S'il avait été élu, le père Teilhard n'aurait pu enseigner que trois ans, de 1948 à 1951. Mais ses idées n'en ont pas moins été exposées du haut de ces estrades par bien des orateurs et tout particulièrement par un de ses amis, Édouard Le Roy, titulaire près de vingt ans de la chaire de philosophie. Le professeur Jean Piveteau, qui suivait alors les discussions entre Pierre Teilhard et Édouard Le Roy, raconte que ce dernier déclarait volontiers ne plus savoir très bien quelle idée était de lui et quelle idée était de Teilhard, tant leur dialogue était uni.

André Leroi-Gourhan vint en 1969 ; introduisant son expérience ethnologique en préhistoire et reliant ainsi, de manière comparée, les hommes du présent à ceux du passé, il rapprocha de nous l'Homme fossile. Menant en outre, avec rigueur et patience, des chantiers-écoles devenus des modèles, il porta à un niveau jamais atteint la précision de la fouille et le soin de la récolte ; mieux que quiconque il a montré que la mise au jour d'une surface ancienne n'était autre que l'établissement d'un texte et que la lecture de ce texte ne pouvait être réalisée qu'une fois. Mais l'art pariétal a aussi exercé sur André Leroi-Gourhan, comme il l'avait fait sur Breuil, son extraordinaire pouvoir d'envoûtement ; n'est-ce pas, après tout, une partie de sa fonction ? Après un travail considérable sur plus de 2 000 figures, il parvint à établir la participation de l'ensemble de la caverne dans l'œuvre, démontrer la symbolique sexuelle du couple bison-cheval et conclure à la nature de contenant mythologique, susceptible d'avoir contenu une infinité de récits et de pratiques, de ce message de plusieurs dizaines de milliers d'années. Ces travaux de technologie, de paléthologie, d'esthétique joints à sa réflexion sur l'Homme, sa pensée, ses gestes, sa société ont débouché sur une œuvre philosophique vaste mais précise, que l'on peut qualifier à la fois d'évolutionniste et de globale. Pour André Leroi-Gourhan, le propos de cet immense domaine est en effet de « chercher à poser les bornes lointaines de l'humanité dans le temps et dans l'espace, chercher à voir l'Homme dans sa totalité ». Ce sont tout à fait ces termes que je serais tenté de retenir s'il fallait définir l'intitulé de la chaire que j'occupe aujourd'hui.

Tel est donc le lourd héritage que je dois assumer et faire fructifier jusqu'en l'an 2004. L'enseignement que je propose a l'ambition de réaliser avec ses ascendants un certain enchaînement tout en se décalant un peu vers la biologie ; son double intitulé de « paléoanthropologie et préhistoire » devrait faire apparaître cette situation. Les plateaux de la balance qu'elle constitue portent en effet les deux sources essentielles de notre information, l'os et le caillou, le corps et l'esprit, la biologie et la culture. Mon cours portera cette année sur le monde des Hominidés avant que ne soit apparu le genre *Homo*, mon séminaire sur les plus vieux outillages des cinq continents de notre planète, révélateurs de leurs plus anciens peuplements.

Le terme de paléoanthropologie a reçu depuis vingt ans une acception qui lui permettrait en fait de recouvrir, à lui seul, l'ensemble de cette recherche ; au lieu d'un plateau, il aurait pu figurer à la fois le fléau et l'aiguille de la balance en question. Sous son bonnet se rangent souvent en effet la paléontologie humaine, la paléoécologie qui fait elle-même appel à la paléoclimatologie et à la paléontologie animale et végétale, mais se range aussi la préhistoire ; c'est, en d'autres termes, l'ensemble de l'étude de l'évolution biologique et culturelle de l'Homme et de son milieu naturel. Mais comme, en France, l'anthropologie tout court est en général considérée comme biologique, il m'a paru justifié, pour éviter toute confusion, d'utiliser aussi « paléoanthropologie » dans ce sens. Il reste donc au joli mot de « préhistoire » le soin de traiter du milieu culturel de l'Homme, ce qui n'en fait pas moins dire à André Leroi-Gourhan que celui de palethnologie pourrait lui être avantageusement substitué. J'ai cependant conservé « préhistoire » pour respecter la tradition de son enseignement au Collège, issue elle-même de la tradition de son emploi dans ce pays qui a joué un rôle de premier plan dans sa naissance et continue de le faire dans son développement. J'emploie donc « paléoanthropologie » dans le sens d'une paléontologie humaine élargie, j'emploie « préhistoire » dans le sens d'une histoire des Hommes, de leur comportement, de leur pensée, de leurs techniques, de leur esthétique et de leurs sociétés. Il n'est pas besoin d'ajouter que les contours ainsi tracés n'atteindront jamais une parfaite netteté quel que soit l'effort de la mise au point ; bien d'autres disciplines se retrouvent parfois consultées, voire empruntées, par nos deux domaines sans s'y insérer pourtant totalement. Je pense, par exemple, à l'anthropologie physique, à la biochimie, à la caryologie, pour la première, à l'ethnologie, à la linguistique, à la sociologie pour la seconde ; mais qu'importent les frontières et le sens des emprunts, le seul propos étant l'approche la mieux armée du phénomène humain.

*
* *

Mais que s'est-il donc passé depuis vingt ans ? Je serais tenté d'emprunter à Jean Dausset, avec beaucoup d'audace, cette phrase si dense qu'il prononça ici même, il y a cinq ans, dans sa leçon inaugurale : « J'ai eu la chance, disait-il, de vivre une des aventures les plus exaltantes de la biologie contemporaine. » J'ai eu en effet moi-même la chance de vivre, de bout en bout, une des aventures les plus exaltantes qu'ait connues l'histoire des sciences paléoanthropologiques depuis son origine.

Cette aventure commence en 1959 ; Louis Leakey met alors au jour, dans un des niveaux les plus anciens de la célèbre gorge d'Olduvai, en Tanzanie, gorge qu'il fouille depuis 1931, un crâne superbe d'un Australopithèque de seize ans, encore porteur de toutes ses dents. Non content de cette découverte, Louis Leakey a l'idée de tenter une datation radiométrique d'un dépôt de cendre volcanique immédiatement supérieur au niveau qui contenait le crâne ; la mesure, qui utilise la transformation du potassium radioactif en argon, est faite à Berkeley par Jack Evernden et Garniss Curtis et sa publication, en 1961, ressemble à une explosion. Le crâne d'Australopithèque d'Olduvai aurait plus de 1,75 million d'années ! J'étais moi-même déjà engagé dans la recherche en Afrique, en l'occurrence au Tchad, lorsque fut découvert le crâne, et je venais d'être appelé pour dix-huit mois de service militaire lorsque fut annoncé son âge. Mais, dès 1963, je me retrouvais à Olduvai, à l'invitation de Louis Leakey, partageant avec lui projets, espoirs et enthousiasme. Ce double événement, la découverte d'un Hominidé et sa datation, allait, en effet, déclencher la plus extravagante chasse à l'Homme fossile que l'on ait connue de mémoire de paléontologiste. Neuf expéditions internationales s'alignèrent de la plaine de Serengeti à la mer Rouge, de 1963 à 1981, tout au long de 2 000 kilomètres de fossé, dans cette Rift Valley orientale qui précisément abrite le site d'Olduvai : l'expédition de Harvard dans le sud du lac Turkana en 1963, l'expédition du Musée de Nairobi dans le bassin du lac Natron en 1964, l'expédition franco-éthiopienne du gué de Melka Kunturé en 1965, l'expédition du Bedford College de Londres dans le bassin du lac Baringo en 1966, l'expédition internationale de l'Omo en 1967, l'expédition de l'est du lac Turkana en 1968, l'expédition internationale de l'Afar en 1972, l'expédition de la Rift Valley éthiopienne en 1974, l'expédition de la moyenne vallée de l'Awash en 1981 et des centaines de milliers d'ossements fossiles, des centaines de restes d'Hominidés, des milliers de pierres et d'os taillés, des tonnes de sédiments furent recueillis, analysés, comparés, discutés en un brillant et bruyant forum international. Le million et demi d'années qui faisait si peur en 1961, est doublé, quadruplé, décuplé, sans que désormais les chiffres n'embarrassent ; et c'est ainsi que les quinze derniers millions d'années de cette province biogéographique petit à petit revivent ; grâce aux pollens, aux bois, aux racines, aux feuilles, aux fruits même, le paysage est replanté ; grâce aux os, aux dents, aux traces de pas, aux coquilles, la faune est reconstituée ; grâce aux sables, aux argiles, aux limons, aux graviers, les rivières et les lacs, les marigots et les terres, le contour des berges et la hauteur des dunes sont mis en place ; grâce à l'analyse chimique de ces sédiments, à la détermination de leurs minéraux lourds, à la mesure des isotopes de l'oxygène qu'ils contiennent, aux sens des variations de taille et d'enroulement des mollusques qu'ils emballent, la composition de l'eau, sa salinité, sa température, sa profondeur, son origine apparaissent ; grâce à la répartition des fossiles, à leur taille, à leur poids, à leur orientation, c'est le sens et la vitesse des courants, le degré d'agitation des eaux, la force des phénomènes volcaniques qui sont révélés ; grâce à la nature de ces fossiles, aux proportions et aux associations de leurs espèces et à leurs variations, c'est l'importance des précipitations, le taux d'humidité, la fréquence des vents, qui viennent s'ajouter aux données précédentes.

Le niveau où a été découvert le squelette d'Australopithèque appelé Lucy, par exemple, daté de 3 millions d'années, traduit l'image d'un paysage, perché à 1 500 mètres d'altitude au lieu de 400 mètres aujourd'hui, arrosé régulièrement et composé d'un lac bordé de zones marécageuses avec joncs et roseaux et d'une plaine d'inondation plantée d'un tapis de graminées et parcourue de cours d'eau permanents. Plus loin, des savanes arborées s'épaississent peu à peu pour devenir, à une dizaine de kilomètres du lac, de véritables forêts. Des Dinothériums, des Éléphants, les uns ancêtres des Mammouths que l'on retrouvera plus tard en Europe et beaucoup plus tard sur les murs de nos grottes, les autres ancêtres de l'Éléphant actuel d'Afrique, des Cochons, ancêtres ou cousins des Phacochères, des Girafes, des Sivathériums, des Hipparions, des Antilopes Impalas, Kobes, Alcélaphes, Tragélaphes et Dikdiks et des Rhinocéros blancs paissent ou broutent dans la prairie et la savane, guettés par des Hyènes, des Panthères, des Dinofelis, des Mégantéréons, des Homothériums. Des Cercopithèques et des Colobes peuplent la forêt ; des Crocodiles comme ceux actuels du Nil, mais aussi des Gavials occupent les rivières aux côtés de paisibles Hippopotames.

Si l'on se rappelle que cette région du monde est précisément celle, et très probablement la seule, qui a vu se dérouler cette partie essentielle de l'histoire des Primates supérieurs entre Hominoïdés et Hominidés et entre Hominidés et Homme dont nous représentons le terme actuel, on comprendra l'importance de l'aventure, la dimension de l'enjeu.

Je saisirai cet instant pour rendre hommage à ceux, mes aînés et mes maîtres, qui m'ont appris le terrain, Jacques Barbeau dans les déserts du Borkou, Louis Leakey dans les savanes du Zinj, Camille Arambourg, sur les rives du fleuve Omo et pour saluer ceux, mes compagnons, qui l'ont partagé, Françoise Le Guennec-Coppens au Tchad et en Éthiopie, Raymonde Bonnefille, Jean Chavaillon, Claude Guillemot, Jean-Jacques Jaeger, Donald Johanson, Richard Leakey, Maurice Taieb, dans la vallée de l'Omo ou le triangle de l'Afar.

En même temps que se déroulait cette extraordinaire campagne de prospection, de fouilles et d'exploitation des sédiments miocènes, pliocènes et pléistocènes d'Afrique orientale, se développaient et se multipliaient, en partie sous son impulsion, les méthodes de datation. La tentative de Leakey, Evernden et Curtis de 1961, qui avait utilisé la désintégration du potassium radioactif en argon, est vite devenue routine chaque fois que le terrain s'est prêté à son application. Beaucoup d'autres méthodes, basées sur le même principe, sont alors venues compléter ou remplacer la précédente, celle, par exemple, du rubidium-strontium, celle de l'uranium-thorium-plomb, celle de la fission spontanée de l'uranium, du thorium ou du plutonium enregistrée sous forme de traces dans certains minéraux, celle du rapport béryllium/aluminium formé en haute atmosphère et accumulé dans les sédiments, ou, par irradiation artificielle du potassium 39, celle de l'argon 39-argon 40. Les datations absolues ainsi acquises, les mesures d'aimantation rémanente des sédiments ou paléomagnétisme, mettant en évidence la succession des différentes directions du champ magnétique terrestre, ont pu être largement appliquées ; ainsi est née la magnétostratigraphie ou magnétochronologie. La séquence sédimentaire de l'Omo, en Éthiopie, épaisse de plus de 1 000 mètres, a été, par exemple, étalonnée par les méthodes radiométriques et magnétostratigraphiques, de 4 millions d'années à 800 000 ans, à moins de 200 000 ans près, fixant, entre autres événements, les débuts de la taille de la pierre à 3 millions d'années et l'apparition d'*Australopithecus boisei* en même temps que celle d'une grande sécheresse à 2,2 millions d'années.

Voici comment se présentent, dans la séquence de l'Omo, quelques-unes de ces dates :

4 050 000 ans ± 200 000 ans pour le basalte le plus ancien,
3 790 000 ans ± 200 000 ans pour un tuf appelé B, et puis
2 930 000 ans ± 100 000 ans
2 600 000 ans ± 120 000 ans
2 120 000 ans ± 110 000 ans
1 990 000 ans ± 100 000 ans
1 930 000 ans ± 100 000 ans
1 810 000 ans ± 90 000 ans
et 1 270 000 ans ± 90 000 ans,

pour sept autres niveaux successifs de cendres volcaniques, interstratifiés dans la série sédimentaire.

Mais il ne faut pas oublier les méthodes de datation aussi efficaces et variées que celle en plein développement qui utilise le stockage dans certains minéraux des ondes électromagnétiques appelée datation par résonance électronique de spin, celle qui mesure les proportions d'acides aminés lévogyres et dextrogyres des os, les seconds naissant de la transformation ou racémisation des premiers ou celles, multiples, qui s'efforcent d'estimer le temps d'accumulation d'une certaine épaisseur de sédiments ou le temps d'évolution d'une espèce. Quant aux périodes plus récentes, elles ont vu courir à leur secours le fameux carbone 14, fixé par les animaux et les végétaux vivants et se désintégrant en azote à leur mort, le degré d'hydratation des obsidiennes, anhydres au moment de leur formation, la thermoluminescence des poteries cuites ou des silex brûlés, l'archéomagnétisme des fours ou des poteries restés en place après leur dernier refroidissement. Si l'on ajoute que la méthode du potassium/argon fut appliquée à la paléoanthropologie à partir de 1961, celle des traces de fission à partir de 1962, celle du paléomagnétisme à partir de 1963, celle de l'argon 39-argon 40 à partir de 1965, la racémisation des acides aminés à partir de 1970, la résonance électronique de spin à partir de 1978, on comprendra, à nouveau, l'importance de ces vingt dernières années. Pour la première fois, paléoanthropologie et préhistoire s'inséraient dans une cotte chronologique à mailles serrées, facilitant considérablement la recherche et lui apportant en même temps une image de rigueur dont elle ne bénéficiait pas toujours auparavant.

Sans vouloir attribuer tous les mérites à l'opération est-africaine, il est facile de comprendre que vingt années de mélange de disciplines et de nationalités ne pouvaient que conduire à un style nouveau de recherches ; la mise en commun de tant de travaux grâce à leurs contacts, à leurs débats, à leurs compétitions, a toujours été étonnamment féconde. Il s'est ensuivi un resserrement de la communauté paléoanthropologique internationale et un extraordinaire développement des collaborations entre spécialités, aussi bien, d'ailleurs, à l'intérieur des expéditions de la Rift Valley qu'à l'extérieur. Pendant que géologues, géomorphologues, paléontologistes, paléobotanistes s'efforçaient, par exemple, de reconstituer, à l'intérieur, paysages et écosystèmes, d'autres géologues, du pont de leurs bateaux-laboratoires, carottaient les fonds océaniques, remontaient d'impressionnantes colonnes de sédiments et, grâce à l'évolution de la morphologie du plancton fossile qu'elles contenaient, fonction de celle de la température de la surface, apportaient, de l'extérieur, de précieuses informations à la reconstitution du climat. Pendant ce temps, d'autres géologues encore, tectoniciens cette fois, rafraîchissaient la vieille idée de Wegener et faisaient faire un pas de géant à la compréhension de l'histoire du globe. Le rapprochement de toutes ces facettes, appuyé par les datations nouvelles, éclaira tout à coup, de façon parfois spectaculaire, le sens des migrations et le dessin des phylogénies si chères à notre science. L'histoire des Primates supérieurs, par exemple, que l'on retrouve indifféremment sur les trois continents de l'Ancien Monde, de l'Égypte au Kenya, du Pakistan à la Chine, de la Turquie à la France, s'est rangée dans l'espace et dans le temps, comme par enchantement, lorsque l'on a appris que les Primates d'Eurasie, contrairement à ceux d'Afrique, n'excédaient jamais 17 millions d'années et qu'un corridor s'était établi entre l'Afrique et l'Asie, par suite du contact de ces deux plaques, il y a précisément 17 millions d'années. Il n'est pas inutile d'ajouter que la nouvelle conception de tectonique des plaques a été proposée en 1967 et que les sondages marins profonds ont commencé en 1968.

Je ne laisserai pas passer cet épisode sans rendre hommage à ceux, mes maîtres, mes patrons et mes aînés, qui m'ont appris la paléontologie et l'anthropologie, Jean Piveteau dans les grands amphithéâtres sombres de la vieille Sorbonne, Jean-Pierre Lehman et Robert Gessain, au cœur des fabuleuses collections du Jardin des Plantes et du Musée de l'Homme, Francis Clark Howell dans les laboratoires austères de l'Université de Chicago, ni sans saluer ceux, mes compagnons, qui ont partagé cette formation, Jacques Lessertisseur, Daniel Heyler, Denise Sigogneau, Kyou Jouffroy, Sauveur d'Assignies à Paris, Franck Brown, Lynn Fichter, Ronald Wolf, David Abrams, aux États-Unis. Je rendrai aussi un hommage tout particulier à cette grande et belle maison qu'est le Muséum national d'histoire naturelle : chercheur à l'Institut de paléontologie puis au Musée de l'Homme et enfin titulaire de la chaire d'anthropologie, héritière de la Démonstration d'anatomie et de chirurgie créée en 1636 au Jardin du Roi pour Marin Cureau de la Chambre, j'ai été bénéficiaire, plus d'un quart de siècle, de son esprit de rigueur et d'entreprise, mais aussi de charme et d'aventure.

Le développement de la microscopie optique et à plus forte raison de la microscopie électronique allait ouvrir encore de nouveaux domaines aux paléoanthropologues et aux préhistoriens : les premiers se sont penchés sur les surfaces occlusales des dents, les seconds sur les tranchants des outils de pierre. Et telle une piste de patinage, dents et pierres sont apparues porteuses d'une multitude de marques, rayures, éclats, écrasements, polis, caractéristiques de ce que furent leurs activités. Tout était enregistré comme dans la cire molle d'un disque ; l'émail des dents révélait la nature du régime alimentaire, frugivore ou folivore, carnivore ou végétarien, et même les proportions du menu omnivore de l'être à qui les dents avaient appartenu. Le fil des outils racontait la nature du travail pratiqué et celle de l'objet travaillé, taille du bois, découpage de la viande, grattage des peaux, coupage de l'os. À l'interprétation de la morphologie dentaire venaient s'ajouter les précieux stigmates de ce que fut la mastication ; à la dénomination des types d'outils venaient s'adjoindre les preuves incontestables de ce que furent leurs fonctions. On a pu, pour la première fois, déclarer qu'à coup sûr le grattoir grattait et le racloir raclait ; on a pu, pour la première fois, démontrer que les canines des uns cisaillaient tandis que celles des autres broyaient comme des molaires. Au moment où, par exemple, les galets aménagés paraissaient avoir beaucoup plus servi à éplucher des végétaux qu'à dépecer du gibier, les dents d'*Homo habilis* se révélaient avoir précisément beaucoup plus mâché que coupé. Il convient d'évoquer ici les surprenants développements de l'examen, par les mêmes méthodes, de la surface des grains de sable, racontant leurs transports, leurs séjours, en un mot toutes les vicissitudes de leur existence, examen exoscopique complété par une exploration de leurs inclusions, ou endoscopie, révélatrice de leur provenance. L'inquisition tomodensitométrique, ou scannographie, permet depuis peu, grâce au couplage radiographie-ordinateur, d'ajouter le découpage, à l'épaisseur désirée, des objets dont on veut examiner forme ou contenu : leur section transparente apparaîtra sans effort sur un écran à lecture directe. Quant à la microradiographie de l'os, combinée à des analyses chimiques – mesure de la teneur en magnésium ou en strontium, des rapports O^{18}/O^{16}, C^{12}/C^{13}, des traces de métaux lourds, mesures de déminéralisation, etc. –, elle peut parfois trahir des caractéristiques alimentaires, voire des déficiences ou des pollutions, elles-mêmes en rapport avec la transformation du milieu. Ainsi se trouvent peu à peu appliquées à nos sciences ces précieuses techniques d'exploration d'objets organiques ou minéraux, enrichissant considérablement notre connaissance de témoins souvent si modestes. L'application de la microscopie électronique à l'étude de la pierre taillée remonte à 1964, son application à l'examen des surfaces dentaires à 1975, l'exoscopie des minéraux à 1971, l'application de la scannographie à l'os fossile à 1979.

Pendant cette même période, l'accès aux niveaux cellulaire et moléculaire permit à de grandes disciplines de proposer, par un jeu de comparaisons, des distances entre les espèces ou les genres vivants, affinant du même coup nos classifications et nos vieux arbres phylétiques : la première est la cytogénétique ou caryologie, étonnamment précise depuis qu'elle utilise les techniques de marquage. La seconde est le vaste domaine de la biologie moléculaire, de l'immunologie et de l'immunodiffusion à l'analyse séquentielle des macromolécules. Avec les chromosomes, les mesures immunologiques, les séquences d'acides aminés, les pseudogènes ou la récente méthode d'hybridation de l'ADN, ces sciences ont mis à la disposition de la paléontologie, un faisceau de résultats nouveaux particulièrement précieux mais dont la digestion n'a pas toujours été facile. Il a fallu bien des débats et de longs colloques de réajustement pour mettre sur pied une généalogie qui plaise à tout le monde, ce qui est à peu près réalisé aujourd'hui. Jusqu'à l'année dernière cependant, chacun était demeuré à sa place : le paléontologiste restait le maître incontesté du monde des fossiles, le biochimiste et le cytogénéticien se bornant à comparer les formes vivantes. Et puis, un beau jour, un biochimiste ne s'est-il pas amusé à injecter à un malheureux lapin un broyat de racines de dents de Ramapithèque et de Sivapithèque de 8 millions d'années ! Le lapin, étonné, réagit à l'injection et se mit à fabriquer des anticorps qui, testés vis-à-vis d'antigènes actuels, ont montré que Ramapithèques et Sivapithèques semblaient avoir plus d'affinités avec Gibbons et Orangs-outans qu'avec Hommes et Chimpanzés. Ce n'est évidemment pas ici l'endroit pour analyser le résultat de cette expérience ni juger de sa signification, mais il n'en demeure pas moins que, pour la première fois, la paléoanthropologie eut à compter avec l'intervention de la biochimie sur son propre terrain. C'est, me semble-t-il, une date importante et l'ouverture d'un domaine nouveau auquel, jusque-là, on s'était contenté de rêver. Rappelons encore que les premières mesures immunologiques de distances datent de 1961, la découverte des bandes chromosomiques, du début des années 1970, l'expérience d'injection au lapin de protéines miocènes, de 1982.

La biologie moléculaire et la cytogénétique ont donc apporté des précisions considérables aux paléontologistes ; elles ont confirmé l'extrême proximité des Hommes et des Grands Singes mais elles ont fait remarquer en outre que, parmi ces Grands Singes, les Gorilles et les Chimpanzés étaient beaucoup plus près de nous que les Orangs-outans et, mieux encore, que le Chimpanzé nous était incontestablement plus proche que le Gorille. Comme ces résultats ont été souvent accompagnés d'estimations de l'âge de la séparation des uns et des autres sur le grand arbre des filiations, et que les toutes premières estimations – 3 à 5 millions d'années pour ce qui est de la séparation Grands Singes africains-Hominidés par exemple – semblaient extraordinairement courtes aux yeux agacés des paléontologistes, des quantités de travaux de paléoprimatologie et de primatologie ont alors vu le jour pour tenter d'estimer, avec d'autres outils, ces mêmes distances. Citons les nombreuses recherches paléontologiques dans l'Éocène, l'Oligocène ou le Miocène d'Afrique du Nord et de l'Est, d'Arabie, d'Iran, de Turquie, de Grèce, de Hongrie, du Pakistan, de l'Inde, de Birmanie, de Chine. Citons encore les travaux d'embryologie, de physiologie, d'hématologie, de biomécanique et les nouvelles recherches d'immunologie et de biochimie. Ils ont eu le mérite de confirmer cette proximité tout en la repoussant un peu dans le temps ; 7 à 10 millions d'années pour la division Panidés-Hominidés paraissent aujourd'hui plus raisonnables. La méthode d'hybridation de l'acide désoxyribonucléique vient, par exemple, de proposer les dates de 16 millions d'années pour l'individualisation de la lignée des Orangs-outans, 10 millions d'années pour le détachement de celle du Gorille et 7,5 millions d'années pour la divergence Hominidés-Chimpanzés. « Les spécialistes de cette méthode sont en train de faire un travail de dentelière », me disait, il y a quelques jours, le professeur François Gros.

Quant aux très remarquables études d'éthologie des Grands Singes, elles ont eu l'intérêt d'attirer notre attention sur la difficulté de tracer parfois une frontière entre nos cousins, les Grands Singes, et nous-mêmes. Les Chimpanzés, par exemple, aux sociétés compliquées, se sont révélés capables d'utiliser et d'aménager l'outil, d'apprendre cent cinquante signes et de construire des phrases, d'inventer une danse à la pluie qui ressemble à un rituel, de manifester une incontestable conscience de soi et de tenir compte dans une certaine mesure du tabou de l'inceste.

Chez le Chimpanzé, on a noté, par exemple, l'utilisation de la pierre comme arme de jet et du bâton comme casse-tête mais aussi comme canne pour explorer un objet ou comme levier pour élargir un trou ; on a noté aussi l'aménagement du bâton par effeuillage pour attraper les termites ou la confection de sortes d'éponges par mastication de feuilles pour recueillir de l'eau inaccessible aux lèvres, ou saucer les morceaux de cervelle restés au fond d'un crâne, ou encore nettoyer une blessure qui saigne...

Quant aux signes du langage des sourds-muets qu'on leur a appris, ils les maîtrisent au point d'inventer des associations : ne sachant pas, par exemple, comment appeler un cygne, ils l'ont nommé « oiseau d'eau », un zèbre, « tigre blanc », un masque, « chapeau pour les yeux » ; c'est évidemment impressionnant !

Je suis, il est vrai, un peu provocateur, car il n'est pas si difficile de démarquer l'Homme de sa parenté simienne, ne serait-ce que par les dimensions et la complexité de sa réflexion, de sa communication ou de sa société. Mais il ne me paraît pas inutile de souligner cette nécessité que nous éprouvons désormais d'avoir parfois recours à une notion quantitative pour nous définir avec plus de sécurité. Rappelons que les expériences de longs séjours parmi les Grands Singes ont commencé en Afrique en 1960, en Asie en 1971, et que les efforts de recherches paléontologiques dans le Néogène se sont multipliés à partir des années 1970.

Pendant ce même temps, les méthodes de fouille faisaient d'extraordinaires progrès et nous avons déjà dit tout ce qu'elles devaient à André Leroi-Gourhan. L'objet, l'empreinte, la trace, même fugace, valent désormais non seulement en tant que tels, mais aussi dans leur situation dans l'espace et leurs rapports avec les autres objets, empreintes ou traces. Cette recherche, pour tenter de laisser le moins possible d'informations échapper à l'enregistrement du cahier de fouille, a évidemment permis d'accéder à une multitude de données auparavant détruites et d'interprétations jusqu'alors inaccessibles, concernant notamment l'aménagement de l'espace, le mode de vie des occupants, les fonctions de certains objets. Lorsque l'habitat est, par exemple, resté en place, la hutte en feuillage d'une douzaine de mètres carrés, vieille de 1,8 million d'années, des premiers hommes de Tanzanie ou la tente en peau de renne de 7 à 9 mètres carrés, vieille de 12 000 ans, des chasseurs de la région parisienne, sont désormais décrites avec la même fascinante précision. Lorsque la pierre a été taillée sur place, par exemple encore, il devient possible, éclat par éclat, de faire, à l'envers, le chemin du tailleur ; on imagine sans peine ce que sont, dès lors, les progrès dans la reconstitution des gestes, la compréhension des techniques et l'établissement des divers degrés de complication atteints par ces équipements et l'esprit de leurs inventeurs.

André Leroi-Gourhan décrit à peu près ainsi le campement magdalénien de Pincevent, près de Fontainebleau : quelques dizaines de familles nomades, il y a une douzaine de milliers d'années, arrivaient là, au début de l'été, au moment des basses eaux de la Seine, et s'y installaient pour deux, trois, parfois cinq mois pour chasser le renne. Elles plantaient leurs tentes circulaires, de 3 mètres de diamètre environ, et creusaient un foyer en cuvette devant l'entrée, foyer auprès duquel étaient placés quelques grands récipients fixes. Derrière le foyer se trouvait l'aire de travail, taille du silex par exemple, et de repas, et, au fond de la tente, le couchage. Le Renne constituait l'ordinaire du menu et la quantité de viande de Renne consommée par jour et par personne a été estimée à environ 450 grammes. Les animaux chassés et abattus étaient d'ailleurs rapportés entiers au village pour être dépecés. Quant aux détritus, déchets de taille ou reliefs de repas, ils étaient tout simplement jetés par la porte de la tente et constituaient une nappe s'étendant parfois jusqu'à 5 à 7 mètres de l'entrée, « à moins, écrit M. Leroi-Gourhan, que des raisons de bon voisinage ou de parenté n'aient fait planter deux ou trois tentes contiguës ou voisines »... Le dépotoir était alors à l'écart et commun.

Il est d'ailleurs amusant de noter que c'est cet effort de rigueur de la préhistoire qui a donné mauvaise conscience aux disciplines voisines, en amont comme en aval ; l'archéologie, même la plus classique, ne saurait aujourd'hui faire fi ni de la stratigraphie ni de la répartition des objets à chaque niveau, même pas des restes squelettiques pourtant si ennuyeux quand on les rencontre entiers ; n'oublions pas, par exemple, qu'un squelette humain est fait de 206 ossements ! Quant à la paléontologie, elle a été conduite à inventer la taphonomie, ou étude du passage des restes animaux ou végétaux de la biosphère à la lithosphère, de la biocœnose à la thanatocœnose, science qui connaît désormais, aidée de l'observation contemporaine, voire de l'expérimentation, un développement plein d'intérêt : comme on pouvait en effet s'en douter, le degré de conservation des fossiles est fonction du sédiment qui les enveloppe et la répartition naturelle des restes organiques dans une couche, fonction du caractère, de la force, de la vitesse et du sens de l'agent responsable de cette répartition. Enfin, comme un des rares recours du préhistorien lorsqu'il réfléchit aux constructions, aux artisanats, aux techniques, demeure de s'adresser à l'extraordinaire laboratoire que constituent les 5 milliards d'hommes vivants aujourd'hui sur la

Terre, bien des aspects de l'ethnologie sont venus l'aider dans sa recherche et notamment, depuis quelques années, l'étude de ce que laisse au sol toute population contemporaine lorsqu'elle quitte un habitat. Des comparaisons peuvent alors être tentées dans la mesure où elles sont manipulées avec une très grande précaution, ne pouvant évidemment jamais être plaquées de manière simple et directe sur le modèle préhistorique. Toutes ces démarches, de croissance récente – la taphonomie n'est guère appliquée de manière systématique que depuis 1970 –, ont donné une autre dimension à la paléoanthropologie et à la préhistoire en même temps qu'elles bâtissaient une école de précision et de patience.

Qu'il me soit permis de rendre ici hommage à ceux, mes maîtres et mes patrons, qui m'ont appris, à l'université de Rennes, la préhistoire, l'histoire ancienne et la fouille, Pierre-Roland Giot à la faculté des sciences et dans les tertres tumulaires ou les tholos néolithiques de la Croix-Saint-Pierre, du Quillio, de Carn ou de Barnenez, Pierre Merlat à la faculté des lettres et dans les camps fortifiés gallo-romains de Trouguer-en-Cleden, Cap-Sizun et de saluer ceux, mes compagnons, qui ont partagé cette école, Jacques Briard, Jean L'Helgouach, Bernard Moussié en préhistoire, Louis Pape, René Sanquer, Dominique Bousquet en archéologie.

Il serait possible de poursuivre encore longtemps cette leçon en allongeant la liste des techniques récemment appliquées à nos domaines, en enrichissant celles des disciplines venues collaborer avec elles et en nous efforçant de mesurer l'extraordinaire croissance du champ de la paléoanthropologie et de la préhistoire. Qu'il nous suffise de dire, à ce point de l'exposé, combien immense a été ce développement depuis vingt ans, combien incroyable a été l'augmentation consécutive du nombre des données et étonnante celle du nombre des idées.

Il semble bien aujourd'hui, qu'après une période quelque peu confuse, les grandes lignes de notre histoire se dessinent en effet et que, pour commencer, les fameuses roulettes du berceau de l'humanité dont s'amusait l'abbé Breuil soient définitivement calées. Africains depuis des millions d'années, nos ascendants se seraient trouvés, vers la fin du Miocène, inféodés à la forêt et à la savane boisée qui, de l'Atlantique à l'océan Indien, barraient l'Afrique équatoriale : l'effondrement de la Rift Valley, accompagné de mouvements de relèvement de ses bords, aurait coupé en deux parties inégales la population de nos ancêtres, coupure simplement tectonique d'abord, devenue barrière écologique par suite d'un partage des précipitations. Notre histoire est alors celle bien connue de l'évolution de populations insulaires. Entre la Rift et l'océan Atlantique, les cousins de l'ouest maintiennent ou améliorent leur adaptation au milieu arboré ; entre la Rift et l'océan Indien, les cousins de l'est luttent pour survivre dans un milieu qui se déboise et, en s'ouvrant, les découvre. On appelle les premiers les Panidés, les seconds les Hominidés. Louis Leakey, Camille Arambourg, Mary Leakey, Bill Bishop, Francis Clark Howell, Richard Leakey, Jean Chavaillon, Maurice Taieb, Donald Johanson, Jon Kalb, John Desmond Clark, Timothy White, Hidemi Ishida et moi-même avons recueilli plus de 2 000 restes de ces Hominidés. Ils se nomment Australopithèques d'abord, *Homo habilis* ensuite ; ils se sont redressés d'abord, équipés d'un encéphale de plus en plus important et de mieux en mieux irrigué ensuite ; et à partir de 3 millions d'années sont apparus à leurs côtés les premiers objets taillés du monde, révélant l'idée d'une réflexion, d'un apprentissage, d'une complication de la société et d'un développement des communications entre ses membres. Au moment où, dans la même région qui s'assèche, le Cheval court plus vite et l'Éléphant mange plus dur, comme l'attestent la patte de l'un et la dent de l'autre, l'Hominidé se lève, réfléchit, fabrique et s'organise comme pour mieux se défendre. Quand on se projette tout d'un coup, dans les grandes sociétés contemporaines et que l'on mesure la complexité de leurs structures, la densité de leurs communications, l'importance de leur apprentissage, le degré de leur réflexion, on est à la fois émerveillé et abasourdi. Quelle étrange histoire que la nôtre, peut-être née, dans un climat qui change, de l'obligation de changer avec lui pour survivre. C'est en tout cas, cette grande aventure paléoanthropologique qui a fait découvrir en vingt ans que notre origine était unique, africaine, tropicale et très ancienne, et que l'évolution du milieu naturel avait influencé de manière considérable et sans doute décisive notre propre évolution.

Peut-être parce qu'il chasse, *Homo habilis* devient plus mobile que ne l'était son prédécesseur ; peut-être parce que sa population s'accroît doit-il reconnaître de nouveaux territoires et bientôt s'y établir. Toujours est-il qu'on le rencontre alors de proche en proche à travers toute l'Afrique, mais aussi une large portion de l'Eurasie ; l'Ancien Monde se remplit comme un vase. Cet Homme dont le corps grandit tandis que grossit la tête découvre la symétrie, diversifie son équipement, organise son habitat et rend au crâne de ses morts un hommage que l'on qualifierait aujourd'hui de barbare. Il va s'acheminer ainsi morphologiquement vers nous, culturellement vers des sociétés de plus en plus compliquées, des outillages de plus en plus efficaces, des rites d'inhumation que nous avons l'impression de mieux comprendre et une expression esthétique qui nous confond, tandis qu'il achève de conquérir le monde. Là où sa cueillette est fructueuse, il va s'installer de façon plus durable et peu à peu semer pour mieux récolter ; ce sont alors des problèmes de comptabilité qui le conduisent à symboliser les quantités par des jetons, puis en en imprimant les formes dans de l'argile fraîche, à réduire à deux dimensions ce qui était en trois ; l'écriture plonge ainsi ses racines dans un passé d'une bonne douzaine de milliers d'années. La transformation des métaux, la maîtrise du cuivre il y a 6 à 7 000 ans, puis celle de l'étain et bientôt du fer il y a 3 000 ans, vont faire accomplir un nouveau bond à l'économie en même temps qu'à la démographie ; nous étions alors probablement un peu moins de 100 millions d'hommes sur la Terre. Nous sommes aujourd'hui 5 milliards, nos communications sont instantanées et notre société bientôt mondiale.

*

* *

Selon le découpage de nos enseignements, ces recherches se rapportent tantôt aux domaines des sciences géologiques et biologiques, tantôt aux domaines des lettres et sciences humaines, tantôt aux domaines de la médecine et des sciences biomédicales, les uns et les autres étant sans cesse intimement mêlés. Ces disciplines, qui ne peuvent collecter leurs documents qu'en terre et les lire qu'en fonction de la compréhension de leur enveloppe sédimentaire, appartiennent en effet incontestablement aux sciences géologiques. Mais il ne fait pas de doute non plus que ces documents, qui sont en partie des restes organiques, représentent, même lorsqu'ils sont totalement minéralisés, des témoignages de ce qui a été vivant ; on ne peut nier l'appartenance de leurs analyses aux sciences biologiques. Lorsque ces restes sont ceux d'Hominidés et qu'ils se trouvent accompagnés de ces objets, fabriqués ou déplacés, qui désormais les caractérisent, les sciences humaines en revendiquent à juste raison les études. Une part importante de ces recherches, l'anatomie, la biomécanique, la paléopathologie, trouve, en outre, des liens incontestables avec les sciences biomédicales. Sans quitter le simple énoncé de l'enchaînement des êtres, des événements et des cultures que ces travaux permettent de mettre en ordre, n'oublions pas non plus que notre domaine est évidemment de plain-pied dans celui de la philosophie. On pourrait encore avancer que la part que prend, dans nos travaux, l'hypothèse, la reconstitution des êtres et des mondes perdus, par exemple, n'est parfois pas éloignée du domaine de l'imaginaire. Enfin, devant l'engouement manifesté pour nos recherches par tous les publics dans tous les pays du monde, ne peut-on penser par ailleurs avoir acquis, sans doute inconsciemment, une sorte de langage universel qui ne paraît pas d'une autre nature que celle du langage de l'art.

Peut-être représentons-nous un des exemples les plus démonstratifs de rencontres de ces mondes, évidemment séparés de manière tout à fait artificielle. Ce serait une bien terne évidence que de dire en effet combien leurs limites sont conventionnelles ; comment pourrait-il d'ailleurs en être autrement ? Il n'est cependant pas inutile de souligner cette particularité, je dirais ce privilège, de situation frontalière dont tente de rendre compte l'image de balance entre paléoanthropologie et préhistoire. Je suis d'ailleurs enchanté de tenter, dans le cadre de cette chaire, un enseignement confondu de ces deux volets que l'on n'a que trop tendance à séparer sous prétexte que la plupart des méthodes qui les appréhendent diffèrent.

À côté de leurs caractéristiques propres, qui les rattachent ainsi aux divers domaines cités, nous avons vu comment, en vingt ans, paléoanthropologie et préhistoire ont étendu leur champ et multiplié leurs alliances. Cette croissance semble d'ailleurs avoir conduit ces disciplines à une sorte de maturité qui est en train de se manifester par la mise sur pied, pour la première fois, de programmes à long terme : dans le schéma des migrations et des filiations qui s'est peu à peu mis en place, on voit désormais où se trouvent les interrogations, les points faibles, les silences ; on sait qu'il faut rechercher les pré-Chimpanzés pour vérifier le scénario de notre origine, on sait qu'il faut interroger l'Arabie pour connaître l'âge de nos premières sorties, on sait qu'il faut remonter l'horloge moléculaire pour étalonner notre itinéraire. Il n'y a pas si longtemps, après tout, que l'on a abandonné l'idée d'une origine asiatique et oligocène de notre famille.

Scientifiques dans la démarche qu'ils suivent ou poétiques dans les images qu'ils dessinent, ces deux domaines complémentaires sont donc en train d'avancer des éléments de réponse aux grandes questions de nature, d'origine et de destinée que l'Homme se pose depuis qu'il est conscient ; c'est très probablement une des raisons de l'intérêt qu'ils suscitent dans un monde où les dogmes s'affaiblissent. Mais en faisant, en outre, peu à peu connaître tous les Hommes et toutes les cultures qui se sont succédé sur notre planète, paléoanthropologie et préhistoire, au même titre que l'histoire, l'archéologie ou l'ethnologie, semblent bien être aussi en train de bâtir une sorte de nouvel humanisme.

Cet extraordinaire courant d'exaltation des valeurs humaines fut inventé à Athènes. Les sophistes sont, semble-t-il, en effet, les premiers qui, tout en alliant connaissance biologique et sciences sociales, placent l'Homme au centre de leur réflexion ; mais c'est évidemment la Renaissance, en autres termes, les philologistes, les encyclopédistes, les artistes des XVe et XVIe siècles d'Italie et de France qui, en redécouvrant l'Antiquité grecque, romaine et hébraïque, va développer brillamment ce concept d'humanisme. Le mouvement tiendra trois siècles et puis progressivement se transformera et se refroidira sous l'influence probable de la croissance des sciences. Aujourd'hui où apparaissent au fond du passé ou au bout de l'horizon, l'aventure de milliers de civilisations, de sociétés, de langues, de religions, de coutumes à travers 4 millions d'années, 70 milliards d'Hommes et 200 000 générations, c'est, me semble-t-il, un autre humanisme, celui-là universel, qui est au coin de la route. Et la préhistoire joue évidemment un rôle considérable dans cette renaissance du bout de notre millénaire. Apparue timidement au XVIIIe siècle, il a fallu attendre le premier tiers du XIXe siècle – la découverte du premier fossile humain à Engis en Belgique par le docteur Schmerling, il y a très exactement cent cinquante ans et la démonstration de la contemporanéité des Hommes et des animaux antédiluviens par Boucher de Perthes en 1836 – pour que l'idée de préhistoire s'impose. Et puis, peu à peu, au fil des découvertes, l'Homme est apparu de plus en plus ancien, son histoire avant l'histoire de plus en plus complexe et s'est creusé, non sans réticences, notre champ de recherches. Il a fallu en effet une bonne et parfois longue bataille à chaque découverte d'Homme fossile pour que paléoanthropologie et préhistoire gagnent leurs galons ; nous n'étions pas plus préparés à admettre cette épaisseur du passé que cette succession de têtes dont la lourdeur des traits nous choquait ; nous ne pouvons oublier les qualificatifs de barbare, sauvage, pathologique, arriéré mental, rugueux et disgracieux, attribués à l'Homme de Neandertal qu'un anatomiste allemand avait même déterminé comme un arthritique ayant reçu des coups sur la tête ; le Pithécanthrope n'a pas été plus épargné puisque, du Gibbon géant à l'Orang-outan, on en a fait tout sauf un Homme. Quant à l'Australopithèque, il a été très longtemps considéré comme un parent éteint du Chimpanzé, ou mieux, comme un Chimpanzé déformé. Les milieux scientifiques étaient eux-mêmes inconsciemment victimes de cet état d'esprit et repoussaient le problème pour en retarder la solution ; on disait : ce n'est pas lui, c'est un autre ; ce n'est pas ici, c'est ailleurs ; les Anglais appelaient joliment cette période « *the overthere school of Prehistory* » ! Mais les choses ont doucement pris leur place ; on a progressivement admis que Neandertal, Pithécanthrope, Australopithèque représentaient bel et bien les membres en succession inverse de notre propre famille. Et, depuis vingt ans, comme nous venons de le voir, l'extraordinaire accélération des recherches et des découvertes, les progrès immenses des méthodes de datation, ceux non moins incroyables de la biologie moléculaire, les travaux moins spectaculaires, mais tout aussi insidieux, de l'éthologie, laissent de moins en moins de doutes, même aux plus sceptiques, sur la façon dont il faut se résoudre à écrire l'histoire. L'influence de la paléoanthropologie et de la préhistoire sur la pensée de ce siècle a d'ailleurs été d'autant plus importante qu'elle n'a fait que se conforter de découverte en découverte et la dernière étape, dont cette leçon a voulu dessiner les grands traits, a été décisive. Comment pourrait-on, impunément, déclarer désormais sans cesse et partout que l'Homme est issu du monde animal, que Gorilles et Chimpanzés sont incontestablement nos parents les plus proches, que nous sommes, tous, de la même origine et que nous partageons donc, tous, le même poids d'histoire, que nous sommes nés en Afrique, parfaitement adaptés au monde des tropiques, et que nous sommes ce que nous sommes un peu parce qu'il a fait très sec là où nous étions et parce que nous avons développé cet épiphénomène étrange, prolongement de notre corps, que nous appelons culture, comment pourrait-on donc déclarer tout cela sans finir par transformer profondément la façon de penser à l'Homme ? Et pendant que s'allongent les millénaires et que s'ajoutent sans cesse de nouvelles formes humaines, artisans de nouvelles cultures, les sciences de l'infiniment petit abattent les dernières cloisons entre ce que l'on avait appelé « races » ; il n'y a plus de solution de continuité

Cette perspective paléontologique était non seulement destinée à faire apprécier la dimension essentielle du temps, mais avait aussi pour but de faire percevoir, au fil des descriptions, la très grande ancienneté de bien des traits considérés souvent comme strictement humains – le développement du cerveau en volume et en complexité par exemple, et le développement consécutif de la vie sociale, l'amélioration constante de la mimique faciale et de la vocalisation, l'opposabilité du pouce, etc. Cette propension à se servir de ses mains ou à communiquer était en fait esquissée voilà plus de 50 millions d'années.

L'histoire des Primates s'écrit en trois pulsions : la première, la seule qui ne soit pas parvenue jusqu'à nous, est européenne et nord-américaine, Crétacée, Paléocène et Éocène (70 à 35 millions d'années) ; la deuxième, européenne et nord-américaine puis asiatique et africaine, est vieille d'une cinquantaine de millions d'années et encore représentée par de petites formes en Afrique et en Asie ; quant à la dernière, elle a conquis le monde entier : vieille aussi d'une cinquantaine de millions d'années, elle est représentée aujourd'hui par les petits Tarsiers d'Asie tropicale, mais aussi par tous les Singes de l'Ancien et du Nouveau Mondes, et par les Hommes.

Cette accession de plain-pied à la paléontologie nous a obligés à exposer ce qu'est la démarche principale de cette science, l'anatomie comparée, et ce qu'est son regard essentiel, la dynamique évolutive : le paléontologiste n'étudie une pièce fossile que dans la perspective de ce qu'elle a pu avoir été et de ce qu'elle a pu devenir tout en en pesant les rapports et les différences avec les autres pièces comparables connues ; dès le premier exemple, il nous a fallu, en outre, parler de paléogéographie, de tectonique des plaques, du mouvement des terres et des mers, de transformation des températures et des climats, des milieux et des paysages : les premiers Primates, arboricoles et tropicaux comme de toute façon la grande majorité des Primates, sont en effet européens et nord-américains, parce que l'Amérique du Nord et l'Europe ne formaient alors qu'un continent, séparé de tous les autres, et situé à une position latitudinale différente de celle que ces continents occupent aujourd'hui.

Le premier sous-ordre, entièrement fossile, est donc celui des Plésiadapiformes, notamment illustré en France par les *Plesiadapis* du Paléocène supérieur de la région de Reims ; ce sont, parmi les Mammifères euthériens, les premiers à coloniser le milieu arboré ; ils ont encore des griffes, un long museau, une denture de 44 dents, pas de pouce opposable, pas de barre postorbitaire, mais ils présentent une bulle tympanique d'origine pétreuse et un cerveau plus gros que celui des autres Mammifères qui leur sont contemporains.

Le deuxième sous-ordre, celui des Strepsirhiniens, qui commence avec les Adapiformes tel l'*Adapis* de Montmartre pour aboutir aux Lémuriformes actuels d'Afrique continentale, de Madagascar, des Comores et d'Asie tropicale, offre déjà l'opposabilité du pollex et de l'hallux, une barre postorbitaire et une réduction de la denture (40 dents chez *Adapis*), tout en conservant par exemple la truffe, la muqueuse humide du bout de leur nez.

Le troisième sous-ordre, enfin, celui des Haplorhiniens, nous intéresse particulièrement puisqu'il nous englobe. Il est lui-même composé de deux grands infra-ordres, les Tarsiiformes, les derniers des Primates primitifs, et les Simiiformes, qui recouvrent tous les Primates évolués ou supérieurs qu'on nomme aussi les Singes au sens strict. Les Tarsiiformes, différenciés peut-être des Simiiformes par isolement au nord de la mer Téthys et représentés par la famille extrêmement diversifiée des Omomyidae nord-américains et eurasiatiques pour commencer, puis par celle encore contemporaine des Tarsiidae du Sud-Est asiatique, montrent dès l'éocène un intéressant développement de leur quotient d'encéphalisation, supérieur à celui des autres Mammifères de l'époque, une face courte sous ce crâne cérébral agrandi, une vue améliorée par la frontalisation des orbites, en même temps qu'une absence de truffe et une fermeture presque complète de l'arrière des orbites. Le petit Tarsier actuel présente en outre une fascinante corrélation mécanique entre le développement de sa boîte crânienne, sa fréquente position verticale de repos et la migration sous le crâne de son *foramen magnum*, ce qui n'est pas sans nous rappeler la mécanique humaine.

L'isolement éocène du continent africano-arabe pourrait donc être le responsable de la différenciation des Simiiformes ou Anthropoidea ; à partir de cette souche, ces nouveaux Primates vont se diversifier et se répandre, atteindre l'Amérique du Sud dès la fin de l'Éocène sur des bois flottés poussés à travers un océan Atlantique moins large qu'il n'est aujourd'hui et, lorsqu'au Miocène, l'Afrique entrera en collision avec l'Eurasie, utiliser ce corridor pour pénétrer avec succès sur ce nouveau continent. En Amérique du Sud, ces migrants donnent naissance à un groupe très original, les Platyrhiniens, qui conservent une importante proportion de caractères primitifs (3 prémolaires, par exemple), tout en « inventant » des caractères qui leur sont tout à fait propres (queue prenante, par exemple). Tandis qu'en Afrique, puis dans tout l'Ancien Monde, se construit un autre groupe, celui des Catarhiniens, qui va tenter de se développer dans deux directions, celle des petits Singes à queue (les Cercopithecoidea) et celle des Grands Singes sans queue (les Hominoïdea).

Ce sont évidemment ces derniers qui nous intéressent puisque ce sont eux, qui, en 30 millions d'années, aboutissent à l'Homme, à travers un parcours de formes que l'on range en familles parmi lesquelles se situe la famille des Hominidés.

À ce point du cours, il s'est agi de définir ce que recouvrait le concept d'Hominidés. Ses acceptions sont en effet diverses puisqu'elles vont de celle d'une très généreuse famille (recouvrant la sous-famille des Hylobatinae [Gibbons], celle des Ponginae [Pongini, comme l'Orang-outan ou le Chimpanzé, Dryopithecini, Sugrivapithecini comme le *Sivapithecus* ou le *Gigantopithecus*] et celle des Homininae [Frederick Szalay et Eric Delson]) à l'idée d'une famille ne comprenant que les Hominoïdés bipèdes (Australopithèques et Hommes), le tout dernier terme de la conception précédente (Y. Coppens), en passant par des classifications intermédiaires, celle de Robert Hoffstetter par exemple (ne sortant sous les traits d'une famille que les Hylobatidae de l'ensemble tel que le présentent Szalay et Delson, mais intégrant les Panini [Gorilles, Chimpanzés] dans les Hominidés contrairement aux Ponginae [Orangs]) ou celle d'Elwyn Simons qui en retire Hylobatidae et Pongidae (ces derniers recouvrant à la fois Ponginae et Paninae). La classification adoptée ici admet, au rang de familles, les Hylobatidae, les Pongidae et les Panidae comme d'ailleurs les Pliopithecidae, les Dryopithecidae, les Ramapithecidae et les Oreopithecidae, réduisant les Hominidae à leur définition la plus stricte.

Les premiers Hominoïdea apparaissent donc en Afrique vers 35 millions d'années, dans un gisement fameux qui est celui du Fayoum en Égypte. Le tout premier se nomme d'ailleurs *Aegyptopithecus* ; c'est un fossile important car, ainsi placé à la souche de la superfamille, il doit déjà proposer un certain nombre de traits qui sont comme autant de tendances engagées vers ce que seront nos propres traits. Cet Aegyptopithèque en effet, malgré bien des aspects primitifs (un museau marqué, une queue, pas de conduit auditif externe, etc.), montre un cerveau dont la structure paraît avoir changé (développement du lobe frontal, expansion des aires visuelles) ; si ces observations sont bonnes, leur signification peut être fondamentale : il pourrait s'agir de la première adaptation (en l'occurrence à un milieu qui d'humide en permanence devient saisonnier) par aménagement du système nerveux central, adaptation chargée donc, à l'inverse d'une spécialisation, d'une grande souplesse de transformation. C'est peut-être aux « initiatives » de ce petit singe, quadrupède et arboricole, frugivore et social, que nous devons l'essentiel de ce qui a fait notre succès.

Le descendant possible de ce premier Hominoïdé (classé dans les Pliopithecidae) pourrait être le *Proconsul* (classé dans les Dryopithecidae) que l'on rencontre dès 22 millions d'années au Kenya ou en Ouganda : quadrupède et arboricole lui aussi mais désormais sans queue et avec un conduit auditif externe, il présente une diversité d'espèces, du *Proconsul africanus* au *Proconsul major*, de la taille d'un Gibbon à celle d'un petit Gorille, qui traduit un évident succès. Comme le choc des continents africain et eurasiatique se produit en outre pendant son existence, ce sera à lui qu'échoira la conquête de l'Eurasie. Et c'est en effet sous les traits à peine différents de *Dryopithecus* que l'on va le retrouver de la France à la Chine. Il est intéressant, d'ailleurs, de voir, à l'occasion de l'étude du *Proconsul*, combien les progrès des méthodes de datation et de la théorie des plaques ont clarifié tout d'un coup cet épisode de notre histoire ; Dryopithèques et Proconsuls avaient été rapprochés par leur anatomie depuis longtemps, mais leurs rapports dans le temps et dans l'espace n'avaient jamais été bien établis : la détermination de l'âge du choc des plaques arabo-africaine et eurasiatique fixé à 17 millions d'années et la constatation de la préexistence des Proconsuls à cet événement, alors qu'aucun Dryopithèque eurasiatique ne dépasse cet âge, organisent désormais sans problème l'ordre de succession des êtres et le sens de leurs migrations.

Les Dryopithèques d'Eurasie, très diversifiés, ont eu un rôle important dans l'histoire des sciences de nos origines : découverts dès 1856 en Europe (en l'occurrence, en France, à Saint-Gaudens), leur étude a été d'autant plus poussée que leurs rapports avec les Grands Singes et l'Homme n'avaient pas échappé aux premiers paléontologistes.

Ces Dryopithèques vont être suivis en Eurasie par une grande variété de formes, descendantes des Dryopithèques en Eurasie même, ou descendantes des Proconsuls en Afrique et immigrants récents : ce sont les Ramapithèques, Sivapithèques, Graecopithèques,

Rudapithèques, Bodvapithèques, Ouranopithèques, Gigantopithèques, Oréopithèques qui se caractérisent tous, sauf les derniers, par l'acquisition de caractères paraissant liés à une vie moins totalement arboricole et une alimentation qui s'en ressent : émail qui s'épaissit, canines qui se réduisent, prémolaires qui se molarisent, molaires qui s'agrandissent, face qui se raccourcit, etc. – en résumé un élargissement de la surface masticatrice, assorti d'un renforcement de l'émail et un développement d'une batterie coupante assorti d'une diminution de la face, trahissant un cisaillement efficace et un broyage puissant, signe d'une nourriture fibreuse qui paraît bien avoir été prise à terre. Parce que nombre de ces traits ressemblaient à ceux des Hominidés et qu'en paléontologie, on ne sait jamais très bien si des ressemblances sont une indication de parenté ou simplement de convergence (évolution comparable parce que nécessité d'adaptation à un même milieu et à un même régime), on a voulu faire de ces fossiles, l'un après l'autre, des ancêtres privilégiés de l'Homme. Après le long processus habituel de l'étude, tous, l'un après l'autre, ont été écartés de cette destinée, jusques et y compris le dernier en date, le Ramapithèque, pourtant habilement décrit dès 1934 par D. Edward Lewis comme « le plus humain des Dryopithèques », et mis à nouveau en valeur à partir de 1961 par Elwyn Simons, au point de le voir figurer comme Hominidé à part entière, voire Homininé, dans de nombreuses classifications, même les plus récentes.

Il est vrai que l'Hominoïdé qui fait aujourd'hui, à sa place, figure d'ancêtre, le Kenyapithèque du Kenya, présente à peu près les mêmes caractéristiques que le Ramapithèque eurasiatique ; il a d'ailleurs été parfois rangé dans le genre *Ramapithecus* lui-même. Mais l'élimination de tous les prétendants eurasiatiques, Ramapithèques et Sivapithèques, paraissant plus liés à l'ascendance de l'Orang-outan, a fait qu'on s'est tourné à nouveau vers l'Afrique dans la recherche de notre origine, et ceci d'autant plus volontiers qu'après tout, le rôle ancestral de l'Afrique avant l'établissement du pont Afrique-Eurasie était reconnu par tous.

Et c'est encore l'Afrique équatoriale qui a répondu à cette recherche et elle y a répondu de deux façons ; la première, en livrant, notamment depuis vingt ans, les plus anciens Hominidés que l'on connaisse au monde (une demi-mâchoire de 8 millions d'années dans les collines de Samburu, au Kenya ; une dent de 6,5 millions d'années à Lukeino, au Kenya[1] ; une demi-mandibule de 5,5 millions d'années à Lothagam, au Kenya ; une demi-mandibule de 5 millions d'années, à Kaparaina, au Kenya ; une extrémité distale d'humérus de 4 millions d'années à Kanapoi, au Kenya[1] ; un fragment de temporal de 4 millions d'années à Chemeron, au Kenya, et d'importantes collections de centaines de pièces de plus de 3 millions d'années à moins de 1 million d'années, à Laetoli, Olduvai et Natron, en Tanzanie, Chesowanja, l'Est- et l'Ouest-Turkana, au Kenya, l'Omo, Melka Kunturé et l'Afar, en Éthiopie) ; et la seconde, en rappelant qu'elle était le pays des Panidae et le seul, Panidae que la biologie moléculaire et la cytogénétique, après l'anatomie, la paléontologie, la physiologie, l'embryologie, l'éthologie, venaient de considérer comme les Hominoïdea de loin les plus proches des Hominidae (malgré les tentatives périodiques de certains chercheurs de souligner les rapports (évidents) des Hominidae avec les Pongidae au sens étroit (les Orang-outans).

Or à cette double constatation s'en ajoute une troisième et qui n'est pas des moindres : les travaux d'une demi-douzaine d'expéditions internationales en Éthiopie, au Kenya et en Tanzanie, soit plusieurs centaines de personnes plusieurs mois de l'année pendant vingt ans, ont permis la récolte, entre autres données, de centaines de milliers de restes de Vertébrés et, parmi eux, de centaines de restes d'Hominoïdea ; or tous ces Hominoïdea, sans exception, sont des Hominidae ; où sont donc les Panidae ? Pour le moment la réponse est partielle puisqu'elle ne tient compte que des Panidae vivants, les Panidae fossiles n'étant pas encore connus : les Panidae sont en Afrique équatoriale de l'Ouest. Et lorsque, enfin, on inscrit sur une carte la répartition des uns et des autres, des Hominidae et des Panidae, on ne peut pas ne pas être frappé par le fait que les deux aires obtenues, bien démarquées, se trouvent être séparées par un accident tectonique, la Rift Valley. D'où l'hypothèse environnementaliste de l'origine des Hominidae : à la fin du Miocène, les ancêtres communs aux Hominidae et aux Panidae vivaient de l'Atlantique à l'océan Indien ; la Rift, en place depuis l'Oligocène, a connu alors une période de grande activité, période qui s'est traduite, notamment par le relèvement de toute la partie se trouvant à l'est de la faille, l'Afrique orientale. Ce relèvement a entraîné d'inévitables transformations du climat, l'installation d'un régime saisonnier, celui des moussons, et un éclaircissement consécutif du paysage. Dans cette hypothèse (Coppens, 1983), les Panidae font figure de descendants des ancêtres communs dont l'adaptation au milieu arboré n'a fait que s'améliorer, et les Hominidae de descendants qui ont dû s'adapter à un milieu qui se découvrait ; bien des caractéristiques des Hominidae – redressement du corps, complication du cerveau, transformation de la denture, organisation de la société, développement des communications, aménagement de l'outil – peuvent être interprétées comme des réponses (des sélections) à ce milieu qui change.

Les sites à Hominidés[2] les plus anciens, est-africains d'abord, puis sud-africains, le premier déploiement des Hominidés s'étant fait vers le sud, ont été ensuite présentés géologiquement. Il est en effet essentiel de se rappeler sans cesse que la paléoanthropologie et la préhistoire collectent leurs données dans les archives du sol, données représentées par les fossiles proprement dits, mais aussi par les objets de leurs environnements, naturels et culturels, de même que par les éléments permettant l'estimation de leur âge.

Les séquences stratigraphiques du bassin du lac Baringo, au Kenya, du lac Turkana, au Kenya, et en Éthiopie (l'Omo), du bassin de Laetoli-Olduvai et Natron en Tanzanie, de la dépression de l'Afar en Éthiopie, des grottes de Sterkfontein, Makapansgat, Swartkrans, Kromdraai et Taung en Afrique du Sud ont été successivement étudiées dans l'ordre de leur dépôt, confirmé par les estimations biostratigraphiques, paléomagnétiques et radioisotopiques.

Le cours 1984-1985 se propose de terminer cette étude des Hominidés avant l'Homme par l'examen détaillé des *Australopithecinae*, leur anatomie, leur taxinomie, leur phylogénie, leur milieu, leur culture.

1984-1985
LES HOMINIDÉS AVANT L'HOMME (SUITE)

Ce cours fait suite à celui donné en 1983-1984 et porte le même titre ; il s'agissait, l'an dernier, de prendre un recul important afin de donner à l'histoire de notre famille la perspective paléontologique nécessaire à la compréhension de sa genèse ; le cours se terminait en abordant l'origine cladogénétique péripatrique des Hominidés et la stratigraphie des gisements les plus anciens d'entre eux.

Le cours 1984-1985 a donc pu entrer de plain-pied dans l'analyse des documents paléontologiques attribués aux Hominidés avant l'Homme : c'est-à-dire à la seule sous-famille précédant le genre *Homo,* celle des Australopithécinés[3]. Qui sont ces Hominidés ? Un groupe parfaitement circonscrit dans le temps (fin du Miocène, Pliocène, Pléistocène inférieur et moyen) et dans l'espace (Afrique de l'Est et du Sud), et fascinant par l'image qu'il donne de notre famille avant nous ou de la partie de notre famille qui se trouve être à la fois contemporaine, mais différente des plus anciens d'entre nous.

Un bref historique rappelle les circonstances de la découverte du premier Australopithèque, presse-papiers sur le bureau d'un carrier, et sa première description en 1925 par Raymond Dart qui ne lui donna pas de diagnose. Les découvertes ultérieures de Robert Broom, John Robinson en Afrique du Sud, de Louis Leakey, Richard Leakey, Francis Clark Howell, Donald Johanson, Yves Coppens en Afrique de l'Est, permirent à Wilfrid Le Gros Clark en 1955, Phillip Tobias en 1967, Francis Clark Howell d'une part, Donald Johanson, Tim White et Yves Coppens d'autre part en 1978, et Yves Coppens en 1983 de proposer des diagnoses qui fixèrent la définition de la sous-famille des Australopithécinés, entérinant ce nom informel d'Australopithèque imposé par l'usage.

J'ai personnellement divisé cette sous-famille en deux genres, Pré-*Australopithecus*[4] et *Australopithecus,* qui vont être situés anatomiquement, chronologiquement et géographiquement l'un après l'autre, et l'un par rapport à l'autre, au cours de ces leçons.

Un historique va, une nouvelle fois, permettre d'évoquer les diverses découvertes de Pré-*Australopithecus* et l'évolution des recherches et des idées concernant ce fossile. Exceptionnellement bien connu par des os de toutes les parties du squelette, il est d'abord apparu, dans la littérature, sous le nom d'*Australopithecus afarensis* Johanson, White et Coppens, 1978, avec une diagnose d'espèce prenant malencontreusement point d'appui sur du matériel fossile provenant essentiellement d'Hadar en Éthiopie et sur une mandibule holotype de Laetoli en Tanzanie ; les travaux réalisés par mon équipe[5] ont montré, par la suite, que cette diagnose recouvrait probablement deux formes fossiles, l'une archaïque, l'autre presque moderne. Comme la plus archaïque des deux partageait un certain nombre de traits avec *Australopithecus* (dans le bassin et le membre supérieur par exemple), mais ne s'en démarquait pas moins par d'autres (dans le membre inférieur par exemple), et comme cette forme la plus archaïque est ici contemporaine de la moins archaïque et qu'elle se trouve être contemporaine également d'*Australopithecus* (de Sterkfontein, par exemple, à 3 000 kilomètres de là), il n'y a pas d'autres solutions que de construire la phylogénie des Hominidés comme le dessin d'un épi ou d'une cyme. Pré-*Australopithecus* est le bout d'un rameau à la base duquel se branche le rameau d'*Australopithecus,* ce dernier rameau se termine également en cul-de-sac, tandis que le rameau d'*Homo* se branche à sa base.

Afin de justifier de la réalité du taxon Pré-*Australopithecus* et afin de le situer par rapport aux autres Australopithécinés et aux Hominidés, les caractères de ce genre seront classés en trois catégories qui seront elles-mêmes examinées l'une après l'autre : la catégorie des caractères de Pré-*Australopithecus* qui en font un Hominidé, celle des caractères qui en font un Australopithéciné et, enfin, celle des caractères particuliers qui en font un genre à part entière.

Les caractères d'Hominidé sont essentiellement ceux liés à la station debout. Les empreintes de pas de Laetoli, qui peuvent être attribuées à Pré-*Australopithecus,* révèlent un contour moderne, un hallux adducté, une voûte plantaire marquée, un appui interne (alors que les Panidés marchent en varus). Plusieurs calcanéums recueillis à Hadar montrent par ailleurs un talon avec deux tubercules, moins marqués mais semblables à ceux du talon humain. Les métatarsiens ainsi que les premières et secondes phalanges traduisent, par contre, de longs orteils comparables à ceux de Grands Singes[6]. Le bassin a un ilion en pression, une région sacrée renforcée, une aile iliaque développée, un ischion court et le raccourcissement de la distance entre l'articulation sacro-iliaque et l'articulation de la hanche caractéristique de tous les Hominidés. Or ce raccourcissement, qui a l'avantage de décroître le moment de rotation créé par le poids du corps sur la hanche, a le désavantage de réduire la taille de la cavité pelvienne, entraînant une parturition ventrale ou anté-ischiatique contrairement à celle des Grands Singes qui est dorsale ou rétro-ischiatique ; le fœtus de Pré-*Australopithecus,* comme d'ailleurs celui d'*Australopithecus,* avait à accomplir la même rotation que le fœtus humain. Cette constatation de l'apparition très précoce du mode humain de parturition souligne ses liens avec la bipédie et non pas, comme on l'a souvent écrit, avec l'agrandissement du cerveau.

Les caractères d'Australopithécinés sont, quant à eux, très nombreux et répartis sur tout le corps – crâne, denture, membre inférieur, membre supérieur ; citons la petite taille de l'encéphale, le dessin de son irrigation, la tendance de la face à se réduire tandis qu'elle s'élargit, celle des dents jugales à se développer vestibulo-lingualement, des prémolaires et des molaires de lait à se molariser, de la canine à se réduire ; citons le développement du diamètre biacétabulaire du bassin, entraînant un agrandissement de l'angle ilio-pubien et au contraire une réduction de l'angle ischio-pubien, l'aplatissement distal de la diaphyse de l'humérus qui offre par ailleurs une gouttière bicipitale étroite et profonde, une tête sphérique et un épicondyle saillant ; citons encore la tendance de la *tuberositas ulnae* et de l'*incisura trochlearis* de l'ulna, comme d'ailleurs celle de la tubérosité et du col du radius à devenir longs et étroits.

Enfin, les caractères propres de Pré-*Australopithecus* qui m'ont incité à le distinguer génériquement se situent aussi bien dans le crâne (fort processus entoglénoïdien de l'articulation temporo-mandibulaire) que dans le membre supérieur (extrêmité distale de l'humérus à double trochlée) ou dans le membre inférieur (épiphyse distale du fémur s'inscrivant dans un rectangle comme celle du Chimpanzé au contraire de celle d'*Australopithecus* ou d'*Homo*, échancrure intercondylienne plus large que haute, exceptionnelle proximité des épines tibiales entre elles, etc.).

Hominidé incontestable, Australopithéciné certain, Pré-*Australopithecus* paraît bien en outre mériter son statut de genre par l'importance quantitative et qualitative de ses caractères propres et par sa contemporanéité avec le genre *Australopithecus*. Une difficulté demeure : celle de distinguer parmi ces caractères propres, ceux qui sont ancestraux, hérités, plésiomorphes (que l'on a appelés caractères de Chimpanzés, mais qui sont évidemment des caractères de l'ancêtre commun), de ceux qui sont nouveaux, dérivés, apomorphes et qui font que Pré-*Australopithecus*, déjà spécialisé, ne peut plus être considéré comme l'ancêtre des autres formes d'Australopithèques.

Le second genre étudié est le genre *Australopithecus*. Toutes les découvertes de ce genre sont passées en revue dans l'ordre chronologique, avec les noms respectifs qui leur ont été attribués, *Australopithecus africanus, Plesianthropus transvaalensis, Paranthropus robustus, Australopithecus prometheus, Paranthropus crassidens, Zinjanthropus boisei, Paraustralopithecus aethiopicus*. Un essai de classification est proposé, réduisant cet émiettement à un genre et trois espèces, *Australopithecus africanus* Dart, 1925, *Australopithecus robustus* (Broom, 1938), *Australopithecus boisei* (Leakey, 1959), ces trois espèces représentant d'ailleurs un très bel exemple de phylum décrivant à la fois l'histoire d'une spécialisation, d'une apomorphie et celle d'une évolution parallèle. On passe en effet d'*Australopithecus africanus*[7], dans les deux provinces à Australopithèques, à *Australopithecus robustus* en Afrique du Sud et à *Australopithecus boisei* en Afrique de l'Est. Les diagnoses de chacune de ces trois espèces sont données, accompagnées de l'inventaire du matériel paléontologique qui a permis de les bâtir ; le phylum commencerait sa course vers 2,5 millions à 3 millions d'années et la finirait vers 1 à 1,5 million d'années en Afrique du Sud, 1,1 à 1,2 million d'années en Afrique de l'Est. Tout au long de ce parcours ou, au moins, le long d'une partie de plus de 1 million d'années, deux Hominidés ont coexisté dans ces mêmes régions, l'Australopithèque et l'Homme, deux genres d'une même famille représentant deux solutions au même problème de l'assèchement du paysage : le petit *Homo habilis*, avec son gros encéphale et sa denture d'omnivore, et le puissant Australopithèque, avec sa face plate et large, sa forte arcade zygomatique, sa grande fosse temporale, sa crête sagittale, ses énormes dents jugales et ses petites dents antérieures de végétarien.

Le cours a abordé ensuite le très intéressant problème de la culture des Australopithèques. Les outillages en os d'Afrique du Sud (la culture ostéodontokératique) et les outillages en pierre sur éclats de l'Omo en Éthiopie (faciès de Shungura) ou de l'Est-Turkana au Kenya (industrie KBS), tous associés à l'Australopithèque, sont présentés du point de vue technologique et chronologique. Qui a véritablement taillé ces premiers outils du monde ? Pour faire tomber les préjugés qui font confondre l'Homme biologique et l'Homme philosophique et attribuer par suite l'outil au seul genre *Homo*, il est proposé d'élargir le débat et de parler désormais d'*Hominidés* quand on parle d'outils.

Les problèmes d'environnement des Australopithèques sont enfin traités pour clore ce cours et l'exemple qui est donné pour montrer l'évolution de cet environnement est celui de la vallée de l'Omo, en Éthiopie. Illustrant de manière continue – et c'est le seul gisement à le faire – la période comprise entre un peu plus de 4 millions et un peu moins de 1 million d'années, la séquence sédimentaire de l'Omo offre en effet, *in situ*, cinq Hominidés : Pré-*Australopithecus afarensis, Australopithecus africanus, Australopithecus boisei, Homo habilis* et *Homo erectus*. Or l'étude de l'évolution de leur milieu par la paléontologie qualitative (Proboscidiens, Equidae, Rhinocerotidae, Suidae, Bovidae, Hippopotamidae, Carnivores, Primates, Rongeurs), par la paléontologie quantitative, par les associations fauniques, par la palynologie, par les plans ligneux, révèle un éclaircissement progressif du paysage à partir de 3 millions d'années, un assèchement très sensible vers 2,3-2,4 millions d'années[8] et un refroidissement aux environs de 1-1,2 million d'années. C'est *Australopithecus* qui paraît se substituer à Pré-*Australopithecus* à la première oscillation thermique ; *Australopithecus boisei* et *Homo habilis* se développent nettement au moment où sévit la seconde. *Homo erectus* remplace *Homo habilis* enfin quand survient la troisième.

Voici donc terminée l'histoire des Hominidés avant l'Homme. Nous avons vu l'extrême importance de la séparation Hominidés-Panidés et ce qu'elle devait au milieu. Puis nous avons vu se développer les pré-humains et, avec eux, se redresser le corps, se développer l'encéphale, qualitativement d'abord, puis quantitativement, se mettre en place la denture à manger de tout, et même apparaître l'outil aménagé.

L'Homme que caractérise une station plus droite (bien qu'elle soit déjà acquise), une denture d'omnivore (bien que déjà préparée), un encéphale plus gros et mieux irrigué (bien que déjà en cours de développement), un outil permanent et abondant (bien que déjà inventé) apparaîtra vers 3 ou 4 millions d'années à partir de certains Australopithèques, sélectionné lui-même par un à-coup du climat. Ce sera le sujet du cours de l'année 1985-1986.

1985-1986
LES PREMIERS HOMMES

Ce cours est le troisième d'un cycle de cinq ans[9] qui se propose de parcourir l'histoire de l'Homme dans le sens du temps et dans une large perspective paléontologique. Après avoir envisagé, deux années durant, sous le titre « Les Hominidés avant l'Homme », le vaste domaine des Primates en en descendant la hiérarchie classificatoire – ordre, sous-ordres, infraordres, hypo-ordres, superfamilles, familles, sous-familles –, c'est donc la sous-famille des Homininae, en l'occurrence son seul genre, le genre *Homo,* qui est l'objet du cours de cette année et sera celui des cours des deux années à venir.

Le genre *Homo* a été créé par Carl von Linné en 1755 dans son fameux *Systema naturae,* mais il l'a été sans diagnose. Comme ce genre nous représente et qu'il est par suite porteur de multiples traits de nature purement philosophique, il a régné et il règne encore aujourd'hui une grande confusion dans ses tentatives de définition. Pour certains, l'Homme ne peut être défini que par sa conscience réfléchie ; pour d'autres, c'est l'organisation de sa société qui le caractérise. Pour d'autres encore, c'est l'outil, ou bien le langage, celui-ci pouvant être d'ailleurs lui-même associé aux trois éléments déjà cités ; pour certains autres, la continuité évolutive est telle que la notion de « premiers Hommes » n'a pas de sens ; pour d'autres encore, qui s'appuient sur les précédents, la solution consisterait à fixer arbitrairement un volume de capacité encéphalique ou un âge géologique pour situer le commencement du genre *Homo,* etc. L'augmentation considérable des données paléoanthropologiques et préhistoriques permet aujourd'hui d'apporter quelques réponses à ce problème :

1) Étant donné sa connaissance de l'évolution différentielle des caractères, il semblerait au paléoanthropologue statistiquement tout à fait improbable que conscience réfléchie, organisation sociale, langage et outil soient apparus en même temps : la découverte de l'outil associé à l'Hominidé avant l'Homme et celle, chez une espèce d'Homme qui n'est pas la première, du commencement de la transformation du système respiratoire entraînant la descente du larynx et son utilisation secondaire dans le langage articulé, en sont

d'ailleurs des débuts de preuves. Face à tous ces décalages, on serait tenté de dire que *l'Homme ne cesse d'apparaître* : c'est peut-être la définition philosophique la plus insolite que l'on puisse en proposer.

2) Mais cependant, morphologiquement, les restes fossiles attribuables au même genre que celui dont nous représentons une espèce se démarquent très bien des autres restes d'Hominidés fossiles, ce qui permet de proposer une diagnose anatomique rigoureuse du genre *Homo.* On ne peut définir l'Homme que biologiquement.

Mais voyons comment s'est déroulée l'histoire de la découverte de ceux qui sont aujourd'hui les premiers Hommes que nous connaissions. Dans deux articles successifs de *Nature*, datés du 17 décembre 1960 et du 25 février 1961, Louis Leakey annonçait la mise au jour à Olduvai, en Tanzanie, de restes fossiles d'Hominidés à la fois plus anciens et plus évolués que ceux d'Australopithèques (appelés Zinjanthropes) recueillis en 1959 dans le même gisement ; puis, dans deux nouveaux articles parus tous les deux le 4 avril 1964 dans le même journal, Louis Leakey faisait connaître d'une part, associé à sa femme Mary, de nouveaux restes attribuables à cet Hominidé puis, associé à Phillip Tobias et à John Napier, il déclarait d'autre part qu'il considérait l'ensemble de ces restes comme attribuables au genre *Homo* et donnait un nom, *habilis*, et une diagnose à cette espèce nouvelle qui se trouvait d'ailleurs être la plus ancienne connue de notre genre. C'était à la fois une grande découverte et une grande date dans l'histoire de la connaissance de l'histoire de l'Homme et de sa définition : ces trois derniers auteurs, confrontés à un certain nombre de caractères nouveaux, durent en effet proposer une nouvelle définition de l'Homme.

Deux traits principaux, parmi ces caractères, semblent avoir tout particulièrement retenu leur attention : la configuration de

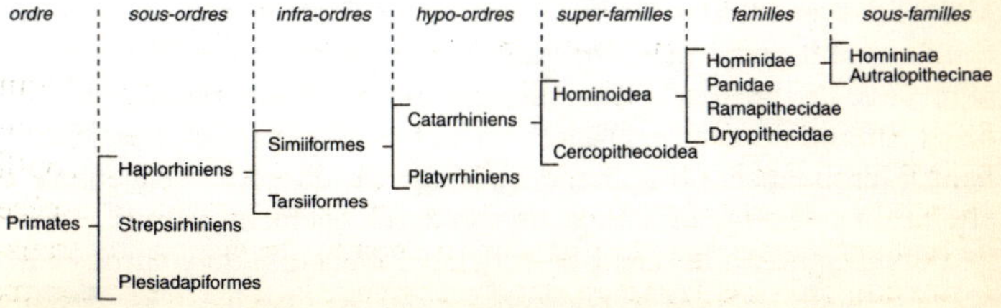

Classification utilisée dans ce cours.

l'ensemble de la denture et les proportions des dents d'une part, le volume, dans toutes ses dimensions, de la boîte crânienne d'autre part.

La denture apparaît en effet plus gracile dans son ensemble que celle des Australopithèques : les rapports entre la batterie des dents antérieures et les séries des dents jugales, plus en harmonie, les premières plus fortes relativement aux secondes, les secondes plus réduites : quant aux dents jugales, elles apparaissent à la fois plus longues et plus étroites que celles des Australopihèques (diamètre mésio-distal plus grand, diamètre vestibulo-lingual plus réduit, indice de forme plus élevé). Les molaires d'*Homo habilis* sont ainsi intermédiaires entre celles d'*Australopithecus* et celles d'*Homo erectus*. Enfin, il semble bien qu'une réduction de taille, bien que très légère, soit observable chez *Homo habilis* des deuxième et troisième molaires, caractère affirmé chez *Homo erectus* et *Homo sapiens*, alors que l'inverse est la règle chez tous les *Australopithecus*.

Pour le volume endocrânien, la question est plus délicate ; elle est en tout cas d'une observation moins directe et immédiate. Pour estimer ce volume, Phillip Tobias s'est d'ailleurs lancé dans un essai de mesure dont il est intéressant de reprendre la démonstration. Les pièces découvertes dont il a été fait le type et qui vont être utilisées ne sont en effet qu'une paire d'écailles pariétales immatures ; la première opération va donc consister à réaliser le moulage endocrânien de la fraction du volume que recouvrent les deux pariétaux en partie reconstitués et assemblés ; puis, par de simples mesures de déplacement d'eau, le volume de ce moulage partiel va être rapidement estimé. Des comparaisons avec quelques moulages endocrâniens complets de plusieurs Hominidés fossiles vont conduire ensuite à quantifier la fraction de l'ensemble que représente ce volume bipariétal ; on peut alors parvenir à une estimation de ce qu'avait pu être la capacité endocrânienne totale de ce jeune *Homo habilis* type (OH 7). Mais il convenait aussi de rechercher, dans l'ontogenèse, ce que pouvait représenter ce volume par rapport au volume de l'adulte, en estimant l'âge de l'individu, selon bien sûr des critères modernes, à l'aide de sa situation dentaire. D'après un certain nombre d'études concernant la croissance, on apprend qu'à l'âge en question, l'encéphale a atteint un certain pourcentage de son développement définitif. Il suffit alors d'ajouter à la valeur précédemment acquise du volume endocrânien total extrapolé le pourcentage qui lui manque pour devenir adulte, et on parvient à un chiffre du volume du cerveau d'*Homo habilis*, qu'il faut évidemment manipuler avec beaucoup de prudence mais qui révèle immédiatement son évidente supériorité sur les valeurs obtenues pour les endocrânes d'Australopithèques.

Cette opération est répétée pour trois autres crânes fossiles d'Olduvai attribués à *Homo habilis*[10], OH 13 (paratype), OH 16 et OH 24, et pour deux crânes du gisement de l'Est-Turkana attribués à la même espèce, KNM ER 1470 et KNM ER 1813, et le résultat, tout à fait démonstratif, est le suivant : 645 cm^3 de capacité endocrânienne moyenne, soit 43 % de plus que celle d'*Australopithecus africanus* – « *a quantum jump ahead* », dit Phillip Tobias. C'est donc bel et bien à partir d'*Homo habilis* que l'accroissement de l'encéphale, relatif et absolu, devient perceptible.

Jerison propose de mesurer cet accroissement en surplus de cellules nerveuses, méthode qui peut être critiquée mais qui fournit, appliquée de manière comparée, une intéressante estimation chiffrée du développement cortical : *Homo habilis* se révèle, selon ces calculs, avoir 5,2 à 5,4 milliards de cellules excédentaires, lorsque *Australopithecus africanus* en avoue 4,3 milliards, *Australopithecus boisei* 4,2, *Homo erectus* de 5,7 à 8,4 et *Homo sapiens* de 8,4 à 8,9.

Une nouvelle diagnose du genre *Homo* s'est donc imposée en 1964 à Louis Leakey, Phillip Tobias et John Napier ; puis, à l'occasion de l'édition en 1978 par Herbert Basil S. Cooke et Vincent Maglio d'un volume collectif sur les Mammifères fossiles d'Afrique, Francis Clark Howell, dans un excellent article de synthèse sur les Hominidae, devait reprendre et modifier légèrement cette définition. Enfin, en 1980, pour un colloque international du CNRS, intitulé « Les processus de l'hominisation », où il m'avait été demandé de traiter de l'origine du genre *Homo*, je rédigeai moi-même une autre diagnose qui allait, bien entendu, largement reprendre les termes des deux précédentes, mais qui allait aussi un peu les transformer pour y inclure des pièces d'au moins 3 millions d'années que mon équipe et moi-même avions depuis lors attribuées à ce genre : *l'Homme s'était encore agrandi*. Voici cette diagnose, la plus complète car la dernière en date.

Un genre d'Hominidé que distinguent les caractères suivants : stature et poids du corps plus grands, souvent même beaucoup plus grands, que chez *Australopithecus* ; membre inférieur plus allongé, membre supérieur probablement relativement plus court que chez *Australopithecus* ; squelette des membres et des ceintures parfaitement adapté à la station debout et à la marche bipède ; main capable de parfaite préhension, puissante et précise, avec pouce opposable bien développé ; volume endocrânien en moyenne supérieur à celui des espèces d'*Australopithecus,* bien que la partie inférieure de la variation d'*Homo* recouvre la partie supérieure de celle d'*Australopithecus,* mais atteignant parfois, dans les espèces successives, 2 à 3 et même 4 fois la valeur minimale (cette capacité est, en moyenne, grande relativement à la taille et se situe entre 500 cm^3 chez certains individus de l'espèce la plus ancienne et plus de 2 000 cm^3 chez certains individus de l'espèce contemporaine) ; changements importants dans les proportions cérébrales, notamment en ce qui concerne le développement des régions pariétale et temporale supérieure ; développement de la voûte crânienne en relation avec l'accroissement en volume du cerveau ; frontal progressivement bombé et écailles pariétale et temporale agrandies ; lignes temporales supérieures rarement rapprochées du plan sagittal médian, ne formant jamais de crête sagittale ; constriction postorbitaire réduite ; région sus-orbitaire variable, allant du bourrelet massif et saillant à une complète absence de superstructure rendant cette région parfaitement lisse ; aire nuchale plus petite que chez *Australopithecus* et progressivement réduite en même temps que change la courbure de l'occipital et que se réduit le torus dans les espèces successives ; condyles occipitaux situés relativement en avant sur la base du crâne ; squelette facial réduit, de modérément prognathe à orthognathe mais jamais concave et petit par rapport au neurocrâne ; arcade zygomatique d'architecture légère ; fosses temporales de taille variable mais pas aussi grandes que chez *Australopithecus* ; bord inférieur de l'ouverture nasale net ; dents antérieures du maxillaire en courbe parabolique, généralement sans diastèmes prononcés ; mandibule à contour interne en U ; corps mandibulaire moins haut et moins robuste que chez *Australopithecus* (racines dentaires plus petites) ; symphyse, en retrait ou projetée, avec tendance progressive à la réduction du plan alvéolaire et au développement d'une éminence mentonnière ; arcade dentaire arrondie sans diastèmes ; incisives et canines pas très petites relativement aux prémolaires et aux molaires ; dents, en général, et prémolaires et molaires, en particulier, non développées vestibulo-lingualement, comme c'est le cas chez *Australopithecus* ; canines à couronne de taille petite à modérée, à usure allant du sommet vers le bas et ne se chevauchant pas ou peu après les premiers stades d'usure ; première prémolaire inférieure bicuspide avec tendance à la réduction de la cuspide linguale et à la formation d'une racine unique ; deuxième prémolaire inférieure pas molarisée comme elle l'est chez *Australopithecus* ; taille variable des molaires, mais, en général, petite relativement à la taille de leurs homologues chez *Australopithecus* ; tendance à la réduction de la troisième molaire, ainsi qu'à la réduction des cuspides et des restes de cingulum, et à la simplification des schémas des sillons ; dernière molaire supérieure généralement plus petite que la deuxième et souvent aussi que la première ; troisième molaire inférieure quelquefois sensiblement plus grande que la seconde ; première molaire inférieure de lait incomplètement molarisée.

Lorsque l'on recherche, parmi les pièces fossiles déjà décrites et nommées, des documents susceptibles d'être comparés, rapprochés, voire attribués à *Homo habilis*, on est étonné de la très large distribution qu'ils peuvent avoir. L'Afrique orientale offre, de toute façon, les plus anciens d'entre eux et sans doute les plus incontestables : citons les gisements déjà mentionnés d'Olduvai en Tanzanie (*Homo habilis* y apparaît dans les couches datées de 1,6 à 2,0 Ma), de Kanapoi[11] (environ 3,0 Ma) et de Koobi Fora (lac Turkana) (*Homo habilis* s'y rencontre entre 1,8 et 2,0 Ma) au Kenya, d'Hadar[11] (environ 3,0 Ma) et de l'Omo (*Homo habilis* entre 1,6 et 2,0 Ma) en Éthiopie. Les pièces actuellement attribuées à *Homo habilis* dans les gisements mentionnés ci-dessus proviennent toutes de fouilles récentes, postérieures à 1961. Toutes ces pièces sont reprises, une à une, dans le cours, notamment les plus anciennes, celles que tous les paléoanthropologues n'acceptent pas comme appartenant à *Homo habilis*, et leurs traits décrits comparativement à leurs homologues chez *Australopithecus* ou chez les autres espèces du genre *Homo*. Mais on pourrait aussi citer, pour l'histoire, les quelques belles aventures de découvertes d'Hommes fossiles à l'antiquité douteuse qui ont fait Louis Leakey défendre depuis très longtemps, et sur des données fausses, l'idée de la véritable grande ancienneté du genre *Homo* : la mise au jour, par exemple à Olduvai dès 1913 par l'Allemand Hans Reck, d'un squelette d'*Homo sapiens* (OH 1) qu'il déclarait associé à une faune du Pléistocène inférieur (1,6 à 1,7 Ma), ce qui allait être confirmé par Hans Reck, Louis Leakey et Arthur Tindell Hopwood, sur le terrain, en 1931, puis infirmé par la mise en évidence de l'existence d'une sépulture de ce squelette, effectivement creusée dans le pléistocène inférieur, mais datée, quant à elle, de seulement 17 000 ans. Ou encore la découverte en 1932, à Kanam, au bord du lac Victoria, au Kenya, par un assistant kényen de Louis Leakey, dans des conditions stratigraphiques incertaines, d'une mandibule humaine étonnamment moderne d'apparence, mais que ce dernier va cependant décrire sous le nom d'*Homo kanamensis* comme le plus ancien fragment de véritable *Homo* jamais découvert au monde !

L'Afrique méridionale a joué aussi un rôle important dans l'histoire de l'idée de la très grande ancienneté de l'Homme. C'est en 1949 que John Robinson découvre à Swartkrans ce que Robert Broom et lui-même décriront comme un nouveau type d'Homme et appelleront *Telanthropus capensis.* Ce premier document de Swartkrans s'avérera en fait n'avoir que 500 000 ans alors que d'autres, effectivement rapportables au genre *Homo,* seront extraits plus tard des couches les plus anciennes de Swartkrans datées, elles, de 1,5 million d'années, où elles se trouvent d'ailleurs parfaitement contemporaines d'*Australopithecus robustus.* À Sterkfontein, c'est la découverte de pierres taillées en 1956 qui relance l'intérêt du site (cette grotte à Australopithèques est connue depuis 1930) : la couche 5, datée de 1,5 à 2 millions d'années et contemporaine de la couche la plus ancienne de Swartkrans, livre, en 1976, une partie importante d'un crâne caractéristique d'*Homo habilis*.

Très intéressants et toujours énigmatiques sont un certain nombre de fossiles d'Extrême-Orient attribuables à des formes humaines incontestablement plus archaïques et apparemment plus anciennes qu'*Homo erectus*[12] ; ce sont les pièces (ou certaines d'entre elles) attribuées par Ralph von Koenigswald à *Homo modjokertensis* à Java en 1936, à *Paranthropus palaeojavanicus* à Java en 1953, à *Hemianthropus peii* en Chine en 1957, puis par Gao Jian à *Australopithecus* sp. en Chine en 1975. Il se pourrait qu'il y ait un « habiline grade » dans ces très anciens niveaux asiatiques de 1,6 à 1,8 million d'années, ce que Sastrohamidjojo Sartono appelait, en 1981, un *Homo palaeojavanicus sangiranensis* suivi d'un *Homo palaeojavanicus modjokertensis,* précédant, tous deux, l'*Homo erectus trinilensis* et l'*Homo erectus ngandongensis.* Je propose, pour en expliquer les particularités anatomiques (notamment l'extraordinaire épaisseur de la voûte crânienne), un passage Afrique-Asie ancien pour qu'ait eu le temps de se réaliser cette évolution extrême-orientale si spéciale.

L'Europe et l'Afrique du Nord n'ont pas encore livré de restes osseux de ces périodes anciennes de la fin du Pliocène et du début du Pléistocène, mais des outillages incontestablement très vieux datant de 1,5 à plus de 2 millions d'années peut-être. Ce sont par exemple les galets aménagés du Moulouyen marocain, les éclats des Étouaires, les galets de Chilhac ou les os d'animaux porteurs de traces de décarnisation de La Rochelambert dans le Massif central français.

La vie quotidienne, l'alimentation, les réalisations culturelles d'*Homo habilis* sont ensuite envisagées à partir des nombreuses fouilles réalisées en Afrique orientale. L'outil, comme nous l'avons déjà vu, semble avoir été inventé avant l'Homme et il ne sera fait mention, que pour mémoire, des industries sur éclats de l'Omo (faciès de Shungura) et de l'Est-Turkana (KBS assemblage) de 2 à 3 millions d'années. Seront par contre développées les descriptions de l'Oldowayen, ou Pebble Culture, ou Culture des Galets aménagés et son évolution technique (Developed oldowan, Oldowayen évolué, Karari assemblage), outillage qui paraît bien avoir été celui d'*Homo habilis*, même si les premiers *Homo erectus* continuent traditionnellement à le fabriquer.

L'habitat, halte de randonneur puis campement plus durable avec spécialisation croissante des aires d'activités, est ensuite décrit. Il a permis de retrouver la part carnée du menu, de reconnaître le gibier chassé et de le distinguer du gibier disputé aux autres charognards, de démontrer quelques aspects de la vie sociale, le partage de la nourriture par exemple, de mettre en évidence les premières « constructions » du monde (hutte circulaire ou protection en croissant).

Enfin, une belle description naturaliste de l'Afrique orientale à cette époque montre comment les Hominidés, confrontés à une nouvelle crise climatique particulièrement importante, vont réussir à la surmonter. Deux réponses, aussi originales l'une que l'autre, vont en effet apparaître ou se développer alors : ce seront un grand Hominidé à petit cerveau et denture spécialisée dans une alimentation végétarienne très dure (l'Australopithèque robuste), et un petit Hominidé à gros cerveau et denture adaptée à une alimentation généralisée, entraînant un comportement nouveau (de chasseur) et une mobilité qui fera de ce dernier le conquérant du monde.

1986-1987
LES HOMMES INTERMÉDIAIRES

On s'accorde à peu près unanimement aujourd'hui à diviser l'histoire du genre *Homo* en trois stades successifs qui ont valeur d'espèces pour certains, simple valeur de grades pour d'autres : *Homo habilis, Homo erectus, Homo sapiens.* Les Hommes intermédiaires sont donc les *Homo erectus*.

Cette appellation d'intermédiaire, qui m'a été inspirée par l'étude des Éléphants *(Elephas intermedius)* et se veut volontairement désinvolte, est destinée à illustrer le caractère passager d'*Homo erectus* au sein d'un segment phylétique continu et à assouplir son allure binominale de taxon stricte. *Homo erectus* – dont le nom d'espèce est déjà ambigu en lui-même puisque le redressement du corps ne le caractérise pas – est en effet un concept aux limites confuses : on parle par exemple de pré-*erectus* pour des formes humaines fossiles anciennes d'Asie que l'on n'ose pas encore appeler *habilis,* et on parle d'extrémité du rameau *erectus* pour des formes humaines fossiles récentes d'Europe que l'on ose par contre, et sans vergogne, appeler *sapiens (neandertalensis)*[14].

La première partie du cours a été consacrée à l'historique des découvertes.

C'est en Indonésie, à la fin du siècle dernier, qu'un jeune médecin hollandais, Eugène Dubois, mit au jour le premier reste d'*Homo erectus*. Eugène Dubois avait été très impressionné par *L'Histoire de la création* (24 conférences publiées en 1868, sous le titre *Natürliche Schöpfungsgeschichte ; gemeinverständliche wisssenschaftliche Vorträge über die Entwickelungslehre im allgemeinen, und diejenige von Darwin, Goethe und Lamarck im besonderen)* du zoologiste allemand Ernst Haeckel. Haeckel y proposait en effet un arbre phylétique de 22 étapes, la 22e étant celle de l'Homme et la 21e celle d'un intermédiaire entre le Singe et l'Homme, qu'il appelait *Pithecanthropus alalus,* le Singe Homme sans langage, et dont le berceau se trouverait à la place actuelle de l'océan Indien. Eugène Dubois, convaincu par le raisonnement de Haeckel et décidé à retrouver lui-même ce chaînon annoncé, mais, ne parvenant pas à réunir les fonds privés nécessaires à une expédition dans cette région du monde, signa un contrat de huit ans dans le corps médical de l'armée hollandaise des Indes de l'Est et s'embarqua pour Sumatra, avec femme et enfant, durant l'automne 1887. Et c'est là, à Sumatra, puis surtout à Java, qu'il fera une extraordinaire série de découvertes dont celle, à Java, au bord de la rivière Solo, au lieu-dit Trinil, en 1891 et 1892, d'une dent, d'un calvarium et d'un fémur de ce qu'il appela d'abord *Anthropopithecus erectus* (1892), le Chimpanzé debout, puis *Pithecanthropus erectus* (1894), le Singe Homme debout. C'est donc au fémur recueilli à Trinil en mai 1892 que l'Homme intermédiaire doit de s'appeler *erectus*. Il faut dire, avant de terminer ce morceau d'histoire, qu'Eugène Dubois mourut très tristement, n'étant jamais complètement parvenu à convaincre ses collègues (pas même Haeckel) de la réalité de la nature de sa découverte.

Après ces découvertes de Dubois de la fin du siècle dernier et du tout début de ce siècle, il y eut deux grandes périodes de découvertes à Java, celle de la première moitié du XXe siècle – de 1931 à 1933, la mise au jour de la série extraordinaire des crânes de Ngandong par le géologue hollandais Cornelius Ter Haar, celle en 1936 de l'enfant de Modjokerto et, de 1936 à 1941, les fructueuses récoltes des fouilles à Sangiran du paléontologiste allemand Gustav Heinrich Ralph von Koenigswald – et celle, indonésienne, de la seconde moitié du XXe siècle – près de cinquante pièces de 1952 à aujourd'hui essentiellement étudiées par Teuku Jacob et Sastrohamidjojo Sartono.

C'est l'Europe qui, dans cette histoire, entre en scène après Java. Un fossile humain vieux de 700 000 ans, attribuable à *Homo erectus* et qui se trouve être encore aujourd'hui le plus vieux fossile humain d'Europe, est en effet mis au jour en 1906 en Allemagne dans les alluvions d'un affluent du Neckar, à Mauer, près de Heidelberg[13]. Il s'agit d'une mandibule dont les traits dérivés d'ancêtres des Neandertaliens vont alors être plus volontiers mis en valeur que ses caractères archaïques que l'on ne sait pas encore véritablement identifier : on ne parlera d'*Homo erectus* à son propos que beaucoup plus tard. Au fil des années, l'Europe va produire un nombre important d'autres fossiles humains qui ne feront que confirmer, mais au compte-gouttes, les données enseignées par la mandibule de Mauer, à savoir que tout le peuplement de l'Europe, de 700 000 ans, âge du plus vieux fossile humain connu, à 35 000 ans, date de l'arrivée du Proche-Orient de l'Homme de Cro-Magnon, est tout à fait homogène, *erectus* (ici Pré-Neandertal) d'abord, Neandertal ensuite[14]. Les plus célèbres de ces découvertes furent en 1914, 1916 et 1925, les mandibules et le crâne d'Ehringsdorf en Allemagne, en 1933 le crâne de Steinheim en Allemagne, en 1935, 1936 et 1956, le crâne de Swanscombe en Angleterre, en 1947 les restes crâniens de Fontéchevade en France, en 1959 le crâne de Petralona, en Grèce, en 1963 l'occipital de Vesteszöllös en Hongrie, à partir de 1967 les nombreux restes humains de Tautavel en France (dont la face en 1971), en 1972, 1974 et 1975, les restes crâniens de Bilzingsleben en Allemagne de l'Est, en 1976 les crânes de Biache-Saint-Vaast dans le nord de la France.

Dès 1899, l'Allemand K. A. Heberer avait rapporté d'un voyage en Chine une importante collection de fossiles (dont une dent de Primate) achetés sous les noms de Lung Ku et Lung Ya (os ou dents de dragon) dans les pharmacies traditionnelles. Mais il fallut attendre les années 1920 pour voir les Suédois, sous l'influence d'un prospecteur minier passionné de paléontologie, Johan Gunnar Andersson, organiser cette recherche et fonder le Comité de recherches sino-suédois sous le haut patronage du prince héritier de Suède. Forte de cet accord, l'Université d'Uppsala envoya alors en son nom sur le terrain un jeune paléontologiste autrichien, Otto Zdansky, qui recueillera, l'année même de son arrivée en Chine (1921), la première dent d'*Homo erectus* de ce pays, à Chou-Kou-Tien, près de Pékin. Il fera connaître sa découverte en 1926, avec une deuxième et une troisième dents récoltées plus tard dans des tamisages, sous le nom d'Homme de Pékin. Un anatomiste canadien, Davidson Black, se saisit alors de la nouvelle et annonça de son côté dans *Nature* et *Science* que l'origine de l'Homme se situerait en Asie centrale. Il créa à son tour une expédition sino-suédo-américaine et demanda des crédits, qu'il obtint, à la Fondation Rockefeller pour fouiller Chou-Kou-Tien. La fouille commença à Pâques 1927. Birger Bohlin qui représentait la Suède, en fut l'exécuteur : ce fut donc lui qui découvrit le 16 octobre de cette même année une nouvelle dent (de lait) de cet Homme fossile que Davidson Black va immédiatement publier sous le nom nouveau de *Sinanthropus pekinensis* (Black et Zdansky, 1927).

Davidson Black va poursuivre cette exploitation de Chou-Kou-Tien, aidé du paléontologiste chinois Weng Chung Pei, puis du Français Pierre Teilhard de Chardin qui prendra, à la mort subite de Davidson Black en 1934, la direction des fouilles. Après un demi-million de tonnes de sédiments explorés, le bilan de cet immense chantier sera, en 1937, de 14 crânes, 11 mandibules, 147 dents et 147 ossements postcrâniens, collection qui va malheureusement disparaître entièrement en 1941 entre l'ambassade des États-Unis à Pékin et le port de Chingwantao où elle devait être embarquée pour les États-Unis sur un paquebot, le *Président Harrison*.

Les chercheurs chinois ont repris les recherches, aussi bien à Chou-Kou-Tien que sur l'ensemble de leur pays, et découvert depuis les années 1950 une impressionnante série de sites et de documents attribuables à *Homo erectus* ou *Homo sapiens* archaïque : des incisives de 600 000 à 700 000 ans à Yuanmou, un crâne de 800 000 ans et une mandibule de 500 000 à 590 000 ans à Lantian, un crâne à Dali, un autre à Mapa, des dents à Yunxi, Yunxian, Xichuan, Nanzhao, un crâne à Hexian, etc., et un crâne, une mandibule, 2 ossements postcrâniens et 5 dents à Chou-Kou-Tien.

Les ressemblances entre l'Homme de Pékin et l'Homme de Java vont très vite apparaître, et c'est Franz Weidenreich, anatomiste autrichien à qui est confiée l'étude du Sinanthrope, qui va proposer, dès 1940, l'appellation d'*Homo erectus* pour regrouper ces formes. Il sera suivi en cela par les deux grands systématiciens américains d'après guerre, Georges Gaylord Simpson en 1945 et Ernst Mayr en 1951.

L'écho du continent africain est venu en 1933 de l'Afrique du Nord et en 1935 de l'Afrique de l'Est, mais il n'a été bien perçu qu'en 1949 quand il est venu de l'Afrique du Sud. Le 29 avril 1949, John Robinson découvrait, en effet, à Swartkrans près de Johannesburg, une mandibule « manifestement d'un nouveau type d'Homme » que Robert Broom et lui-même nommèrent *Telanthropus capensis*. Cette pièce s'avérera provenir de la brèche noire du dépôt, vieille de 500 000 années. Mais, en septembre de la même année, John Robinson va découvrir un autre fragment mandibulaire « comparable, dit-il, au premier fossile » et provenant cette fois de la brèche rose du remplissage, estimée âgée de 1,5 million d'années. De nouvelles découvertes, aussi bien dans l'une des brèches que dans l'autre et celle d'un crâne attribué à *Homo habilis* faite dans le membre 5, contemporain de la brèche rose, du gisement voisin de Sterkfontein, font penser aujourd'hui qu'il y a là l'illustration d'un continuum évolutif allant d'*Homo habilis* de Sterkfontein à *Homo erectus* de la brèche noire en passant par *Homo* sp. aux affinités avec *Homo habilis* et *Homo erectus* de la brèche rose (représentant peut-être les limites inférieures de l'Homme intermédiaire).

Le premier *Homo erectus* de toute l'Afrique fut découvert, nous l'avons vu, à Rabat en 1933, mais ne fut pas reconnu comme tel à l'époque. Ce sont en fait les trois importantes campagnes de fouilles menées par Camille Arambourg et Robert Hoffstetter en 1954, 1955 et 1956 dans des sables et des argiles d'une ancienne sablière de l'Oranais appelée Ternifine, Palikao ou Tighenif, qui donnèrent véritablement au Maghreb son premier *Homo erectus* « en place ». Illustré par 3 mandibules, 1 pariétal et des dents isolées, accompagnés d'un bel outillage bifacial de l'Acheuléen inférieur, il fut décrit sous le nom d'*Atlanthropus mauritanicus* et daté récemment par la magnétostratigraphie et la biostratigraphie de 700 000 années.

Deux années après la découverte de l'Homme de Rabat, en 1935 donc, deux fragments de voûte crânienne épaisse associés à un outillage acheuléen furent mis au jour par Mary Nicol (plus tard Mary Leakey) dans le bed IV de la séquence d'Olduvai, niveau dont le sommet est daté de 600 000 ans. Mais c'est la découverte, le 2 décembre 1960, d'un calvarium dans un niveau de 1,5 million d'années du bed II de la même gorge et connu sous le nom d'Homme chelléen, qui va ouvrir l'Afrique orientale à l'histoire de l'*Homo erectus*. Elle s'illustrera généreusement ensuite par les récoltes des Hominidés 12, 22 et 28 d'Olduvai, par celle des fragments crâniens du membre K de l'Omo (1,4 Ma), par la mise au jour des très beaux documents de l'est du lac Turkana au Kenya comme les crânes 3733 et 3883, par celle extraordinaire du squelette KNM-WT 15 000 de l'ouest du lac Turkana (juillet 1984) et par les découvertes, plus modestes mais tellement précieuses, de Melka Kunturé en Éthiopie, car à chaque fois en parfaite association avec des outillages bien caractérisés : humérus de Gomboré I et Oldowayen, mandibule immature de Garba IV et Oldowayen évolué, frontal et pariétal de Gomboré II et Acheuléen moyen.

L'Afrique centrale s'est adjointe à ces gisements avec ma découverte au Yayo, au Tchad, en 1961 d'un fragment crânio-facial que j'ai alors appelé *Tchadanthropus uxoris*.

Enfin, le 5 décembre 1986, Arun Sonakia recueillait dans un poudingue Pléistocène moyen d'origine fluviatile de la rive droite du fleuve Narmada, près du village d'Hathnora, dans l'État de Madhya Pradesh, une calotte crânienne d'*Homo erectus* probablement évolué, permettant enfin à l'Inde de commencer à remplir son rôle de jalon entre les populations d'*Homo erectus* d'Afrique et celles d'Extrême-Orient.

La seconde partie du cours a été consacrée à la description des diverses formes d'*Homo erectus*. Si l'on peut en effet définir, dans leur ensemble, les Hommes intermédiaires comme étant des Hommes fossiles de l'Ancien Monde ayant vécu entre 1,7 million d'années (sans doute plus) et 400 000 ans (sans doute moins) et que caractérisent un encéphale de 750 à 1 250 cm^3, un crâne épais et bas à carène sagittale et à section trapézoïdale (en tente), aux puissantes arcades sus-orbitaires, à forte constriction postorbitaire, à os tympanique épais et à lourde mandibule sans menton, on n'en distingue pas moins des sortes de sous-espèces provinciales qu'explique leur large répartition. Divisés en types sud-est africain, australasiatique, levanto-nord-africain et européen, ils seront étudiés dans cet ordre.

Les *Homo erectus* d'Afrique orientale sont, semble-t-il, les plus anciens que l'on connaisse ; le crâne 3733 de l'Est-Turkana au Kenya pourrait ainsi avoir 1,7 million d'années[15]. La question se pose alors de savoir quel genre de filiation lie *Homo habilis* à *Homo erectus*, gradualisme ou équilibre ponctué, autrement dit continuité ou discontinuité (et en partie recouvrement). L'Afrique du Sud et de l'Est est probablement la province qui donnera à ce problème sa réponse. À l'autre bout de l'histoire, le passage *Homo erectus-Homo sapiens* est particulièrement bien illustré tant en Afrique orientale qu'en Afrique méridionale. On peut alors distinguer, depuis les derniers *Homo erectus*, les stades évolutifs suivants : les restes attribuables à *Homo erectus évolué* de Ndutu en Tanzanie, Kapthurin au Kenya et Bodo en Éthiopie, âgés de 300 000 à 500 000 ans ; puis l'*Homo sapiens capensis* représenté par le crâne de Florisbad en Afrique du Sud et ceux de Kanjera (Kenya), Ngaloba (Tanzanie) et Kibish (Éthiopie) en Afrique de l'Est ; l'*Homo sapiens rhodesiensis* avec le crâne de Saldanha en Afrique du Sud, le fameux crâne de Broken Hill en Zambie (appelé, à une certaine époque, « neandertaloïde » par européocentrisme) et les restes crâniens d'Eyasi en Tanzanie ; enfin, l'*Homo sapiens cafer* avec les formes récentes, voire néolithiques. Ce découpage, s'il a bien peu de chances de recouvrir une réalité aussi tranchée, a néanmoins le mérite de démontrer l'unité du quart sud-est de l'Afrique, liant Afrique orientale et Afrique méridionale.

La seconde province que j'ai appelée australasiatique est composée des *Homo erectus* d'Indonésie, de Chine, d'Inde et de leur descendance probable asiatique et australienne. Les plus anciens Hommes fossiles de cette partie du monde sont sans doute les plus anciens des « Pithécanthropes » indonésiens, puisque de récentes datations paléomagnétiques les situent dans l'événement d'Olduvai, âgés donc d'au moins 1,67 million d'années. Ce sont eux que l'on nomme parfois pré-*erectus* ou Méganthrope ou encore *Homo paleojavanicus*. Tout à fait liés morphologiquement aux formes australasiatiques suivantes (à Java, par exemple, S. Sartono propose la succession graduelle *Homo paleojavanicus sangiranensis-Homo paleojavanicus modjokertensis-Homo erectus trinilensis-Homo erectus ngandongensis)*, ces très vieux Hommes ont par contre certains traits si démarqués de ceux de leurs homologues africains que l'on doit considérer désormais leur arrivée en Extrême-Orient comme beaucoup plus ancienne qu'on ne l'avait imaginée : voûte crânienne plus épaisse, torus sus-orbitaire moins projeté, aire nuchale plus grande, torus nuchal plus grand, carène sagittale plus importante, lignes temporales plus épaisses et plus anguleuses, prognathisme facial plus fort. Tous ces fossiles sont alors décrits, depuis l'extraordinaire calotte crânienne de 24 millimètres d'épaisseur à l'inion, découverte en 1979 à Sangiran, aux tout premiers peuplements de l'Australie, les *Homo sapiens* du lac Mungo ou de Kow Swamp, âgés respectivement de 40 000 et 10 000 ans, en passant par les Sinanthropes de Lantian de 800 000 ans et ceux de Chou-Kou-Tien récemment datés par les méthodes du paléomagnétisme, des traces de fission, de la thermoluminescence et du rapport uranium/thorium, de 730 000 ans (niveau 13) à 230 000 ans (niveau 1). Les questions de cultures (quartz de Chou-Kou-Tien), de rites (évidement des bases de crânes de Java et de Chine) et de feu (foyers de Chou-Kou-Tien) ont été abordées à cette occasion.

La troisième province unit probablement le Proche-Orient et l'Afrique du Nord. Le site d'Oubeidiyeh, dans la moyenne vallée du Jourdain, est le plus ancien site à Hominidés de cette province à livrer outillage et restes humains de plus de 1 million d'années associés à une faune « carrefour », aux caractères est-africain, nord-africain et européen[16]. Le site de Gesher Benot Ya'acov en Israël démontre cette liaison Levant-Afrique par l'absence de tendances neandertaliennes de ses restes d'Hommes intermédiaires. Quant au Maghreb, il a offert, en une douzaine de sites, de nombreux restes attribuables à *Homo erectus* et à *Homo sapiens,* illustrant à la fois de manière particulièrement nette, la continuité du passage d'une forme à l'autre et la communauté des traits régionaux qui les lient, le macrodontisme par exemple, traits qui rapprochent plus volontiers ces populations de celles d'Extrême-Orient plutôt que de celles d'Afrique orientale. L'Homme du Tchad se rattacherait volontiers à cet ensemble.

La quatrième et dernière province est l'Europe, dont le peuplement *erectus* homogène développe si vite les caractères qui vont devenir ceux de l'Homme de Neandertal que nombreux sont encore les auteurs qui, confondant espèce, grade et clade, ne veulent pas parler d'*Homo erectus* en Europe. Ce sera l'objet du cours de l'année 1987-1988.

Homo erectus apparaît donc bien, dans toutes les acceptions du terme, comme l'Homme intermédiaire, que pratiquement aucune autapomorphie ne caractérise. Il descend d'*Homo habilis* de manière apparemment continue et donne naissance à *Homo sapiens* dans le même mouvement anagénétique. L'ancienneté des restes humains d'Asie et celle des outillages d'Europe ou d'Afrique du Nord semblent bien confirmer l'antiquité du peuplement de ces provinces biogéographiques, antiquité supérieure à celle de l'Homme intermédiaire. C'est l'addition de la viande à son régime qui fait donc l'Homme mobile ; sa bougeotte a pu commencer dès 3 millions d'années. Enfin, la grandeur de la niche écologique de l'Homme intermédiaire a entraîné le développement de caractères régionaux qui permettent de le diviser de manière commode mais un peu artificielle en quatre grandes populations qui n'ont en réalité jamais interrompu entre elles l'échange de leurs gènes.

1987-1988
LE DERNIER HOMME FOSSILE

Le cours sur « le dernier Homme fossile » terminera ce cheminement chronologique de l'histoire des Primates et plus précisément celui de l'histoire des Hominidés : 70 millions d'années donc, et plus particulièrement les dix derniers millions de ces années en quarante-cinq leçons[17].

Le peuplement très particulier de l'Europe, traité cette année, fera la transition entre l'étude des « Hommes intermédiaires » et celle des « derniers Hommes fossiles ». L'Europe des temps glaciaires, réduite à un corridor entre les Alpes et la Méditerranée, s'est en effet un peu comportée comme une île. L'*Homo habilis* peut-être, l'*Homo erectus* sûrement y ont évolué sans contacts avec les autres populations ; et cette évolution indépendante, expérimentale malgré elle, a conduit à la « réalisation » d'une forme humaine tout à fait spéciale, tout à fait originale, l'Homme de Neandertal. Cet Homme au visage boursouflé, au front fuyant et à l'épais bourrelet sus-orbitaire, représente donc, d'une certaine façon, la manière dont l'environnement européen a modelé l'Homme intermédiaire.

Or ce sont précisément les préhistoriens européens qui, les premiers, ont eu l'idée de rechercher, dans les archives de leur sol, leurs ancêtres. S'attendant à les trouver « beaux », on peut imaginer le choc qu'ils ressentirent lorsqu'ils mirent au jour les premiers de ces Hommes fossiles, les Neandertaliens d'Engis, en Belgique, en 1828, de Gibraltar en 1848, de la vallée de Neander en Allemagne en 1856, de La Naulette et de Spy, en Belgique, en 1885 et 1886, de Krapina, en Yougoslavie, en 1899, de Mauer, en Allemagne, en 1907, de La Chapelle-aux-Saints, de La Ferrassie et de La Quina, en France, en 1908, 1909 et 1911. La même démarche menée en Afrique ou en Asie, où le passage de l'Homme intermédiaire à l'Homme moderne s'est fait de manière beaucoup plus « douce », aurait sans doute permis à la paléoanthropologie d'avancer plus vite. L'Homme de Neandertal fut, en effet, comme on peut l'imaginer, fort mal reçu, voire rejeté : on en a fait un malade, un arthritique, velu, voûté, barbare, brutal, cannibale, au gros orteil opposable, incapable de parler, intermédiaire entre l'Homme et le Singe – mais plus près du Singe –, et n'ayant, bien entendu, rien à voir avec notre ascendance. Il y a, au sujet de cet Homme fossile, des pages extravagantes de savants comme F. Mayer de Bonn, Rudolf Virchow de Berlin, Elliot Smith ou H. G. Wells de Londres, Marcellin Boule du Muséum de Paris, et on en écrit encore aujourd'hui...

Dès 1844, date de la découverte de l'Homme de La Denise, près du Puy, et pendant plus d'un siècle, on s'est entêté à rechercher, pour se rassurer, des Hommes fossiles à la fois plus modernes et plus anciens que cet Homme de Neandertal maudit. Ce furent le cas de vrais Hommes fossiles, modernes mais mal datés (La Denise, Foxhall, Castelnedolo, Moulin Quignon, Clichy, Grenelle), de vrais Hommes fossiles, anciens mais mal interprétés (Swanscombe, Fontéchevade, Steinheim), ou de faux Hommes fossiles « canularesques » (Piltdown dans le Sussex qui n'était en réalité qu'un crâne d'Homme actuel et une mandibule d'Orang-outan).

Prenant, comme bien souvent, le contre-pied extrême de ce rejet, l'étape suivante de l'histoire de la discipline a été de retenir l'Homme de Neandertal comme un stade obligé de l'évolution humaine entre l'Homme intermédiaire et l'Homme moderne. On appelait alors Neandertaloïdes les Hommes fossiles d'Afrique (comme l'Homme de Rhodésie) ou d'Asie (comme l'Homme de la Solo), contemporains de l'Homme de Neandertal d'Europe et qui ne lui ressemblaient pas tout à fait.

Et ce n'est que depuis que s'est développée l'analyse cladistique des caractères plus rigoureuse que l'on s'est rendu compte que les soi-disant traits pré-*sapiens* de certains de ces Hommes fossiles européens anténeandertaliens étaient en fait des caractères anciens, plésiomorphes (hérités) ; c'est la raison pour laquelle on pouvait les retrouver chez l'Homme moderne, sans pour cela qu'ils y aient une signification chronologique quelconque alors qu'ils avaient disparu de la diagnose des Neandertaliens au profit de caractères apomorphes, tout à fait propres à cette sous-espèce. On pense ainsi aujourd'hui que le peuplement de la péninsule européenne est, de 2 millions d'années à 35 000 ans, un peuplement homogène, continu et endémique, et qu'à 35 000 ans est arrivé du Proche-Orient l'Homme de Cro-Magnon, un émigré, qui arrêta l'expérience de l'isolement de l'Europe, absorba génétiquement l'Homme de Neandertal[18] et le supplanta.

Le cours passera alors en revue tous les principaux sites paléoanthropologiques et préhistoriques d'Europe, leur datation, leur faune, leur flore et, par voie de conséquence, le climat qui a présidé à leur dépôt, ainsi que, bien entendu, les Hommes fossiles qu'ils ont livrés et leurs outillages.

Les plus anciens de ces sites, dépassant peut-être, pour certains d'entre eux, 2 millions d'années, n'ont fourni que des indices indirects de présence humaine possible, pierres taillées ou paraissant l'avoir été, pierres avec marques d'utilisation, ossements à fractures spiralées d'aspect intentionnel, ossements avec incisions, traces de décarnisation. Il s'agit des gisements de Saint-Vallier, La Rochelambert, Chilhac, Les Étouaires, Le Coupet, Le Vallonnet, la forêt de Sénart, en France, la rivière Vitava et Stranska Skola en Tchécoslovaquie, Sandalja en Yougoslavie, El Aculadero en Espagne, etc. Puis c'est l'Acheuléen ancien, à partir de 700 000 ans, avec des sites cette fois à restes humains conservés qui se trouvent être en même temps les premiers sites à outils symétriques d'Europe (symétrie d'ailleurs double, bilatérale et bifaciale). Les Hommes s'aventurent alors dans des zones plus septentrionales du continent pendant les périodes interglaciaires ou interstadiaires ; on les trouve à Tautavel, à Montmaurin, à Orgnac, à Vergranne en France, à Atapuerca en Espagne, à Pontana Ranuccio en Italie, mais aussi à Mauer (700 000 ans), à Bilzingsleben en Allemagne (350 000 ans ; des outils en os y auraient des marques gravées), à Swanscombe en Angleterre, à Verteszöllös en Hongrie, à Azych en Union soviétique (des crânes d'ours, déposés dans une cachette, y porteraient des incisions en croix). Dès 300 000 ans, les outillages montrent des traits originaux et deviennent caractéristiques des grandes régions de l'Europe : c'est l'Acheuléen moyen et supérieur, la découverte du débitage Levallois et l'amélioration de l'aménagement de l'espace intérieur des habitats. Citons, pour l'illustrer, les sites de Torralba et Ambrona en Espagne, Castel di Guido en Italie, Petralona en Grèce, La Chaise, Fontéchevade, Le Lazaret, La Grotte du Prince, Biache-Saint-Vaast en France, Steinheim, Ehringsdorf en Allemagne, Pontnewydd au pays de Galles (le site acheuléen le plus septentrional d'Europe).

Tout au long de cette histoire, des caractères dérivés, qui entreront dans la diagnose de l'Homme de Neandertal, vont peu à peu se mettre en place, parfois chez un individu seulement, parfois dans une population tout entière. On appelle Neandertal, en définitive, tout Homme fossile qui réunit un nombre suffisant des traits anatomiques particuliers (apomorphes) que l'on a retenus pour définir cette sous-espèce. C'est la démonstration d'un passage tout à fait graduel d'une forme (*erectus*) à une autre (*sapiens neandertalensis*[19]) et la preuve, par la même occasion, si besoin était, qu'il ne s'agit plus là d'une véritable spéciation, mais d'un rapport de pourcentages de plésiomorphies et d'apomorphies qui s'inverse.

Comme les Neandertals ainsi définis se rencontrent entre 100 000 et 35 000 ans[20], du Portugal à l'Asie centrale, et que ceux d'Asie sont à la fois plus récents et moins « neandertalisés » (comparables en ce sens aux Neandertaliens européens de 100 000 ans comme ceux de Saccopastore, de Bañolas ou de la grotte Bourgeois Delaunay à La Chaise de Vouthon), on pense que c'est de l'Europe vers l'Orient (où on les connaît en Israël, au Liban, en Irak, en Iran, dans le Caucase et l'Ouzbékistan), au Riss Würm, que s'est faite la migration ou l'expansion de ces Hommes fossiles. La brièveté de leurs avant-bras et de leurs jambes (réduisant le rapport surface du corps/poids du corps et ralentissant par suite leurs échanges thermiques avec l'extérieur) confirme d'ailleurs leur origine « froide », et donc européenne, et ce sens ouest-est de leur extension. Enfin, un examen approfondi de leur outillage, de leurs objets de parure et de collection (ils ramassaient parfois minéraux et fossiles), de leurs rites funéraires et de ce qui apparaît de leurs comportements révèle une population habile, curieuse, qui a une pensée symbolique complexe et bien évidemment le sens de « soi » qu'on leur a pourtant refusé si longtemps.

Il y a 35 000 ans, sans doute à la faveur d'un léger réchauffement interstadiaire entre le Würm II et le Würm III, « arrive » du Proche-Orient, où on le connaît depuis plus de 100 000 ans (Mugharet el-Zuttiyeh et Djebel Qafzeh, en Israël), l'Homme moderne, *Homo sapiens sapiens,* à qui l'on donnera en Europe le nom d'Homme de Cro-Magnon. La longueur relative de ses avant-bras et de ses jambes (augmentant le rapport surface du corps/poids du corps et développant ses échanges thermiques) confirme, à l'inverse de ce que l'on avait conclu pour le Neandertal, l'origine orientale en climat clément de l'Homme de Cro-Magnon. On a décrit un certain nombre de ce que l'on a cru être différents types d'Hommes modernes – l'Homme de Cro-Magnon, l'Homme de Grimaldi, l'Homme de Chancelade, l'Homme de Combe-Capelle, l'Homme de Brno, l'Homme de Mladec, l'Homme de Predmost –, mais les caractères de ces Hommes fossiles se recoupent au point que, dans leur ensemble, ils donnent plutôt l'impression de représenter une vaste population avec la variabilité que l'on peut en attendre lorsque l'on sait qu'elle a couvert un continent entier pendant 25 000 ans. À l'époque où l'on n'acceptait pas Neandertal dans l'album de famille et où l'on voyait, par « complexe de berceau » – et en l'occurrence « européocentrisme » –, en Cro-Magnon l'origine des Blancs (de Quatrefages et Hamy, 1874), en Chancelade celle des Jaunes (Testut, 1889), et en Grimaldi celle des Noirs (Verneau, 1906), on faisait du Paléolithique supérieur une période de grande civilisation, qui tranchait sur la barbarie du Paléolithique moyen. Si les grandes époques du Paléolithique supérieur, Aurignacien, Gravettien, Solutréen, Magdalénien, n'en conservent pas moins leurs titres de raffinement, on sait aujourd'hui que les différences entre les cultures du Paléolithique moyen et celles du Paléolithique supérieur sont moins tranchées qu'on ne l'avait déclaré. Les Cro-Magnon du Proche-Orient font des outillages du Paléolithique moyen et ce sont les Neandertals d'Extrême Occident qui inaugurent ceux du Paléolithique supérieur ! La différence entre ces outillages est par ailleurs plus d'ordre statistique, et donc quantitatif que qualitatif : « Ces outils, écrivait François Bordes en 1984 en parlant des pièces du Paléolithique supérieur, sont maintenant fabriqués en grandes séries, standardisés, diversifiés en types dérivés et sous-types. » De la même manière, les sépultures, leurs offrandes, les cultes d'animaux, les parures, la récolte des curiosités que l'on rencontre avec Cro-Magnon, on les avait vus naître avec Neandertal, et parfois même avant lui. La pensée symbolique est apparue elle aussi avec Neandertal, mais elle ne s'est par contre jamais projetée avant le Paléolithique supérieur sous cette forme extraordinaire de dessins, peintures ou sculptures. Du Périgord à l'Oural, de 36 000 à 10 000 ans, on va assister à l'explosion d'un art d'une très grande beauté, et qui va se manifester aussi bien dans le mobilier que dans l'immobilier. Le soin apporté aux fouilles en a livré par ailleurs l'équipement, échafaudages et cordages, lampes et mèches, colorants et pilons, crayons, pinceaux, tampons et tubes, lames, lamelles et éclats, et même les restes de casse-croûte des artistes (à Lascaux, 88,7 % des sandwichs étaient au Renne). Le grand art que l'on appelle en effet « de l'Âge du Renne », tantôt figuratif tantôt abstrait, était en fait un art codé, organisé suivant une structure et des thèmes. Il s'agit d'un système, de l'« armature matérielle d'une pensée religieuse », dit André Leroi-Gourhan, du contenant d'un mythe, je dirais, dans une certaine mesure, d'une écriture. C'est un fragment de spiritualité fossile.

1988-1989
LE DERNIER HOMME FOSSILE (SUITE), LES CRO-MAGNONS D'AILLEURS

Le cours termine par l'étude de l'*Homo sapiens* hors d'Europe, un parcours de mise en place anatomique, chronologique et phylétique de tous les Hommes fossiles connus dans une longue perspective paléontologique. Son titre n'est donc que la reprise de celui de l'année précédente ; quant à son sous-titre, il est destiné à évoquer *a contrario,* la manière européocentrique dont tous les ouvrages, manuels, expositions, conférences, même signés des meilleurs auteurs, parlent de l'évolution de l'Homme. Il y est d'abord question des Australopithèques africains, aujourd'hui bien insérés dans le schéma général : l'*Homo habilis* apparaît ensuite, mais pas toujours ; puis vient l'*Homo erectus,* inexorablement présenté comme le conquérant de l'Ancien Monde alors que ce monde était probablement peuplé depuis plusieurs centaines de milliers d'années par son prédécesseur quand se constitue ce morphotype. Et l'histoire s'achève dans tous les cas par les problèmes de la dualité Neandertal-Cro-Magnon et de sa succession, en autres termes par la situation très particulière de l'Europe de l'Ouest il y a 35 000 ans. On oublie volontiers que le phénomène Neandertal ne concerne que l'Europe et une partie de l'Asie – ce qui, bien entendu, ne retire rien à son extrême intérêt – et que les *Homo sapiens sapiens* se rencontraient dans le monde entier quand certains d'entre eux vinrent s'installer sur les bords de la Vézère et enterrer leurs morts dans l'abri sous-roche de Cro-Magnon. Ce n'est, après tout, qu'un peu plus haut dans le temps, une autre version aussi rassurante de « nos ancêtres les Gaulois ».

Nous avons étudié ce peuplement moderne du monde par grandes provinces, provinces qui, bien qu'un peu artificielles, justifient cependant leur réalité en se révélant biogéographiquement homogènes et receleuses d'une certaine concentration de pièces squelettiques d'Hommes modernes fossiles partageant un certain nombre de traits dérivés.

La première province que nous avons envisagée est l'Afrique que nous avons appelée du Sud-Est car les restes fossiles de l'Est et ceux du Sud ont les mêmes caractéristiques et le même rythme d'évolution ; c'est l'Afrique du Sud-Est en effet qui paraît avoir livré les plus anciens Hommes modernes du monde. Comme nous l'avions observé ailleurs dans le processus de neandertalisation des *Homo erectus* européens, nous assistons, dans cette région, à une sapientisation des *Homo erectus* locaux, phénomène qui s'y révèle à la fois ancien, progressif et différentiel. Il faut savoir en effet que certains traits qui font partie de la diagnose d'*Homo sapiens* – bosses pariétales, verticalité des parois latérales du crâne, trigone mentonnier – y apparaissent sur des crânes ou des mandibules d'Hommes fossiles de 500 000 ans (Kapthurin, Ndutu, Bodo). Il faut savoir qu'au travers d'un découpage pratique en tranches subspécifiques (*Homo sapiens kapthurinensis, rhodesiensis, capensis* et *afer*), mais tout aussi arbitraire dans ses limites que celui qui sépare *Homo erectus* d'*Homo sapiens*, il est possible de parcourir de manière exemplaire toute l'évolution de l'*Homo sapiens* jusqu'au modelage de l'*Homo sapiens sapiens*, de ses formes néolithiques et même actuelles locales – l'indice longueur/hauteur du crâne, dont le spectre actuel va de 54,1 à 66,1, montre par exemple un clair accroissement en hauteur, du crâne de Broken Hill en Zambie vieux de plus de 100 000 ans (moins de 50), à ceux de Kibish 2 en Éthiopie ou de Ngaloba en Tanzanie (55), puis à celui de Border Cave 1 en Afrique du Sud (60) de moins de 80 000 ans. Il faut savoir encore que les caractères modernes se montrent sur les fossiles de manière irrégulière, un à un, en mosaïque, comme une tendance statistique – les crânes de Klasies River Mouth Cave 1 en Afrique du Sud, par exemple, ont une mandibule sans menton mais un frontal à structure sus-orbitaire entièrement moderne ; ceux de Border Cave, voisins et du même âge, ont une arcade sus-orbitaire épaisse, mais une mandibule avec une protubérance mentonnière bien développée. L'Afrique du Sud-Est fournit donc un échantillon important, bien daté, bien marqué – faible épaisseur des os de la voûte du crâne, par exemple –, démonstratif d'un passage graduel d'*Homo erectus* à *Homo sapiens* enclenché de bonne heure ; *Homo sapiens* y apparaît vraiment comme la tendance évolutive d'*Homo erectus* ; phylogénétiquement, il ne s'en distingue pas.

Quelques pièces recueillies au Soudan réalisent un bon lien anatomique et géographique avec les provinces suivantes, l'Afrique du Nord-Ouest d'une part, le Proche-Orient d'autre part.

En Afrique du Nord, et plus spécialement dans sa partie occidentale, une belle collection de fossiles nous permet un cheminement d'*Homo erectus* à *Homo sapiens* tout aussi continu qu'en Afrique du Sud-Est. Le crâne de Salé et les fragments crâniens de la carrière Thomas 3 au Maroc, datés de 400 000 ans, montrent les plus anciens traits de sapientisation – bosses pariétales, gracilité de l'os tympanique, faiblesse des lignes temporales. Les étapes anatomiques et chronologiques suivantes – Rabat, 300 000 ans, Irhoud au Maroc, plus de 100 000 ans, Haua Fteah en Libye, 50 000 ans, Dar es-Soltane au Maroc, 40 000 à 60 000 ans, Taforalt au Maroc, Afalou bou-Rhummel en Algérie, Wadi Halfa au Soudan, 20 000 ans, Mechta el-Arbi en Algérie, 10 000 ans, etc. – font la démonstration de l'accroissement progressif du nombre des traits d'*Homo sapiens* associés dans un même fossile. Une discontinuité semble cependant s'opérer à partir de l'Ibéro-Maurusien (21 000 ans) : malgré un fil anatomique ininterrompu qui lie incontestablement Salé à Mechta à travers toutes les formes citées, un type mechtoïde encore appelé Mechta Afalou et représentant peut-être le premier *Homo sapiens sapiens* se démarque du stock antérieur tout en se rattachant aux formes sud-est africaines de Border Cave en Afrique du Sud, Kibish ou Ngaloba en Afrique de l'Est, Singa au Soudan, et aux formes proche-orientales de Qafzeh ou Skuhl, en Israël. Tout a l'air de se passer comme si, sur une sapientisation progressive autochtone incontestable – plus grande inclinaison postérieure du profil frontal, courbures pariétales douces, grande apophyse mastoïde, dents fortes –, venait s'établir une « sapientisation au carré » allochtone à partir de formes sud-est africaines, *via* le Proche-Orient, sous la forme de migrations réelles ou d'hybridations de contact. Les fossiles de Salé, Rabat, Irhoud, Dar es-Soltane seraient les homologues nord-africains des Pré- (ou Anté-) Neandertaliens et Neandertaliens d'Europe et ceux de Mechta, d'Afalou ou de Wadi Halfa, les homologues de nos Hommes de Cro-Magnon.

La troisième province étudiée est le Proche-Orient. Il se comporte comme ayant été, au débouché du chemin du Nil (crâne de Singa), la seconde province dans l'histoire du peuplement moderne (*sapiens sapiens*) de la Terre. On trouve en effet, en Israël, une forme préprotocromagnoïde probable, datée de 95 000 à 148 000 ans

(Mugharet el-Zuttiyeh), et une forme protocromagnoïde certaine, datée de 90 000 à 100 000 ans (Qafzeh, Skuhl), tout à fait susceptible de descendre d'ancêtres d'Afrique oriento-méridionale (Omo 1, Ngaloba, Border Cave, Klasies River Mouth Cave) et de produire la pulsion cromagnoïde européenne et la pulsion mechtoïde nord-africaine, sans oublier les vagues de peuplements modernes de l'Extrême-Orient et de ses prolongements, l'Amérique et l'Australie. Un phénomène tout à fait particulier affecte en outre cette province : le reflux, il y a 60 000 ans, de l'Homme de Neandertal d'Europe ; on va en effet le trouver, curieusement, en Israël, au Liban, en Irak, en Iran, dans le Caucase et jusqu'en Ouzbékistan aux côtés du Proto-Cro-Magnon pendant, semble-t-il, des milliers d'années.

C'est l'Extrême-Orient qui représente la province suivante avec ses deux sous-régions, l'Indonésie et la Chine. Java a été en effet gros pourvoyeur de fossiles humains et tous les auteurs qui y ont travaillé ont réuni les formes que ces fossiles représentaient dans une même filiation tout en les découpant en cinq ou six grades avec valeur de genre, d'espèce ou de sous-espèce. Ces échelons permettent en tout cas de passer, comme dans les deux provinces africaines, d'*Homo erectus* à *Homo sapiens*, de manière indigène et douce, en passant par un Homme, vieux de plus de 100 000 ans, découvert à Ngandong, Sambungmachan, Pati Ayan, et appelé *soloensis* par les uns, *erectus ngandongensis* par d'autres et *sapiens* par d'autres encore. La hauteur de son crâne et sa capacité, l'expansion de ses lobes frontaux et de sa région pariétale postérieure, celle de la portion supérieure de son occipital, la réduction de son bourrelet sus-orbitaire en font en effet un de ces *Homo erectus* sapientisés, au degré où l'est, par exemple, l'Homme de Broken Hill ou celui d'Irhoud, mais avec, comme chaque fois, des traits caractéristiques de sa province – torus sus-orbitaire étendu en arrière, torus nuchal développé. La forme qui lui succède[21] et apparemment en descend, découverte à Java, à Bornéo, aux Philippines, est sans doute celle que l'on nomme *sapiens* deux fois.

En Chine, dès 300 000 ans peut-être, la sapientisation serait perceptible sur quelques crânes fossiles (Dali, Ying Kou) – plus grand calibre du crâne et moins grande épaisseur des os que chez *Homo erectus* de Chou-Kou-Tien (désormais Zhoukoudian) par exemple, plus grande largeur du crâne près du bord supéropostérieur de l'écaille du temporal, ptérion et bourrelets sus-orbitaires comparables à ceux de l'Homme de Ngandong, etc. Certains auteurs chinois nomment ce vieil Homme moderne, connu dans aujourd'hui au moins huit sites, *Homo sapiens daliensis*. D'autres étapes, très bien illustrées, acheminent progressivement l'observateur vers l'Homme actuel en proposant, tout au long de ces dernières centaines de milliers d'années, l'extraordinaire permanence de quelques traits encore présents dans les populations contemporaines – surface antéro-latérale de l'apophyse frontale du malaire tournée vers l'avant par exemple.

Puis cet Extrême-Orient généreux, parce qu'il va trouver des terres pour se répandre, peuplera l'Australie, l'Amérique tout entière, la totalité des îles du Pacifique. On a alors l'impression d'une poussée inexorable. La tache du peuplement s'étend, remplit, inonde.

Dès 40 000 ans[22], l'Australie s'illustre par des peuplements aux affinités tantôt indonésiennes (Ngandong), tantôt chinoises (grotte supérieure de Chou-Kou-Tien), mais tous *sapiens*. Quant à l'Amérique, malgré l'annonce de temps à autre de découvertes d'outillages très anciens (plusieurs centaines de milliers d'années), elle est, à plus forte raison, une entreprise d'*Homo sapiens sapiens*.

En conclusion, comment nous apparaît l'histoire du peuplement du monde ? L'Homme né en Afrique du Sud-Est de parents Australopithèques se répand, il y a sans doute plus de 2 millions d'années, à travers l'Ancien Monde. Il s'appelle alors *Homo habilis*. Et il se développe là où il est, en Afrique du Sud-Est, en Afrique du Nord, au Proche-Orient, en Europe, en Extrême-Orient, en ce que l'on nomme – de manière erronée mais commode – *Homo erectus* et *Homo sapiens*. Dans cet extraordinaire creuset qu'est l'Afrique du Sud-Est apparaît peu à peu, il y a 150 000 à 200 000 ans, une forme plus élaborée d'*Homo sapiens*, que l'on va appeler *Homo sapiens sapiens* et qui, par les mêmes routes que son aïeul, va reprendre la conquête du monde, la poursuivre et l'achever. Cette forme nouvelle, dans sa pulsion nouvelle, va évidemment rencontrer, sur les trois continents de l'Ancien Monde, un substrat humain antérieur avec lequel elle sera interféconde ; son hybridation (subspécifique) apparaîtra d'ailleurs dans la conservation extraordinaire, chez les descendants, de traits provinciaux par-delà toutes les vicissitudes de l'histoire des peuplements – décris-moi tes caractères squelettiques, je te dirai d'où tu viens. Puis elle va terminer, par l'Amérique à pied et l'Océanie en bateau, la conquête de la Terre, avant de commencer, il y a vingt ans seulement, celle de l'Univers. Il y a donc probablement partout deux

Homo sapiens, l'un vertical, indigène, qui résulte de l'évolution sur place de l'Homme précédent (Salé, Solo, Dali, Neandertal[23] – ce n'est qu'une tranche de saucisson dans une filiation) et l'autre horizontal, allogène, qui résulte de la diffusion par mouvements ou par contacts, d'une forme supérieure d'humanité moderne, l'*Homo sapiens sapiens*. Seules deux régions ou deux ensembles de régions font exception à cette double humanité (à cette confusion de notre expression en réalité) : ce sont bien évidemment, la première, l'Afrique du Sud-Est, où les deux formes verticale et horizontale se confondent puisque c'est précisément là que l'une crée l'autre, et les dernières, l'Amérique et l'Australie, qui n'ont pas connu l'Homme avant le déploiement horizontal de l'*Homo sapiens sapiens*. Il est clair, est-il besoin de le préciser, que cette confusion – en d'autres termes ce besoin d'appeler *sapiens* toute forme qui atteint un certain degré de modernité, tout particulièrement dans son volume endocrânien – relève de la charge philosophique de l'être étudié.

II

Second parcours[24]. Mise à jour des mises au jour

1994-1995
NOUVEAUX OS, NOUVELLES PIERRES, LE MODÈLE VIEILLISSANT

Le titre même du cours en a constitué l'introduction : les nouveaux os et les nouvelles pierres annoncés représentent, bien évidemment, la description des nouveaux os d'Hominoïdés fossiles et celle des nouvelles pierres taillées, en d'autres termes la description des découvertes primatologiques, paléoanthropologiques et préhistoriques récentes. Le concept de modèle était celui, anglo-saxon, de scénario, de proposition d'explication et non celui, français, d'exemple. Quant à l'adjectif vieillissant, il faisait référence à la façon habituelle dont je m'efforce de comprendre et d'exposer les problèmes en allongeant (vieillissant), jusqu'à des dates butoirs raisonnées, les rameaux phylétiques étudiés. Le plus vieux fossile jusqu'ici découvert n'a en effet que bien peu de chances d'être réellement le plus ancien fossile de la lignée à laquelle ce plus vieux fossile appartient, et le plus vieux caillou taillé connu n'a pas plus de chances d'être le tout premier caillou taillé au monde ou même le tout premier de sa catégorie ; et c'est presque toujours dans la direction d'une plus grande ancienneté que se font les découvertes qui étonnent.

L'idée d'utiliser cet objectif inattendu m'est en fait venue de l'anecdote suivante ; un auteur, sans doute pas très bien disposé à mon égard mais peut-être tout à fait clairvoyant, aurait écrit un article, m'a rapporté un ami, dans lequel il qualifiait de « vieillissante » ma façon de voir désormais les problèmes de ma discipline ! Je n'ai jamais vu l'article en question et ne connais pas l'identité de son auteur ; je ne suis donc pas certain du propos et ne sais rien de son contexte, mais ce mot, *a priori* blessant, m'a fait prendre conscience qu'il représentait en fait parfaitement ma manière de concevoir le schéma évolutif des êtres et des cultures (mais ce n'était probablement pas dans ce sens qu'il avait été employé, si tant est qu'il l'ait été) et qu'il me donnait par suite une belle occasion d'en mieux exposer les principes.

J'ai donc choisi d'en faire le sujet de mon enseignement 1994-1995.

Nous l'attaquerons par les tout premiers moments du paléogène. Une incroyable moisson de Tarsiiformes (Omomyidae), à moins qu'il ne s'agisse déjà de Simiiformes primitifs, du Paléocène (65 à 53 Ma), de l'Éocène (53 à 33,7 Ma) et de l'Oligocène (33,7 à 23 Ma), a été réalisée, dans les six ou huit dernières années, en Afrique du Nord et en Oman, mais aussi en Chine. Citons l'*Altiatlasius koulchii* du Paléocène du Maroc, *Algeripithecus minutus*, *Tabelia hammadae*, *Djebelemur martinezi*, tous trois de l'Éocène inférieur d'Algérie, *Eosimias* de l'Éocène moyen de Chine, *Biretia* de l'Oligocène d'Algérie, *Catopithecus* et *Proteopithecus* de l'Oligocène d'Égypte, *Omanodon* et *Shizarodon* de l'Oligocène d'Oman. Ces découvertes démontreraient un passage d'Omomyidae d'origine euraméricaine ou de Protosimiiformes d'origine eurasiatique d'Eurasie en Afrique dès une soixantaine de millions d'années (et non plus une quarantaine – exemple du modèle vieillissant) et un exceptionnel foisonnement de formes dans le nord du continent arabo-africain entre 60 et 30 millions d'années, au moment de la filiation, encore confuse, liant sans doute certains Omomyidae aux premiers Platyrhiniens et Catarrhiniens, par-delà la Téthys. Les travaux en Afrique du Nord-Ouest sont dus en grande partie à l'équipe de l'Institut des sciences de l'évolution de Montpellier, en partie à celle de paléontologie de Poitiers, en Afrique du Nord-Est à l'équipe américaine de Durham, en Chine à une équipe sino-américaine et en Oman à notre équipe de paléoanthropologie et préhistoire du Collège de France (Herbert Thomas et collaborateurs).

Engagés maintenant dans l'embranchement des Catarrhiniens (ce terme d'embranchement n'étant évidemment pas pris dans son sens classificatoire), l'*Aegyptopithecus* et le *Moeripithecus* passés (*Moeripithecus markgrafi* [Schlosser, 1910], réhabilité par Herbert Thomas), le « *Motopithecus*[25] », l'*Ardipithecus* et l'*Australopithecus* pas encore atteints, nous nous trouvons en présence d'une succession de deux grands bouquets miocènes de formes, des formes de milieux arborés d'abord (*Proconsul, Dryopithecus, Oreopithecus, Otavipithecus*), des formes de milieux découverts ensuite (*Kenyapithecus, Sivapithecus, Ramapithecus, Ouranopithecus*).

Parmi les premiers, nous retiendrons la découverte récente (1992) en Namibie d'une nouvelle forme baptisée *Otavipithecus namibiensis*, par une de nos équipes de paléoanthropologie et préhistoire du Collège de France (Martin Pickford, Brigitte Senut), en collaboration avec des collègues de New York et de Saint Louis aux États-Unis et de l'université Lyon-I. Il s'agit du tout premier Hominoïdé miocène d'Afrique au Sud, quadrupède arboricole, d'une vingtaine de kilos au plus, proche de *Kenyapithecus* et âgé, à peu près comme lui, de 13 millions d'années (± 1 million d'années). Parmi les premiers encore, nous citerons la reconnaissance en 1993 du genre *Oreopithecus* en Sardaigne, dans un niveau d'environ 8 millions d'années, genre d'ascendance probablement africaine (*Nyanzapithecus*) et découvert pour la première fois au siècle dernier en Toscane (*Oreopithecus bambolii*).

Parmi les seconds, nous parlerons de la découverte dans une nouvelle localité de Macédoine de restes importants d'*Ouranopithecus macedoniensis* (la première face en 1990) par une équipe franco-grecque, dont Denis Geraads de notre laboratoire faisait partie. Âgé de 9 à 10 millions d'années, *Ouranopithecus* semble partager avec *Australopithecus* et *Homo* un certain nombre de synapomorphies, suffisamment pour que certains auteurs, dont son inventeur, Louis de Bonis, envisagent sa position taxinomique parmi les Hominidae et phylétique à leur base. Si l'on retient cette hypothèse, le branchement Hominidae-Panidae se situerait vers 12 millions d'années. Parmi les Hominoïdés de paysages de prairies à graminées, nous parlerons encore de nouveaux documents attribuables à une autre forme afro-asiatique, *Sivapithecus*, et découvert en 1990 au Pakistan par une équipe américano-pakistanaise qui travaille depuis bien des années (1973) sur le plateau du Potwar ; les humérus mis au jour ont entre 9 et 10 millions d'années, et trahissent une locomotion essentiellement quadrupède dans laquelle le grimper et la suspension ont très peu d'importance ; alors que la face de *Sivapithecus* rapprochait ce dernier de *Pongo*, ces éléments postcrâniens par conséquent l'en éloignent. Les Hominoïdés, concluent David Pilbeam et ses collaborateurs, sont un groupe de grande variabilité morphologique. Il est en effet difficile de construire dans quelque groupe que ce soit des arbres phylétiques stables et fiables, non pas dans leur branche principale, mais dans leurs rameaux.

C'est le monde en pleine floraison des Australopithèques que nous aborderons maintenant. En retenant, contre toute orthodoxie de nomenclature, le nom, il est vrai informel, de *Motopithecus*[25], attribué au demi-maxillaire de 7 à 8 millions d'années des Samburu Hills (Suguta valley), en proposant le nom tout aussi informel de Préaustralopithèque[4] pour parler de Lucy et des siens de Hadar et peut-être de Laetoli (ces derniers, pour moi, très dérivés), je tente, depuis plus de dix ans, d'attirer l'attention sur la très grande complexité du bouquet phylétique de ce que l'on peut continuer à nommer les Australopithécinés. Timothy White et ses collaborateurs viennent de me donner raison en ayant l'audace de nommer *Ardipithecus ramidus*, une forme de 4,5 millions d'années qu'ils viennent de décrire à partir de restes importants (40 ossements de 17 individus) provenant du site Aramis de la moyenne vallée du fleuve Awash, en Éthiopie orientale. Cette même équipe avait déjà annoncé respectivement en 1987 et 1993 la découverte de quelques très vieux documents (3,5 à 4 Ma) dans deux autres localités de la moyenne vallée du même fleuve, Belohdelie et Maka. Mais cette nouvelle récolte d'Aramis retient toute notre curiosité, puisqu'elle nous offre, tout à la fois, un raccourcissement de la base du crâne et un rapport canine supérieure-première prémolaire inférieure très humains, un émail très mince et une première molaire de lait à 2 cuspides très « chimpanzains »... Quels sont, parmi ces caractères, les pléisomorphes et les apomorphes ? Est-ce un Australopithèque qui a conservé quelques traits de l'ancêtre commun, disparus chez les formes suivantes (*afarensis*), ou un Préchimpanzé qui a gardé une station droite (morphologie de la base du crâne), acquisition dans ce cas de l'ancêtre commun ? On n'en sait véritablement rien. Notons, au passage, pour l'histoire des sciences, ce que peut être l'angoisse de la réflexion de trois paléoanthropologues (un Américain, un Japonais, un Éthiopien) face à quelques dizaines d'ossements et qui se lancent en septembre dans l'annonce de leur dénomination spécifique, puis en mars dans celle d'une dénomination générique !

Cinquante-trois ossements nouveaux d'Australopithèques recueillis à Hadar en 1990, 1991 et 1992 ont permis, par ailleurs, à l'équipe de Donald Johanson de mieux connaître *Australopithecus afarensis* (l'équipe précédente d'Yves Coppens, Donald Johanson et Maurice Taieb en avait récolté 250 en six ans) et de mieux le dater. Parmi ces documents, citons notamment un crâne de mâle adulte et une face de femelle. Quant aux nouvelles datations (argon 40/argon 39), considérées comme plus précises que les précédentes, elles donnent 3,18 millions d'années à Lucy. Je ne commenterai pas, par contre, une des conclusions des auteurs (Kimbel, Johanson, Rak) – ce nouveau bilan supporte la thèse d'une unité taxinomique du matériel d'Hominidés d'Hadar –, car elle n'est pas scientifique : chacun sait qu'un chicot d'une forme A aux côtés de cinquante tonnes d'une forme B suffit tout à fait à démontrer l'existence de cette première forme A dans cette région et sa contemporanéité avec la forme B.

Au moment où j'écris ce résumé, de nouveaux éléments recueillis à l'ouest du Kenya, dans les sites de Kanapoi et d'Allia Bay et datés de 4 millions d'années, viennent d'être attribués à une nouvelle espèce d'Australopithèque, *Australopithecus anamensis*, par l'équipe de Meave Leakey. C'est cette espèce qui pourrait, en fait, être contemporaine d'*Australopithecus afarensis* (Lucy) à Hadar, l'espèce *anamensis*, de milieux découverts, aux articulations de bipèdes exclusifs, n'étant ici que très peu représentée aux côtés de l'espèce *afarensis*, à la locomotion à la fois arboricole et bipède, et de milieux semi-couverts, beaucoup plus environnementalement en place.

Comme, par ailleurs, Michel Brunet, de l'université de Poitiers, vient de découvrir une autre forme d'Hominidé de 3 millions d'années dans une nouvelle localité des affleurements pliocènes du Tchad que j'avais fait connaître entre 1960 et 1966 – nouvelle forme à la description de laquelle par suite le laboratoire de paléoanthropologie et préhistoire du Collège de France se trouve étroitement associé –, je suggère, en tenant compte de l'ensemble des éléments publiés à ce jour d'août 1995, le schéma phylétique suivant.

Notons que la multiplication des dénominations génériques y est volontairement excessive pour mieux différencier les rameaux[26].

Il convient surtout d'y lire une très grande mais très normale complexité de l'arbre (on est loin, désormais, de la très simpliste conception d'une seule espèce dotée d'une particulièrement nette différenciation sexuelle !).

Il convient d'y comprendre, à partir d'un berceau est-africain, un déploiement tout aussi normal (modèle vieillissant), dès 3,5 millions d'années vers le sud (pied à hallux abducté du niveau 2 de Sterkfontein annoncé en juillet 1995) et dès 3 millions d'années vers l'ouest (déploiements probablement bien antérieurs à ces dates).

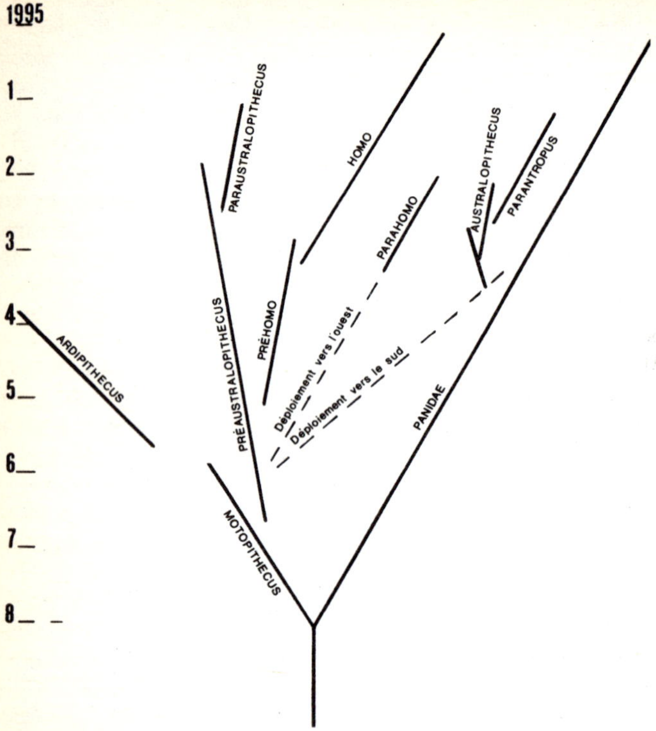

Proposition d'arbre phylétique des Hominidae (août 1995) ;
le temps est exprimé en millions d'années.

Il convient d'y suivre une évolution parallèle de gracile en robuste, en Afrique de l'Est et en Afrique du Sud, indépendantes dans les deux provinces, mais à partir des mêmes « données » anatomiques et sous la pression du même assèchement du milieu (Yves Coppens, 1975).

Il convient de voir aussi dans la forme *anamensis*, un probable premier pas vers l'Homme (traduit dans ce schéma de manière maladroite par cette dénomination de Pré-*Homo*), parce que les articulations des membres inférieurs et supérieurs y sont déjà et pour la première fois « modernes ».

Il convient de voir enfin dans la forme tchadienne à symphyse verticale et prémolaires très molarisées, une variante géographique de même souche, mais d'évolution originale (appelée ici de manière tout aussi maladroite Para-*Homo*).

Ce schéma donne, à tort ou à raison, à une étape ancienne de Pré-*Australopithecus* (*Australopithecus afarensis*) ou à une étape immédiatement antérieure encore inconnue ou pas encore reconnue, le grand rôle géniteur puisqu'en dériveraient, d'une part, les formes robustes est-africaines (*aethiopicus, boisei, rudolfensis, habilis*) et, d'autre part, les formes émigrées (*africanus* et *robustus* vers le sud, tchadienne pour le moment sans nom vers l'ouest).

Rappelons qu'avant la reprise des travaux à Kanapoi (fouillé pour la première fois par l'équipe de Bryan Petterson en 1963) et à Allia Bay, ayant conduit à la reconnaissance de l'espèce d'Hominidé nouveau *Australopithecus anamensis,* l'équipe de Richard Leakey d'abord, puis de sa femme Meave Leakey, avait relevé la séquence dite de l'Ouest-Turkana ou formation de Nachukui, puissante de 730 mètres et déposée entre plus de 4 millions d'années et moins de 1 million ; dans l'ordre d'antiquité, y avaient été recueillis le fameux *black skull* dans un niveau de 2,5 millions d'années (*Australopithecus aethiopicus* [Arambourg et Coppens], 1967), un fragment de crâne d'*Homo habilis* dans un niveau de 1,65 à 1,9 million d'années et l'étonnant squelette presque complet d'*Homo erectus* de 1,55 million d'années, mais aussi d'importants assemblages lithiques très anciens : un outillage très rudimentaire (galets taillés, éclats mal venus, éclats cassés pour lesquels on note une inadéquation des gestes techniques aux matières premières employées), daté d'au moins 2,35 millions d'années, peut-être un peu plus ; un outillage à objets retouchés daté d'environ 1,8 million d'années ; et un outillage à objets symétriques grossiers bel et bien bifaces, daté de 1,6 à 1,7 million d'années, le plus vieux site « acheuléen » jusqu'ici connu.

Le bouquet des Australopithèques qui se prolonge jusque vers 1 million d'années n'avait aucune raison de réduire sa créativité en se faisant dès 3 millions d'années *Homo*, d'où probablement la prolifération des formes rapportées à ce genre et désormais reconnues (peut-être), *Homo rudolfensis*, *Homo habilis*, *Homo ergaster*, *Homo erectus*, jusqu'à ce qu'une d'entre elles seulement prévale. Celle-là a naturellement les comportements de ses caractères, ceux précisément qui font d'elle une espèce attribuable au genre *Homo* et pas à un autre : encéphale volumétriquement plus développé que celui de son prédécesseur, denture correspondant à un régime à beaucoup plus large spectre que celle de ses ancêtres, ce qui peut se traduire par « plus grande curiosité et plus grande mobilité », auxquelles on peut ajouter une pression démographique incontestable et une plus grande adaptabilité aux divers milieux abordés (jusqu'à certaines limites) grâce à une trousse à outils qui s'agrandit et se diversifie. Ces conditions nouvelles font qu'il ne faut plus s'étonner de rencontrer désormais *Homo* partout, de l'ensemble de l'Afrique à toute l'Eurasie, dès 2 millions à 2,5 millions d'années (modèle vieillissant).

C'est une constatation que les paléoanthropologues et les préhistoriens ont du mal à admettre, et pourtant : une très belle séquence stratigraphique de 30 à 40 mètres de puissance de la dépression de Guadix-Baza dans la région de Grenade livre une succession de niveaux fossilifères et de niveaux archéologiques dès 1,8 million d'années peut-être ; une douzaine de sites du Massif central français, échelonnés entre un peu moins de 1 million d'années et un peu plus de 2 (peut-être jusqu'à 2,6), offrent vrais outils ou pierres cassés, ossements incisés ou portant des traces de décarnisation ; quelques sites du Pakistan livrent des outillages certainement plus âgés que 1 million d'années, dépassant peut-être même pour certains (Riwat, vallée de la Soan) 2 millions d'années ; enfin, une datation à l'argon 40/argon 39 de 1,8 million d'années ± 40 000 ans (il est vrai contestée avec de bons arguments par les paléontologues hollandais) vient d'être obtenue pour un site d'Hominidé javanais : « *Anthropologists didn't want to see anything that old...* », dit joliment le dateur.

Les très intéressantes découvertes récentes de Géorgie (mandibule de 1,5 million d'années de Dmanissi), d'Espagne (nombreux restes humains de près de 800 000 ans de la Sierra de Atapuerca) et de Grande-Bretagne (tibia de 500 000 ans de Boxgrove), sans représenter les records qu'elles prétendent à chaque fois illustrer, n'en sont pas moins d'importants jalons dans la plongée chronologique à laquelle on doit s'attendre (toujours le modèle vieillissant).

Comme une sorte de lettre ouverte des choses et des êtres préhistoriques aux six milliards d'Hommes du XXIe siècle, le cours, en guise de conclusion, reprend les grandes données de l'histoire de l'Univers (complication croissante de la matière qui passe d'inerte à vivante puis à pensante), le principe d'unité du monde vivant et de son évolution par filiation, les grands chiffres de la chronique de la Vie (2 milliards d'années de vie strictement unicellulaire sans noyau, 1 milliard d'années de vie toujours unicellulaire mais avec noyau, et 1 milliard d'années de vie pluricellulaire, 3,6 milliards d'années, donc, de vie strictement dans l'eau, 400 millions d'années de vie sur les continents, 3 millions d'années de vie humaine), les grands chiffres de la chronique de l'Homme (3 Ma de Paléolithique inférieur, 200 000 ans de Paléolithique moyen, 35 000 ans de Paléolithique supérieur, 12 000 ans de Néolithique ou presque, 6 000 ans d'écriture). Il termine par les notions consécutives, faciles par suite à comprendre et à énoncer, de respect de l'Univers, de respect du monde vivant (notre famille), de respect des Hommes d'avant (si on avait moins bêtifié à propos des Hommes préhistoriques, on aurait résolu beaucoup plus vite bien des problèmes les concernant), de respect des Hommes d'ailleurs (tous les Hommes ont la même origine ; il ne peut y avoir de primitifs contemporains).

1999-2000
L'ACTUALITÉ DU PASSÉ

Le propos de ce cours a été de passer en revue, en essayant bien sûr de les interpréter et de les ranger dans les grands schémas de compréhension de l'histoire de l'Homme, les découvertes les plus récentes de la paléoanthropologie et de la préhistoire. Nous avons, en outre, pris le parti de les présenter dans l'ordre inverse de leur ancienneté.

Le premier sujet abordé a été par suite l'histoire du Mammouth Jarkov, récemment extrait du permafrost sibérien et vieux seulement de 20 000 années (datation C14).

Le genre *Mammuthus*, comme les deux autres genres d'Éléphants, *Elephas* et *Loxodonta*, est apparu sous les tropiques africains aux alentours de 4 millions d'années (comme *Australopithecus afarensis* et *anamensis*) ; il s'appelait alors *Mammutus subplanifrons*. Il s'est ensuite déployé à travers l'Afrique (devenant *Mammuthus africanavus*), puis l'Eurasie (où on le connaît sous le nom de *Mammuthus meridionalis*) dès 3 millions d'années (comme *Homo*) ; subissant les effets des glaciations, on le voit alors s'adapter au froid : vont ainsi apparaître, dès 1,5 million d'années, la filiation *Mammuthus trogontherii* (*Mammuthus intermedius*), et, à partir de 250 000 ans, *Mammuthus primigenius* en Eurasie, la succession *Mammuthus colombii* et plus tard, il n'y a que 100 000 ans, *Mammuthus primigenius* en Amérique du Nord.

L'histoire de l'évolution morphologique des Éléphants est très originale ; l'augmentation de la taille de l'animal (phénomène fréquent dans bien des lignées de Mammifères), entraînant une importante élévation de la tête, a induit un étrange allongement des muscles du nez et de la lèvre supérieure et leur fusion, réalisant la trompe, pour exploiter les ressources du sol. L'accroissement du volume du crâne et son raccourcissement antéro-postérieur ont incité par ailleurs la dentition jugale à s'organiser, de manière « habile » et pour une question de place, en successions horizontales (six molaires par demi-mâchoire en soixante-dix ans) au lieu de verticales.

Mammuthus primigenius, le Mammouth laineux, est donc celui des Éléphants qui s'est le mieux adapté au froid ; de taille moyenne (3 mètres au garrot, 4 à 6 tonnes), il a la tête en dôme, le dos en pente, le pelage dense (laine et tunique), l'oreille petite, la queue courte et les défenses (incisives) somptueusement spiralées de plus de 4 mètres parfois (jusqu'à 90 kg).

Vivant dans la steppe herbeuse, étendue de la Grande-Bretagne à la Sibérie et à l'Alaska, ses molaires se sont merveilleusement adaptées à la consommation très abrasante de graminées en augmentant le volume de leur fût et la surface de leurs lames d'émail, autrement dit leur nombre (certaines dernières molaires peuvent avoir jusqu'à 26 lames).

Les mammouths ont évidemment été chassés pour leur viande par les Hommes qui ont été leurs contemporains. Mais leurs ossements et leurs défenses ont été alors aussi très utilisés dans la construction et dans la fabrication d'objets utilitaires, d'objets d'art, d'instruments de musique, d'armes. Animal par ailleurs important dans la mythologie du Paléolithique supérieur, le Mammouth a été abondamment gravé, peint et sculpté.

Il se trouve que c'est moi qui ai monté, au Muséum national d'histoire naturelle de Paris, en 1957, le seul squelette de Mammouth sibérien sorti de Russie. Il se trouve que je participe en ce moment à l'opération Mammuthus qui vient de sortir du sédiment de la presqu'île sibérienne du Taymyr, un cadavre de Mammouth congelé, appelé Jarkov, du nom de son « inventeur ». Hélitreuillé jusqu'à Khatanga, à 250 kilomètres de là, le cadavre et son emballage naturel ont été ensuite remis dans le même permafrost (cette fois dans une cave) pour que la chaîne de congélation ne soit pas rompue. C'est la première fois que pareille entreprise est tentée ; elle vient de se réaliser avec succès. Les prélèvements vont donc commencer à se faire dans ce bloc-cadavre à – 15 °C depuis 20 000 ans.

L'événement suivant est la découverte en Namibie, sur la table d'un géologue minier (il en avait fait un chandelier !), d'une calotte crânienne d'un *Homo sapiens* ancien, puisque vieux d'une centaine de milliers d'années. Cette découverte insolite a été faite en 1998 par deux collègues, Brigitte Senut et Martin Pickford, invités à dîner chez l'inventeur. Celui-ci avait recueilli le fragment de crâne en question, une dizaine d'années auparavant, au bord de la rivière Orange, dans un site dont heureusement il se souvenait ; il s'agissait d'un niveau d'argile noire compactée très fine qui portait par ailleurs quelques empreintes de pas d'hippopotames, de grands ruminants et d'autruches.

La calotte crânienne est allongée, aplatie et plutôt gracile ; sa région frontale est étroite, légèrement carénée sagittalement, mais nettement redressée, sa région pariétale très élargie offre un léger sulcus intrapariétal ; la région sus-orbitaire est forte, l'arc superciliaire bien marqué. La capacité crânienne devait être supérieure à 1 000 cm^3, et l'os, en général très épais, atteignait parfois jusqu'à 1,5 centimètre (13,3 mm près de la suture lambdoïde par exemple) d'une table à l'autre.

J'ai eu l'honneur de présenter ce crâne avec Brigitte Senut au président de la République namibienne en présence du président Chirac lors de la pose de la première pierre de la Maison franco-namibienne à Windhoek en juin 1998. La pièce, étudiée à Paris, est maintenant retournée dans son pays d'origine où elle est exposée.

Les troisièmes actualités dont il a été question cette année sont les extravagantes découvertes de la région de Burgos en Espagne ; un réseau de karsts de la sierra de Atapuerca, massif calcaire crétacé, est en effet en train de livrer à ses fouilleurs, Juan-Luis Arsuaga, José-Maria Bermudez de Castro, Eduardo Carbonnell, des restes d'Hommes fossiles, des outillages et de la faune d'environ 800 000 ans à Gran Dolina, et d'environ 300 000 ans à la Sima de los Huesos[27].

Ce dernier site, qui a déjà livré plus de 3 000 restes d'Hommes fossiles, semble bien avoir été une sorte de puits funéraire ; c'est évidemment, rien qu'en ce qui concerne l'histoire du traitement des morts, la très importante découverte d'une attention particulière des Hommes vis-à-vis des cadavres de certains d'entre eux, 200 000 ans avant les toutes premières sépultures.

Les crânes de ce site (ceux de 300 000 ans) montrent une voûte haute, un prognathisme important, un processus mastoïde fort, une pneumatisation très développée, des orbites petites au-dessus d'une ouverture nasale très généreuse et, comme chez l'Homme de Neandertal, un torus sus-orbitaire fort et continu, pas de fosses canines, un espace rétromolaire et une morphologie particulière de la région occipitale.

Le paléomagnétisme inverse et la faune se sont parfaitement accordés pour donner 800 000 ans aux Hominidés de Gran Dolina. Les crânes montrent cette fois des voûtes moins hautes aux frontaux arqués avec cependant le même fort prognathisme et la même importante pneumatisation que 500 000 ans plus tard ; la neandertalisation n'y est en outre évidemment pas aussi avancée : la fosse canine n'est que partiellement remplie par exemple et le torus sus-orbitaire est encore double mais les fosses incisives sont bien verticales, l'apophyse mastoïde petite et moins projetée que la région occipito-mastoïde, le sillon digastrique oblitéré antérieurement, etc. José-Maria Bermudez de Castro a voulu y voir en 1997 « *the last known common ancestor of Neandertals and modern Humans* » et a nommé cet Homme de Gran Dolina *Homo antecessor*.

J'ai déjà eu l'occasion de proposer à cette tribune ma vision du peuplement de l'Europe. Je ne serais pas étonné d'apprendre que les premiers peuplements humains y soient arrivés il y a plus de 2 millions d'années (je verrais par suite plus volontiers en ce premier occupant un *Homo habilis*[28] qu'un *Homo ergaster*). La fermeture glaciaire de l'Europe a ensuite très vite – dès 1,5 million d'années *Mammuthus trogontherii* commence son adaptation au froid – entraîné la dérive génétique de ces populations et la neandertalisation s'est mise en route.

Les Hommes de Gran Dolina ressemblent par suite pour moi à des formes chez lesquelles la dérive est commencée. Leurs quelques modernités ne semblent que des plésiomorphies. Si l'on nomme *Homo heidelbergensis*, les plus anciens des Neandertals, dire que les Hommes de Gran Dolina sont des *Homo heidelbergensis* me convient très bien, et ceci d'autant plus que les auteurs espagnols écrivent volontiers que la filiation Hommes de Gran Dolina (peu neandertalisés mais un petit peu tout de même) et Hommes de la Sima de los Huesos (beaucoup plus neandertalisés) se conçoit tout à fait.

Si nous poursuivons notre descente du temps, ce sont cette fois les superbes découvertes d'Hommes fossiles de Dmanissi en Géorgie, datés par le K/Ar d'un basalte et par la faune associée de 1,8 million d'années, qui émergent de l'actualité ; une mandibule humaine avait été découverte dès 1991, et puis un troisième métatarsien, mais ce sont cette fois deux crânes (un crâne d'adolescent et une boîte crânienne d'adulte) que la campagne de fouilles de 1999 a mis au jour. Ce sont des archéologues qui fouillaient une ville médiévale qui ont rencontré là les premiers Vertébrés fossiles et ont alerté leur collègue paléontologue de Tbilisi, Leo Gabunia. Les ruines médiévales reposaient en effet sur 4 mètres de sédiments (argile, travertin, marne, limon) contenant Vertébrés (dont les Hommes) et outils nombreux.

La mandibule, à la branche montante très antérieure (à l'inverse de ce qui se passe chez Neandertal), avait une grande robustesse sous les dents jugales pourtant petites. Sa ressemblance va volontiers à *Homo ergaster* de l'Est-Turkana ou *Homo habilis* d'Olduvai[29]. Quant aux crânes, on les dirait extraits du Kenya tant ils rappellent par exemple KNM ER 3733 de Koobi Fora – en d'autres termes *Homo ergaster*. Les outils, enfin, sont des choppers, des chopping tools, des éclats évoquant un Oldowayen classique.

Pour terminer le cours, c'est cette fois une révision d'ensemble des « presque humains » des Tropiques à laquelle nous nous sommes livrés, révision rendue nécessaire par l'annonce récente de la découverte de l'Australopithèque de Sterkfontein 2 (1995), celle d'*Australopithecus bahrelghazali* (1995) et celle d'*Australopithecus garhi* (1999). Pour en faciliter la lecture phylétique, nous avons rangé ces Australopithèques (*sensu lato*) et les premiers Hommes qui ont été les contemporains de certains d'entre eux en marches chronologiques successives. Nous avons dessiné ainsi un escalier de six marches, de bas en haut, la marche de 4,5 millions d'années, la marche de 4 millions d'années, la marche de 3 millions à 3,5 millions d'années, la marche de 2,5 millions à 3 millions d'années, la marche de 2 millions d'années et celle de 1 million d'années.

Ardipithecus ramidus (4,4 Ma) occuperait seul la première marche ; *Australopithecus afarensis* (3,9-2,9 Ma) et *Australopithecus anamensis* (4,2-3,2 Ma), la seconde ; le plus ancien Australopithèque d'Afrique du Sud (3,3 Ma) et l'Australopithèque du Tchad (3-3,5 Ma), la troisième ; *Australopithecus africanus* (3-2,3 Ma), *Zinjanthropus aethiopicus* (2,8-2,3 Ma), *Australopithecus garhi* (2,5 Ma) et *Homo rudolfensis* (2,5-1,8 Ma), la quatrième, *Paranthropus robustus* (1,9-1,5 Ma), *Zinjanthropus boisei* (2,3-1,4 Ma), *Homo habilis* (1,9-1,6 Ma), la cinquième, les derniers des Paranthropus, les derniers des *Zinjanthropus* et *Homo ergaster* la sixième. La filiation *A. afarensis*-*A.sp.* de Sterkfontein-*A. africanus*-*P. robustus* me semble possible ; elle représenterait une histoire régionale, uniquement sud-africaine. La filiation *A. afarensis*-*Z.*-*aethiopecus*-*Z. boisei* pourrait représenter le développement est-africain de l'espèce de Lucy. *A. anamensis* pourrait être à l'origine d'*Homo*, successivement *rudolfensis, habilis* (sans doute composite) et *ergaster*. *A. anamensis* pourrait aussi avoir été l'ancêtre de *A. bahrelghazali*. Quant à *A. garhi*, il est difficile de le rattacher à qui que ce soit ; *A. afarensis* pourrait, à la limite, représenter sa forme ancestrale.

Il est intéressant de noter par ailleurs que les outils fabriqués pourraient bien apparaître dès la marche 2 (Omo), et qu'ils sont, de toute façon, incontestablement bien là à la marche 3 (Omo, Hadar, Bouri, Est- et Ouest-Turkana).

L'*East Side Story* dégage donc bien les Homininés vers 8 millions d'années à l'est, *A. afarensis*, arboricole d'*A. anamensis* qui ne l'est plus et déploie le premier vers le sud, le second vers l'ouest. *L'événement de l'(H)Omo* permet, comme son nom l'indique, l'émergence du genre *Homo* (*rudolfensis*), mais aussi de *Zinjanthropus* (*aethiopicus*), d'*A. garhi* et d'*A. africanus*, toutes formes qui, malgré leur différence de statut taxinomique et de situation phylétique, répondent au coup de sec par la possession d'énormes dents jugales. La lignée australopithécienne sud-africaine avec *Paranthropus robustus* et la lignée australopithécienne est-africaine avec *Zinjanthropus boisei* vont s'entêter dans cette réponse, tandis que le genre *Homo*, s'installant dans la chasse, va diverger définitivement de cette parade robuste en « choisissant » la denture harmonieuse de l'omnivore et la grosse tête de l'intellectuel (*H. habilis, H. ergaster, H. erectus*).

Ce plan d'ensemble nous a permis une fois de plus de constater l'absence inquiétante d'ancêtres des Gorillinae, mais de constater aussi l'incontestable cousinage des Homininae et de ces Gorillinae, dont on commence à bien connaître les cultures et les traditions culturelles par région (et cependant, bien entendu, l'Homme n'est pas un singe, et le singe n'est pas un Homme). Il nous a permis, enfin, de dater, dans une certaine mesure, l'émergence de ce que nous avons appelé la matière pensante, supérieure à celle de tous les « cousins », entre 3,5 et 2,5 millions d'années.

2000-2001
LE BOUQUET DES ANCÊTRES

Le cours a commencé par mettre en place l'ensemble des Primates, depuis leur origine dans le Crétacé supérieur et le Paléocène de l'Euramérique, il y a 65 à 70 millions d'années. Premiers Mammifères à s'emparer du monde des arbres et du régime frugivore qui l'accompagne, tous les Primates se caractérisent par le développement de leur cerveau, de leur aptitude à communiquer (mimiques, vocalises), de leur capacité à saisir (opposabilité du pollex et de l'hallux), des performances de leur vision (au détriment de leur olfaction) et de leur vie sociale, tout ceci (sauf l'opposabilité de l'hallux) annonçant évidemment ce que l'on retrouvera surdéveloppé chez les Hominidés.

Les trois grands rameaux subdivisant l'ordre, les Plésiadapiformes uniquement fossiles, les Strepsirhiniens – Adapiformes et Lémuriformes à la muqueuse prolongeant le nez et à la vie nocturne et les Haplorhiniens –, Tarsiiformes et Simiiformes – au nez simplifié et à la face plus courte –, sont décrits dans leur déploiement spatial et temporel et dans leurs rapports de parenté.

Reprenant l'histoire des Haplorhiniens, Jean-Jacques Jaeger, professeur à l'université de Montpellier, est venu nous raconter ses recherches en Asie. C'est là, vers 55 à 60 millions d'années, dit-il, qu'il convient de faire remonter les Tarsiers et, parmi les Simiiformes, les Anthropoïdes. *Eosimias* de Chine (45 millions d'années), *Birkinia* de Birmanie (40 millions d'années) aux caractères Hominoïdes incontestables, puis *Amphipithecus* et *Pondaungia* de Birmanie, *Siamopithecus* de Thaïlande, *Amphipithecus* et *Oligopithecus* du Pakistan, dessinent une radiation ancienne originale et sans doute ancestrale (groupe frère de celui des *Aegyptopithecus*, *Propliopithecus*, *Oligopithecus* d'Égypte et d'Oman), simulant de manière étrange l'évolution des pré-humains et des humains des 10 derniers millions d'années en Afrique.

Ces résultats, en plus des données toutes nouvelles qu'ils apportent, avec leurs conséquences phylétiques et paléogéographiques, nous font réfléchir à l'importance de la recherche sur le terrain (évidemment essentielle puisque sol et sous-sol sont nos archives), l'importance de la vision à « haute altitude » (chronologique : on voit mieux quand on a devant soi de très grandes tranches de temps ; taxinomique : on comprend mieux quand on peut comparer l'évolution d'un groupe à celle de quantité d'autres groupes contemporains), et l'importance des adaptations parallèles ou convergentes (à même changement environnemental, même réponse ; la nature n'a pas toujours « trente-six » solutions pour une adaptation à un même milieu, à un même climat, à une même crise).

Les Propliopithecidae africains nous permettent, avec le relais de *Proconsul* de 20 millions d'années et celui de *Samburupithecus*[30] de presque 10 millions d'années, de rejoindre la radiation, africaine cette fois, des Hominidés.

Brigitte Senut, maître de conférences au Muséum national d'histoire naturelle, et Martin Pickford, maître de conférences au Collège de France, nous ont présenté le plus ancien de ces Hominidés connus à ce jour, *Orrorin tugenensis* de 6 millions d'années qu'ils ont récolté il y a quelques mois seulement au Kenya.

Orrorin est un être petit, encore arboricole pour échapper aux prédateurs ; son humérus a une crête latérale droite pour le muscle *brachioradialis* comme l'ont les humérus des Chimpanzés, et ses phalanges sont courbes comme celles des Primates qui grimpent ; mais son fémur a une tête massive, sphérique, plus large que le col, une corticale plus forte à la partie inférieure, un grand *trochanter minor*, un sillon intertrochantérien court, une *linea aspera* large et basse pour de puissants muscles glutéaux (des fesses), autant de caractères liés à une bipédie fréquente. Enfin, ses dents sont à émail épais comme celles de tous les Australopithèques, mais sont petites et carrées, et en ce sens beaucoup plus humaines que celles, massives, de ces derniers.

Or il se trouve qu'en mars 2001, Meave Leakey et six de ses collaborateurs ont aussi décrit un nouvel Hominidé au Kenya, de 3,5 millions d'années celui-là, et qui, outre une face plate (apomorphie) et un conduit auditif externe étroit (plésiomorphie), présentait lui aussi des dents à émail épais et de dimensions très petites ; ils l'ont appelé *Kenyanthropus platyops*.

Reprenant, avec toute cette information nouvelle, l'ensemble des données concernant les Préhumains, nous nous sommes donc trouvés en face d'un bouquet de quatre brins, un premier (de 5,8 à

4,4 Ma), d'*Ardipithecus*, bipède et arboricole, à dents à émail mince – ce sont les seuls de l'Est africain à présenter ce type de dents de « Grand Singe » –, un deuxième (de 4 à 1 Ma), alignant *Australopithecus afarensis*, *Zinjanthropus aethiopicus* et *Zinjanthropus boisei*, bipèdes de moins en moins arboricoles, à dents de plus en plus grosses, un troisième (de 4 à 2,5 Ma), associant *Australopithecus anamensis* et *Australopithecus garhi* avec bipédie exclusive et grosses dents et un quatrième (de 6 à 2 Ma), tout nouveau dans nos connaissances et reliant peut-être *Orrorin*, bipède arboricole à petites dents, à *Kenyanthropus*, à petites dents et face réduite, et *Homo*, bipède exclusif, à petites dents et face plate.

Le caractère « petites dents » serait-il ancestral ? L'ensemble Australopithèque mégadonte pourrait alors être dérivé. Le caractère « émail épais » pourrait-il être lui-même ancestral ? Les Grands Singes d'une part, le rameau des Ardipithèques, d'autre part, pourraient alors représenter aussi des dérives. On est évidemment loin d'une réponse démontrée.

Ce monde de plus en plus peuplé, divers et fascinant, des Préhumains nous fait bien sûr déboucher sur celui des Hommes, ou du moins des premières espèces du genre *Homo*.

Sandrine Prat, ATER[31] au Collège de France, nous a exposé son point de vue sur ces espèces dont elle vient de faire son sujet de thèse. Le clade *Homo* est pour elle une réalité, ce que je pensais également ; adieu les fantaisies d'*Homo afarensis*, d'*Australopithecus habilis* ou de *Kenyanthropus rudolfensis*. Elle confirme la spécificité d'*Homo rudolfensis* (capacité crânienne plus grande, face plus plate, écaille temporale triangulaire, torus sus-orbitaire faible, ouverture nasale étroite, orbites carrées, prémolaires supérieures à 3 racines) et maintient la réalité d'*Homo habilis* (structure crânienne plus complexe, os du crâne plus minces, écaille temporale haute et arrondie, prognathisme, fosse zygomatico-maxillaire, prémolaires supérieures à 2 racines, etc.) que j'aurais volontiers pensé composite.

Deux espèces du genre *Homo*, c'est généreux, mais encombrant ! D'où viennent-elles ? Quels sont leurs liens de parenté ? Quelle est la destinée de chacune d'entre elles ? Toutes ces questions restent encore posées.

Homo ergaster puis *Homo erectus* seront les formes suivantes. La description du crâne 3733 de l'Est-Turkana au Kenya, celle du crâne de Sangiran en Indonésie, celle du squelette (d'ailleurs superbe) de Nariokotome au Kenya, et celles d'autres fossiles de Géorgie, d'Indonésie, de Chine montrent la complexité de cet ensemble d'« Hommes deuxièmes ». Leur diversité recouvre-t-elle de véritables différences taxinomiques ou n'est-elle due qu'à un immense étalement dans l'espace avec les différenciations populationnelles qui s'ensuivent ?

2002-2003
LE PEUPLEMENT HUMAIN DE L'EURASIE

Le cours intitulé *Les premiers peuplements de l'Eurasie* s'est déroulé sur deux années : *Les premiers peuplements de l'Europe*, plus spécifiquement, en 2002-2003, *Les premiers peuplements de l'Asie* en 2003-2004.

Les premiers peuplements de l'Europe

Les neuf leçons de cette année se sont en fait contentées de raconter, à partir de la « sortie » d'Afrique par le Proche-Orient, le déploiement des Hommes vers l'ouest, en d'autres termes le peuplement de l'Europe, réservant celui de l'Asie à l'année prochaine.

Il y a bien longtemps que nous enseignons la très grande ancienneté de la « bougeotte » des Hommes ; les résumés des leçons parus dans ces annuaires en ont certainement fait état à plusieurs reprises depuis notre premier cours en 1983. Notre raisonnement était et demeure le suivant : le genre *Homo*, doté d'une plus grande réflexion que ses prédécesseurs préhumains, d'une plus grande mobilité (due à son omnivorie), d'un meilleur équipement et d'une démographie croissante, a dû être tenté d'agrandir très vite son territoire, et ce d'autant plus que des pressions environnementales l'y poussaient. Et nous avons proposé l'âge de 2,5 millions d'années pour dater cette première expansion de l'Homme (tout simplement parce que les premiers restes attribuables au genre *Homo* auraient aux alentours de 3 millions d'années en Afrique tropicale) et par suite son peuplement de toute l'Eurasie jusqu'à une certaine latitude. Cette proposition a toujours été très critiquée. Or on parle aujourd'hui de 2,4 millions d'années pour les outils de Yiron en Israël, de 1,8 million d'années pour les Hommes fossiles (et leurs outils) de Dmanissi en Géorgie et de plus de 2 millions d'années peut être pour des outils de pierre taillée de sites de France, d'Espagne, de Java et de Chine !

Un rappel de la situation antérieure en Afrique s'imposait. Un généreux bouquet de genres et d'espèces de Préhumains répartis en

Afrique centrale, Afrique orientale et Afrique méridionale entre 10 millions d'années (*Samburupithecus*) et 1 million d'années (*Zinjanthropus*) précède et accompagne l'émergence des premières espèces du genre *Homo*, aux environs de 3 millions d'années. Notons d'ailleurs que ce bouquet de Préhumains représente la diversification normale d'une famille de Mammifères, diversification que l'on pouvait attendre dans un pays découpé par la tectonique en multiples bassins. C'est la découverte d'une seule lignée qui aurait été suspecte.

Entre un peu plus de 3 millions d'années (3,3 Ma) et 1,7 million d'années, on assiste dans ces pays à une autre diversification, celle-là culturelle et moins attendue. De très vieux outils (Shungurien et Hadarien[32]) et de moins anciens (Oldowayen et Acheuléen) se succèdent en un second bouquet fait d'assemblages d'artéfacts à la taille d'apparence aléatoire et au contraire de séries de pièces témoignant d'une parfaite maîtrise de la matière première et de sa percussion, et démontrant une superbe stratégie de débitage. Il semble bien s'agir d'un ensemble hétérogène, reflet de potentialités motrices et cognitives bien différentes, en autres termes des œuvres de plusieurs artisans.

Cette diversité de Préhumains, puis celle, plus modeste, des Humains, la diversité des « industries » aussi, de fabrication peut-être en partie préhumaine, en partie humaine, semblent se réduire à un seul rameau et un seul outillage à la fois lorsque l'Homme se déploie.

La route de sortie de l'Homme du continent africain semble avoir été celle du Proche-Orient (et pas celle de Gibraltar). L'Homme nous a laissé, tel le Petit Poucet, un chapelet de sites tout le long de son chemin : j'ai cité Yiron en Israël, mais je n'ai pas oublié Oubeidiyeh[16], à la limite d'Israël et de la Jordanie, qui a livré quelques ossements humains, des milliers d'outils et une riche faune (56 espèces de Mammifères) qui date l'ensemble de plus de 1,5 million d'années ; j'ai annoncé la collecte, encore inédite, d'outillages anciens (galets aménagés) mais non datés au mont Liban ; puis Marie-Antoinette de Lumley et Henry de Lumley (27 mai et 3 juin 2003) nous ont fait le récit de l'extraordinaire découverte de Dmanissi en Géorgie. Ce site a été reconnu par des archéologues qui fouillaient des maisons médiévales dont les caves avaient été creusées dans des dépôts quaternaires ! Le bilan paléontologique et préhistorique actuel s'élève, après douze années d'exploitation, à 4 crânes, 2 mandibules et quelques os postcrâniens humains, des milliers d'outils (préoldowayens) et une faune superbe (aux affinités africaines et eurasiatiques), le tout très bien daté (30 dates) de 1,8 million d'années. Or Leo Gabunia et quelques collègues (dont Marie-Antoinette et Henry de Lumley) ont créé en 2002 pour ce plus ancien Homme eurasiatique connu une espèce nouvelle *Homo georgicus*, anatomiquement situé entre *Homo habilis* (usure des molaires) et *Homo ergaster* (grande longueur alvéolo-dentaire).

Quand on quitte cette voie de partage (Proche-Orient) des peuplements de l'Eurasie vers l'ouest, on est étonné du décalage chronologique proposé et enseigné par la préhistoire officielle : 1,2 million d'années est alors la date la plus audacieuse ! En d'autres termes, on perd près de 1 million d'années entre la plaque tournante du Levant et l'Europe !

Nous avons, pour notre part, décrit, à la suite notamment des travaux d'Eugène Bonifay (qui est venu nous les présenter le 6 mai 2003) un peuplement humain de l'Europe remontant à plus de 2 millions d'années. Pour nous permettre de mieux le fixer, nous avons donné aux plus anciennes cultures le nom de *Saint-Eblien* ou *Sainteblien*, du nom du site de Saint-Eble dans le Massif central, daté entre 2,2 et 2,4 millions d'années ; son outillage, qui est en quartz, est fait de galets aménagés, unifaces ou bifaces, et d'outils sur éclats plus ou moins retouchés (racloirs, encoches, becs). Remarquons ici que c'est vers 2,3 millions d'années que se produisent les premières vagues de migrations de faunes dites villafranchiennes, *Mammuthus* (*meridionalis*), *Equus* et Cervidés ; il ne serait pas anormal qu'*Homo habilis* (*georgicus* ?) ait fait partie de ce mouvement. Des sites d'Espagne, de Roumanie, de Tchéquie, mais aussi d'Aquitaine, de Provence, du Languedoc pourraient se rattacher à cette période.

Suit ce que nous avons appelé le *Nolhacien*, parce que Nolhac, en Haute-Loire, propose, entre 1,2 et 1,8 million d'années, des galets aménagés, des boules polyédriques et des outils sur éclats beaucoup plus diversifiés que pour la période précédente : racloirs, pointes dites de Tayac, encoches, denticulés, becs burinants, rostro-carénés. Cette époque est bien illustrée en Espagne (Fuentenueva), au Portugal, en Italie (Monte Pogggiolo) et en France dans le Massif central, sur les vieilles plages fossiles de la Manche et de la mer du Nord, les très vieilles terrasses de la Somme, etc. La faune est la même, mais appauvrie.

La période suivante, que j'ai nommée *Soleihacien* – du nom de Soleilhac, en Haute-Loire comme les deux sites éponymes précédemment choisis –, nous fait passer sous la barre du million d'années. L'Europe est cette fois plus généreuse puisqu'elle commence à offrir des Hommes fossiles, un crâne de 900 000 ans en Italie qui a reçu le nom d'*Homo cepranensis* et 80 restes humains en Espagne (au site Gran Dolina d'Atapuerca) d'au moins 800 000 ans qui ont reçu le nom d'*Homo antecessor*. Les outillages sont évidemment plus évolués, les premiers protobifaces apparaissent et le site de Soleihac offre même une structure d'habitat (un abri coupe-vent) fait de blocs rocheux et de grands ossements de Rhinocéros et d'Éléphants. Outre la France, l'Italie et l'Espagne, l'Allemagne, les Pays-Bas, la Tchéquie, l'Ukraine, l'Azerbaïdjan même ont des sites de cet âge et de ces cultures qui utilisent toujours le percuteur de pierre. C'est le début de la différenciation de la vraie faune arctique, remplaçant peu à peu la faune dite villafranchienne qui avait accompagné les deux premières phases de ce Très Ancien Paléolithique comme l'appelle Eugène Bonifay.

Les périodes suivantes sont décrites comme sont décrits leurs cultures et leurs habitants, *Homo heidelbergensis* (700 000 ans à Heidelberg), *Homo neandertalensis* (400 000 à 500 000 ans pour les paléoanthropologues les plus « extrêmistes »). Il est évident qu'on ne pourra pas retenir toutes ces pseudo-espèces humaines pour l'Europe, *Homo georgicus, cepranensis, antecessor, heidelbergensis, neandertalensis* et bien sûr *sapiens*. Quand on les examine attentivement, disons que, en dehors de *georgicus* dont on a déjà parlé, la séquence *cepranensis, antecessor, heidelbergensis, neandertalensis* me paraît ressembler à la dérive neandertalienne ; plus les éléments y sont anciens, plus ils ressemblent à *H. erectus* ; moins ils sont anciens, plus ils ressemblent aux Neandertaliens classiques. Quant à la discontinuité avec *Homo sapiens*, elle a déjà et souvent été traitée ici.

Le cours s'est terminé par un tour d'horizon des recherches sur les plus anciens peuplements d'un certain nombre de grandes régions de France autres que le Massif central (où l'on a choisi les sites types de Sainteblien, Nolhacien et Soleihacien) qui, grâce à son volcanisme, a mieux scellé qu'ailleurs bien des niveaux anciens.

La Touraine d'abord : des galets taillés isolés et indatables, puis des industries en place dans des sablières ouvertes dans des hautes terrasses des vallées de la Claise, de la Creuse, de l'Indre, de la Vienne, industries faites de ces galets taillés sur les deux faces, de vrais bifaces (naviformes, lancéolés, amygdaloïdes) et de grands éclats non Levallois au tranchant parfois repris au percuteur dur, pouvant remonter à 600 000 ou 700 000 ans, représentent les indices de peuplement les plus anciens que l'on y ait jusqu'ici récoltés.

Le Poitou : quelques choppers en quartz dans la vallée de la Vienne et de nombreux protobifaces et bifaces amygdaloïdes grossiers ramassés au bord de la Dive du Nord dans les Deux-Sèvres, représentent sans doute les plus anciens témoignages de peuplement recueillis jusqu'ici. Mais il convient d'y ajouter les récoltes de bifaces un peu moins anciens d'Yzeures-sur-Creuse en Indre-et-Loire, de l'Ouchette à Montbert en Loire-Atlantique, du Puits-d'Enfer au Château-d'Olonne en Vendée, etc. L'antiquité de ces restes ne dépasse pas celle des récoltes de Touraine.

Un site d'une haute terrasse de la Vilaine (30 mètres au-dessus du fleuve) propose sans doute les plus anciens outils connus de Bretagne – gros racloirs, épais grattoirs, énormes encoches et *chopping tools* typiques ; il se nomme Saint-Malo-de-Phily et peut être daté de 600 000 à 700 000 ans. La période immédiatement suivante, plus généreuse, offre, d'une part, quantité de bifaces isolés à travers toute la péninsule et, d'autre part, un faciès très original du Paléolithique inférieur de la côte sud (entre l'ouest finistérien et Noirmoutier) nommé Colombanien (du nom du premier site découvert, près de Carnac, Saint-Colomban, que j'ai fouillé moi-même) : de petits groupes de gens, installés sur des plages anciennes et vivant des produits de la mer (coquillages) y taillaient de gros outils sur galets et un outillage léger sur éclats ; les bifaces y sont rares et le débitage Levallois absent ; ils connaissaient le feu et leur âge est estimé entre 450 000 et 500 000 ans.

La Normandie nous fait aussi atteindre sans beaucoup les dépasser, les 600 000 années comme dans le reste de la France septentrionale. Deux sites superbes de la vallée de la Seine, Saint-Pierre-les-Elbeuf et Tourville-la-Rivière, nous y dévoilent en outre l'Acheuléen de 400 000 ans et toute sa faune ; des habitats côtiers (structures, poteaux, foyers) – Port-Pignot à Fermanville et Gélétan à Saint-Germain-des-Vaux –, sans doute un peu moins anciens, ne nous en offrent pas moins un très intéressant Acheuléen à débitage Levallois en place.

La Champagne-Ardenne enfin, avec son Acheuléen des alluvions anciennes de la Seine, la Marne, l'Aisne, la Meuse et la Vesle, ne se hisse pas au-delà de l'ancienneté des peuplements rencontrés en Touraine, Poitou, Bretagne ou Normandie.

Si l'âge très ancien des premiers peuplements de l'Europe se confirme, il nous aura en tout cas appris que les Hommes sont arrivés par le couloir de la Méditerranée et ne l'ont guère débordé pendant bien des années avant de s'aventurer plus au nord lorsque les conditions climatiques, et probablement leur développement technologique et psychique leur ont permis ce nouveau déploiement. C'est alors en effet l'apparition du percuteur tendre, de la maîtrise du feu, du débitage Levallois et de toute une série d'améliorations dans l'habitat (pavages, murets, poteaux, calages, aires de combustion, spécialisation des espaces domestiques, etc.).

2003-2004
LE PEUPLEMENT HUMAIN DE L'EURASIE (SUITE)

Les premiers peuplements de l'Asie

Il n'est pas utile de préciser que la partie asiatique de l'Eurasie étant immense, le sujet l'était aussi. Un choix de grandes provinces à traiter plus en détail a donc dû être fait ; il s'est agi du Proche-Orient, par où est arrivé l'Homme à partir de son continent africain de naissance, et de l'Extrême-Orient qui, lié au nord et au nord-est sibérien, a été la base de départ de l'Homme pour l'Amérique et qui, lié au sud-est, l'a été pour l'Australie et plus tard l'Océanie.

Bien que la description du site de Dmanissi – Géorgie, 1,81 Ma – et de son contenu extraordinaire ait été traitée dès l'année dernière, l'intérêt de cette découverte – *Homo erectus/Homo habilis*[33] appelé pour cette raison *Homo georgicus* – a été rappelé. Dans cet ordre de dates, le site d'Oubeidiyeh[16] – Israël, 1,5 Ma –, riche de la même manière de quelques restes humains, leurs outils et leurs débris de cuisine et celui de Yiron – Israël, 2,4 Ma (?) – ont aussi été listés.

Dans la région – Turquie, Syrie, Liban, Israël, Palestine, Jordanie –, c'est incontestablement la Syrie qui a été la mieux étudiée. Les plus anciennes cultures (reconnues) y ont aux alentours de 1,4 million d'années et se font remarquer par leur richesse, leur originalité et leur cachet régional. Ce qui y est classé sous la rubrique africano-européenne d'Acheuléen ancien propose immédiatement, côte à côte, un outillage fait de galets aménagés, de grands éclats larges et épais, et de quelques bifaces primitifs dans la vallée du Nahr-el-Kebir et une industrie de galets aménagés et de petits éclats sans bifaces dans la vallée de l'Oronte (Rift). À l'Acheuléen moyen (à partir de 900 000 ans), les deux traditions se poursuivent et il convient d'y ajouter des outillages plus spécifiques du désert. L'Acheuléen dit récent marque l'apogée de cette longue période : les galets aménagés y sont en décroissance ; quant aux bifaces, taillés au percuteur tendre, ils y sont très soignés, ovalaires, cordiformes ou amygdaloïdes. Le site de Nadaouiyeh a livré un morceau (pariétal gauche) de son artisan dans un niveau de 400 000 à 500 000 ans (Le Tensorer). On y distingue encore un autre Acheuléen récent, que l'on nomme Acheuléen récent évolué, de 350 000 années, à petits bifaces et outillage léger, et particulièrement fécond puisque c'est lui qui va se trouver à l'origine d'une floraison d'industries, toutes plus ou moins contemporaines et de transition avec le Moustérien, Acheuléo-Yabroudien, Yabroudien (racloirs épais), pré-Aurignacien (lames), Amudien, Hummalien (lamelles), Acheuléen final, Acheuléen final de la côte ou Samoukien, Acheuléen final de l'Oronte ou Defaaien. Le Paléolithique moyen s'ensuit donc avec son outillage léger – racloirs, pointes, couteaux, denticulés – en forte augmentation ; il est représenté, entre 200 000 et 40 000 ans, par de très nombreux gisements, dont celui de Dederiyeh, qui a fourni à Takeru Akazawa et Sultan Muhesen les restes de 15 individus dont 2 en sépulture, tous Neandertaliens, le moins ancien daté au carbone 14 de 48 000 années. Un Paléolithique supérieur, original par bien des traits, mais moins riche, succède au Moustérien ; il se décline en Ahmarien, Aurignacien, Levanto-Aurignacien, Kebarien, Atlitien – ces trois derniers microlithiques. On y trouve beaucoup de signes symboliques, pierres gravées, silex incisés, boules d'ocre, bitume, offrandes dans les sépultures.

La deuxième grande province étudiée a été la Sibérie et, du même coup, le passage Asie-Amérique.

C'est le détroit de Behring, profond de moins de 100 mètres et large de moins de 100 kilomètres, qui, s'étant vidé à chaque fois que les glaciations ont mobilisé son eau, a été considéré comme le chemin privilégié de passage des Hommes de l'Eurasie vers l'Amérique. Il y a eu quelques autres passages possibles, par terre (les plateaux continentaux émergés) ou par mer, mais on ne les a pas beaucoup pris en considération.

Les plus optimistes des auteurs suggèrent des « traversées » dès 70 000 années (parfois plus) s'appuyant sur des industries de type Pebble Culture récoltées en Chine et au Kamchatka, et sur des choppers, bifaces, gros rabots et grands racloirs retrouvés au Canada, en Californie, au Mexique, au Pérou, au Nicaragua, au Brésil et datés de 70 000 à 50 000 ans (chiffres très contestés). Un deuxième passage aurait pu se produire vers 40 000 ans ; on parle alors en Eurasie d'outillages adaptés à la vie subarctique (industries d'Ordos en Chine du Nord) et en Amérique d'un outillage comportant notamment des pointes de jet qui vont bientôt caractériser la préhistoire américaine (sites du Canada, Texas, Mexique, Pérou, Brésil, Argentine, datés de 30 000 et 15 000 ans). Un troisième passage aurait été identifié entre 28 000 et 24 000 ans, illustré par la culture de Kostienki en Ukraine et l'industrie du site de l'hôpital d'Irkutsk, en Sibérie ; des pointes bifaciales, foliacées, des lames, des burins, des grattoirs découverts en Alaska, au Canada, dans l'Oregon, au Mexique, au Vénézuela, au Pérou, au Chili en représenteraient la traduction américaine entre 25 000 et 13 000 années.

C'est peut-être cette phase-là qui vient d'être reconnue de manière plus rigoureuse, aussi bien en Sibérie [site de 30 000 ans, de la fin de l'interglaciaire juste avant le dernier glaciaire, au bord de la rivière Yana (71 °N) et comportant outils – pebbles, bifaces, pièces à pointes, grattoirs – et faune] qu'aux États-Unis (outils recueillis sous des moraines en Alberta).

Ce serait dans la « foulée » de ce stade que l'Amérique, isolée quelque temps, aurait produit seule ses admirables pointes de jet, travaillées bifacialement en feuilles – industrie dite de Llano, pointe Sandia, Clovis, Folson en Amérique du Nord, industrie toldense en Amérique du Sud.

Un nouveau passage se serait fait vers 12 000 ans, préparé par les complexes aurignacoïdes de l'Eurasie, vieux de 27 000 à 13 000 ans (avec tradition bifaciale comme à Ust Kanskaia dans l'Altaï, ou sans, comme à Malta en Sibérie ou à Shirataki à Hokkaido) et traduit par les cultures épigravétiennes de 12 000 à 10 000 ans en Amérique, ancêtres des cultures Aleut et des cultures eskimos. Toute l'Amérique est alors occupée, des côtes de l'Arctique à la Terre de Feu ; l'art apparaît, la domestication de certains Mammifères (Camélidés dans les régions andines) aussi.

Les sites d'Ulski, au Kamchatka, en Sibérie, de Djuktaï en Iakoutie, offrant à la fois outillages, faunes et bonnes datations de 14 000 à 10 000 ans peuvent être retenus pour servir de points d'appui à la préparation de ce quatrième passage. L'Amérique n'avait alors plus besoin de personne pour prolonger le peuplement du nord de l'Amérique du Nord par celui du Groenland (5 000 ans) et celui de connotation néolithique de ses deux continents par l'extraordinaire développement de ses grandes civilisations – aztèque, olmèque, maya, inca, navajo, etc. Le dernier millénaire est enfin marqué par l'accroissement de la porosité de l'Amérique, qui reçoit cette fois des visites aussi bien du côté Atlantique que du côté Pacifique, et en tire les très belles cultures *melting-pot* que l'on connaît.

Le peuplement de l'Asie, qui s'est bien sûr fait d'ouest en est, a dû arriver très tôt au bout de l'Orient.

Un grand Primate de 7 millions d'années, *Lufengpithecus*, ayant été découvert en Chine, quelques auteurs ont même suggéré que l'Homme pouvait en avoir émergé. Cette opinion n'a pas recueilli une grande adhésion, mais les restes collectés de 1,5 à 2 millions d'années et plus ont par contre obtenu beaucoup plus de considération. Ralph von Koenigswald avait déjà attiré l'attention, dès la fin des années 1930 et jusqu'aux années 1970, sur la possible existence de très anciens Hominidés de plusieurs millions d'années, aussi bien en Chine qu'à Java (appelés *Hemanthropus* et puis *habilines*). Je pense depuis toujours que le déploiement des Hommes dès l'émergence du genre *Homo* s'est fait sans délai du berceau tropical africain à tout l'Ancien Monde jusqu'à une certaine latitude évidemment. Je ne serais donc pas étonné que l'existence d'Hominidés de 2 à 2,5 millions d'années puisse être démontrée ou confirmée dans ce vaste Extrême-Orient de l'Asie.

Les sites suivants, d'ailleurs très nombreux, font, eux, l'unanimité sans risques. On pourrait parler d'une deuxième série située entre 1,4 million d'années et 700 000 ans. Il s'agit de Gongwangling qui a livré, dans un gravier fluviatile, des fragments d'une calotte crânienne et d'un massif facial (*Homo erectus* archaïque) associés à des outils et à de la faune, de Yanxian qui a aussi fourni des crânes avec des outils et une faune très proche de celle de Gongwangling, dans un limon très concrétionné, et de Chenjiawo, où une mandibule humaine, ressemblant à celles de Zhoukoudian, a été découverte dans un lœss moins ancien que les niveaux à Hominidés précédents.

Trois autres sites appartiennent à des niveaux d'un demi-million d'années environ : il s'agit de la fameuse localité 1 de Zhoukoudian, dont des brèches remplissant une cavité karstique ont livré dès les années 1920 et 1930 les restes d'une quarantaine d'individus (*Homo erectus*) associés à faune, outillages et traces de feu, des limons de la grotte de la Coloquinte, qui ont déjà donné 2 crânes humains et une belle faune, et du site en grotte de Hexian aux restes humains plus évolués que ceux de Zhoukoudian.

Trois sites encore vont occuper le créneau 400 000-200 000 ans : ce sont Dali, Jinniushan et Dingcun. Les restes humains qu'ils fournissent donnent l'intéressante impression qu'ils se trouvent dans la descendance des *Homo erectus* (crâne au contour pentagonal en vue postérieure, écaille frontale fuyante, superstructures osseuses importantes) et l'ascendance des *Homo sapiens* (base du crâne ramassée, bosses pariétales saillantes, capacité crânienne en hausse).

Quatre sites ferment la marche : Mapa (ou Maba), Xujiayao, Liujiang et la grotte supérieure de Zhoukoudian, nous font pénétrer cette fois, entre 150 000 et 30 000 ans, dans le plein domaine de l'Homme moderne, tout en gardant, ici et là, comme pour rappeler leur origine, des traits de « Sinanthropes » (le pariétal aplati du crâne de Mapa, le torus occipital transverse de ceux de Xujiayao).

Si cette impression est bonne, elle peut signifier une évolution d'*Homo erectus* en *Homo sapiens*, partout où est *Homo erectus*, ce que je crois, ou une évolution sans lendemain de cet *Homo erectus* de l'Extrême-Orient.

Aux mêmes moments, les *Homo erectus* d'ailleurs ont l'air en effet de se sapientiser lorsqu'ils appartiennent au grand ensemble africano-asiatique (bons exemples dans les deux provinces africaines du sud et de l'est d'une part et du nord-ouest d'autre part), alors qu'ils semblent dériver vers des formes d'humanité particulières dans les isolats européens (Hommes de Neandertal) et indonésiens (Hommes de Java et de Florès). Notons tout de même qu'ils n'en évoluent pas moins, comme de manière parallèle inexorable, dans les deux isolats en question, en continuant à développer par exemple leur système nerveux central et notamment leur cerveau (sauf à Florès).

L'Eurasie semble ainsi peuplée depuis très longtemps – plus de 2 millions d'années. L'Europe a ensuite fait bande à part de longues centaines de milliers d'années : quant à l'Asie, plus généreuse, elle a (pu) participer à la fabrication d'*Homo sapiens* ; c'est elle qui a ensuite dépêché cet Homme moderne vers l'Europe, l'Amérique et l'Océanie.

Fabrice Demeter nous a fait, durant ce cours, un généreux panorama des peuplements récents de l'Asie extrême et sud-orientale (Japon, Chine, Cambodge, Viet-Nam et Indonésie) et sur le sens et les époques de leurs migrations. Il ne croit pas, quant à lui, à la continuité *Homo erectus-Homo sapiens*, suggérée en Chine.

1993-1994
LE PEUPLEMENT DES AMÉRIQUES

L'Amérique (ou les Amériques), longtemps séparée en deux continents aux destinées bien différentes, l'Amérique du Nord et l'Amérique du Sud, couvre 40 millions de km^2, étirés sur 15 000 kilomètres de l'Arctique au cap Horn, soit un quart de la surface habitable de la Terre. À l'origine des Primates, il y a 70 millions d'années (au nord), l'Amérique reçoit d'Afrique ses premiers Primates supérieurs, il y a 30 millions d'années (au sud). C'est peut-être vers 100 000 ans que d'Asie arrivent à leur tour ses premiers Hommes (au nord) ; puis d'autres Hommes viendront d'Europe, il y a un millénaire (au nord encore), et beaucoup d'autres, d'Europe d'abord, puis d'Afrique et d'Asie depuis cinq siècles (au nord et au sud).

La prise de conscience de l'existence d'une préhistoire américaine est ancienne puisque, dès 1784, Thomas Jefferson décrivait la fouille d'un tumulus en Virginie ; quant à celle sur ce continent d'un peuplement humain fossile, elle est curieusement contemporaine du même constat fait en Europe, puisque Lund découvrait à Lagoa Santa, au Brésil, de 1836 à 1844, d'abondants restes osseux humains associés à des ossements d'animaux disparus, quelques années seulement après que Schmerling, de 1828 à 1838, eut recueilli à Engis, en Belgique, les premiers fragments crâniens de Neandertals mêlés à des ossement de Mammouths et de Rhinocéros laineux. Mais des déclarations péremptoires, aussi excessives dans un sens que dans l'autre – l'origine de l'Homme est argentine, dit Ameghino ; l'Homme américain n'a aucune antiquité, dit Hrdlicka –, vont décourager ces recherches pionnières qui reprendront un peu vers la fin des années 1920 et le début des années 1930, avec les découvertes de pierres superbement taillées et de typologie particulièrement originale, les pointes de Folsom, en 1926, celles de Clovis en 1932, toutes deux au Nouveau-Mexique, et un peu encore vers le début des années 1950 puis des années 1970, avec l'engouement de la datation absolue, le carbone 14 d'abord, la racémisation des acides aminés ensuite.

Pour tenter de comprendre l'origine de ce peuplement et son ancienneté, passons en revue, successivement, du nord au sud, les quelques sites à outillages parmi les plus vieux de cette préhistoire américaine – 3 seront nord-américains, 5 méso-américains, 4 sud-américains –, puis tous les sites à restes osseux humains antérieurs à 10 000 ans, soit 18 en Amérique du Nord, 5 en Amérique centrale, 10 en Amérique du Sud.

Le premier de la première série, Old Crow River, est canadien, à la limite de l'Alaska ; il a livré de très nombreuses pièces osseuses (Mammouths, Caribous), percutées, cassées, débitées ou taillées, mais dont les datations sont d'une grande confusion puisqu'elles vont de 1 350 ± 150 ans BP (carbone 14 sur collagène), à 20 000 à 30 000 ± 2 000 à 3 000 ans (carbone 14) et même 60 000 ans (estimation extrapolée parce que les pièces sont remaniées). Un autre grand site canadien du bassin du Yukon, Bluefish Cave, offre cette fois une industrie lithique (burins) aux côtés d'ossements travaillés, et des dates de 15 000 à 25 000 ans. Aux États-Unis, nous avons choisi l'abri sous roche de Meadowcroft en Pennsylvanie, riche d'une bonne stratigraphie, d'un outillage lithique en partie bifacial, d'une belle faune et de datations réparties entre 14 000 et 20 000 ans.

En Amérique centrale, El Cedral, au Mexique, présente trois niveaux de 33 000 à 21 000 ans, avec pièces lithiques, pièces osseuses, faune et foyer ; Tlapacoya, au Mexique, de beaux foyers construits et de l'outillage, de 20 000 à 25 000 ans ; Muaco, au Venezuela, un outillage et de la faune fossile brûlée, de 14 000 à 16 000 ans ± 500 ans ; Taima taima, au Venezuela, de la faune et des outils datés de 12 000 à 13 000 ans dont une pointe bifaciale fichée dans un os de Mastodonte ; et El Bosque au Nicaragua, des outils en pierre et en os et de la faune de 20 000 à plus de 30 000 ans peut-être.

En Amérique du Sud, nous avons retenu, pour commencer, le site désormais fameux de la Toca do Boqueirão da Pedra Furada, au Brésil, abri qui a fait l'objet de recherches particulièrement importantes depuis plus de quinze ans par la mission archéologique du Piaui sous la direction de Niede Guidon. Cent cinquante-huit structures (notamment des foyers) ont été datées 55 fois dans trois laboratoires, par le carbone 14 ou la thermoluminescence, de 55 000 à 5 000 ans le long d'un remplissage où l'on distingue un Pléistocène final humide suivi d'un Holocène sec. Fabio Parenti a soutenu l'an dernier une thèse brillante sur ce gisement : il interprète ces structures comme étant la traduction d'une succession de campements temporaires, de 55 000 à 10 000 ans, le lieu étant réservoir d'eau et source de matières premières, puis à partir de

10 000 ans, comme étant plutôt les restes d'un campement permanent associé à de l'art pariétal et, enfin, à partir de 7 000 ans, comme ceux d'un campement très secondaire visité seulement accessoirement et abandonné il y a environ cinq millénaires.

Toutes ces occupations ont laissé des milliers de pierres taillées. Pendant la longue première période, la technologie de cette taille apparaît comme très opportuniste – choix morphologique des pièces, éclats sélectionnés pour leur moindre quantité de cortex – et l'aménagement du bord actif des objets comme très sommaire ; à partir de l'Holocène, alors que, curieusement, la taille bifaciale décroît, la taille monofaciale gagne en qualité de débitage et finesse de retouche, auxquelles s'ajoutent parfois la chauffe intentionnelle notamment de la quartzite et le débitage prédéterminé notamment de la calcédoine avec emploi, pour mettre en œuvre cette dernière technique, du percuteur tendre. À partir d'expérimentations, Fabio Parenti considère ces outils comme ayant pu permettre, au Pléistocène, de casser des os et de travailler grossièrement le bois, de tout temps, de dépecer grossièrement le gibier, d'en racler le cuir et de travailler plus finement le bois, et, à l'Holocène, de dépecer de manière plus précise, de découper le cuir et de couper les végétaux.

Un autre site brésilien, l'abri Lapa Vermelha, daté, au bas d'un remplissage de 14 mètres, de 22 410 ans et, en haut, de 10 000 à 15 000 années, a été ensuite étudié ; enfin, le site de tourbières de Monteverde, au Chili, avec ses 33 370 ± 530 ans en bas et 13 030 ± 130 ans en haut, et ses objets extraordinairement conservés, a fermé la série.

Un seul site de la deuxième série – ceux à ossements humains – a déjà été examiné dans la première – il s'agit de celui de Tlapacoya au Mexique où un crâne humain aurait 24 000 ans ; les autres, comme partout ailleurs dans le monde, sont moins anciens que les sites purement archéologiques, car l'ossement humain est évidemment moins fréquent que l'ossement animal (consommé) dans quelque habitat que ce soit et l'ossement se conserve en outre bien moins bien que la pierre. L'étude de l'ensemble de ces ossements humains – celle des ossements des sites sud-américains a fait récemment l'objet d'une thèse soutenue par Patricia Soto-Heim – montre d'abord que tous appartiennent à *Homo sapiens sapiens* ; tous peuvent être aussi rapportés à un stade prémongoloïde de notre sous-espèce ; ils donnent donc une impression de fonds anthropologique homogène à partir duquel se sont développées des particularités, souvent nées de l'isolement de populations ou de nécessités d'adaptation à des conditions extrêmes, le froid par exemple en Patagonie, ou l'altitude dans les Andes.

D'où vient donc l'Homme américain et quel est son âge ?

Pour des raisons paléogéographiques – le Behring, n'ayant nulle part 100 mètres de profondeur, a été émergé à chaque glaciation –, pour des raisons anthropologiques – les Amérindiens fossiles et actuels ont une grande homogénéité dans leurs caractères squelettiques et les actuels une tout aussi remarquable homogénéité dans leurs caractères immunologiques et sérologiques, aux ressemblances préférentielles chaque fois asiatiques –, et pour des raisons culturelles – les cultures préhistoriques qui se sont succédé dans les grandes plaines du nord de l'Europe et de l'Asie entre 70 000 et 10 000 ans semblent se retrouver, avec chaque fois un décalage de quelques milliers d'années, à travers tout le continent américain –, l'Homme semble être venu d'Asie par le nord-ouest, la première fois, il y a au moins 70 000 ans. Mais un certain courant le voudrait plus ancien – des outils de pierre associés à une faune éteinte découverts dans une grotte de l'État de Bahia au Brésil, la Toca da Esperança, ont été datés de 200 000 à 300 000 années ; un autre courant le voudrait plus jeune – les datations récentes au carbone 14, notamment celles réalisées sur le collagène et qui ne dépassent guère 10 000 années, le confortent. Si, par ailleurs, une partie du peuplement s'est en effet très probablement faite par la Behringie, les tenants des hautes dates obtenues en Amérique du Sud sont contraints de penser qu'une autre partie de ce peuplement a bien pu se faire par ailleurs.

L'Amérique demeure donc incontestablement, dans l'histoire du peuplement de la Terre, le Nouveau Monde, mais sa préhistoire, qui a manipulé les datations absolues avant d'établir la typologie de ses outils et la succession de leurs fréquences et de leurs associations, reste encore finalement en grande partie inconnue.

2004-2005
L'HISTOIRE DE L'HOMME : CE QUE L'ON SAIT

Aux huit leçons s'est ajoutée, cette année, une neuvième, très particulière, puisqu'il s'est agi de la leçon de clôture de la chaire.

Comme ce cours 2004-2005 est en effet le dernier de mon enseignement « statutaire » au Collège de France, je l'ai un peu considéré comme un bilan de ce que l'on savait et de ce que l'on ne savait pas dans nos domaines de recherche, le premier terme du diptyque étant réservé aux leçons, le deuxième aux séminaires, avec, comme on peut l'imaginer, de multiples interférences entre les deux.

De manière plus modeste, j'aurais dû intituler ces leçons « ce que l'on croit savoir », plutôt que « ce que l'on sait ». Mais il y a tout de même, depuis un siècle et demi de recherches, un certain nombre de conclusions qui, s'étant répétées, ont quelque chance de décrire une certaine réalité.

Il semble tout d'abord qu'il n'y ait pas de doute sur la succession chronologique matière inerte, matière vivante, matière pensante. Tout a donc l'air de se passer comme si la matière ne cessait de se compliquer et de s'organiser avec le temps chaque fois que l'occasion lui en était donnée. L'Univers a ainsi, au sens propre, un sens. Les paléontologues qui n'adhèrent pas à cette progression n'en continuent pas moins de faire tous les êtres pluricellulaires succéder à certains unicellulaires, toutes les formes supérieures à certaines inférieures, toutes les formes évoluées à certaines archaïques, etc., c'est-à-dire à conforter l'idée de sens.

Quand on s'adresse à l'Homme et à son histoire, il est évident également que sa descendance du monde animal, son appartenance aux Primates, son cousinage de Grands Singes ne font pas plus de doute. Il est clair enfin que, parmi ces Grands Singes, ce sont les Chimpanzés et les Bonobos qui représentent sa parenté de loin la plus proche ; rappelons à ce propos le rôle important de la cytogénétique dans cette construction quasi généalogique.

Comme tous les Primates sont tropicaux, et que Chimpanzés et Bonobos sont africains, il n'est pas anormal de dire que l'Homme est e tropicale et africaine. Et, comme les plus anciens Primates érieurs fossiles tropicaux et africains attribuables à des Hominiés s'approchent des 10 millions d'années, nous voilà en possession d'un lieu et d'une date de naissance de l'Homme, ou du moins de ses ascendants à partir du dernier ancêtre commun des Hommes et des Chimpanzés.

C'est ensuite une quinzaine de Préhumains qui s'offrent de manière attendue en bouquet à nos yeux, chargés de la mosaïque habituelle de caractères, les uns hérités, les autres dérivés et dérivant d'ailleurs dans diverses directions, certaines de l'Homme (Orrorin, Kenyanthrope, certains Australopithèques qui du même coup n'en sont sans doute pas), d'autres certainement pas (c'est le cas d'autres Australopithèques, de toutes leurs formes robustes et des espèces d'*Ardipithecus*).

Aux alentours de 3 millions d'années, le passage anatomique Préhumains-Humains représente une belle démarcation. Le genre *Homo*, dès ses espèces les plus anciennes, ne peut être confondu avec les formes préhumaines antérieures ou contemporaines (crâne, denture). Que certains auteurs ne veuillent pas les qualifier d'*Homo*, c'est leur opinion, mais ils ne peuvent pas les appeler *Australopithecus*.

La raison de l'apparition du genre *Homo* a été en outre bien démontrée par les résultats des chantiers de fouilles paléontologiques de la basse vallée de l'Omo en Éthiopie. Entre 3 et 2 millions d'années, le climat qui était humide le devient beaucoup moins. Toute la faune de Vertébrés, toute la flore (pollens et macrorestes) mais aussi les Mollusques, les sédiments montrent superbement ce changement ; comme les Préhumains n'ont aucune raison de se comporter autrement que leurs congénères animaux, ils subissent eux aussi et de la même manière cette pression climatique et s'y adaptent ; c'est le cas du genre *Homo* qui a « choisi » la dissuasion intellectuelle en développant préférentiellement en qualité et en quantité son encéphale aux côtés d'un régime alimentaire à large spectre incluant la viande. C'est ce que j'ai appelé « l'événement de l'*(H)Omo* », rappelant par un mauvais jeu de mots le rôle pionnier et fondamental des recherches de la vallée de l'Omo sur l'émergence de notre matière pensante. C'est, en outre, un cas flagrant, et pas le moindre, de l'importance de l'influence de l'environnement dans l'évolution en général et dans notre évolution en particulier.

Une autre chose est sûre : le genre *Homo* va se déployer, et il va le faire, logiquement d'Afrique en Eurasie. Mais qui (quelle espèce ?) va bouger et quand restent sujets à débat.

Une première espèce du genre *Homo* a été décrite en 1964 en Tanzanie ; il s'agit d'*Homo habilis* (capacité endocrânienne de 510 à 775 cm^3, développement des régions frontale et pariétale en largeur, paroi crânienne plus épaisse que celle des Préhumains, prognathisme facial réduit). On tenait donc le premier Homme.

Mais un autre premier Homme, *Homo rudolfensis*, décrit en 1978 au Kenya, est venu compliquer les choses (prognathisme encore plus réduit, incisives plus grandes, face moyenne plus large). On parle alors d'*Homo habilis* au sens large et d'*Homo habilis* au sens strict, ce qui ne résout rien.

Une deuxième vague d'Hommes fossiles est représentée incontestablement par *Homo erectus*, décrit à Java en 1891 (capacité endocrânienne de 750 à 1 250 cm^3, platycéphalie, fort torus sus-orbitaire, forte épaisseur des parois crâniennes, face courte et large). Mais, ici encore, les choses se sont beaucoup compliquées. On a créé un *Homo ergaster* en 1975 au Kenya (capacité 800 cm^3) pour les *Homo erectus* les plus anciens ; et certains auteurs ont tendance à réemployer *Homo mauritanicus*, créé en Algérie en 1954, pour nommer l'*Homo erectus* d'Afrique (successeur d'*ergaster*) et d'Europe, et le distinguer d'*Homo erectus* d'Asie ; on parle donc ici encore d'*Homo erectus sensu stricto* (celui d'Asie) et d'*Homo erectus sensu lato* (ceux d'Europe, d'Asie et d'Afrique y compris, parfois, *Homo ergaster*).

Une nouvelle observation s'avère judicieuse, c'est qu'il y a entre toutes ces formes une claire parenté montrant à la fois descendance (*Homo ergaster* poursuit par exemple parfaitement les tendances évolutives amorcées chez *habilis* et *rudolfensis*) et diversification.

En ce qui concerne le déploiement du genre *Homo*, je pense depuis longtemps, pour des raisons biologiques, éthologiques et environnementales, qu'il a dû se faire dès *Homo habilis*. L'*Homo georgicus* de Dmanissi (Géorgie) et le *Meganthropus* de Java (Indonésie), tous deux de 1,8 million d'années environ, représentent d'ailleurs forcément l'un et l'autre des stades intermédiaires entre *Homo habilis* et *Homo erectus* sans que ce soient d'ailleurs les mêmes (ce qui prouve, s'il en est besoin, que l'histoire eurasiatique, loin de l'Afrique, de ces Hommes fossiles est alors déjà bien ancienne).

L'isolement de l'Europe, de Java et de Florès, pour des raisons d'eau glacée ou libre ne fait ensuite pas de doute ; que cet isolement puisse par ailleurs être la raison de l'émergence, par dérive génétique, de l'Homme de Neandertal, de l'Homme de Java et de l'Homme de Florès, sans faire l'unanimité, finit aussi par convaincre.

La création récente de l'*Homo floresiensis*, à Florès en 2004 (1 mètre de hauteur, crâne de la morphologie d'*Homo erectus* avec un encéphale de 400 à 500 cm^3) m'a donné en outre l'occasion de montrer une nouvelle fois (la première ayant été l'apparition du genre *Homo*) l'influence fondamentale de l'environnement sur l'évolution morphologique des êtres vivants, y compris sur celle des Hommes (jusqu'à des époques très récentes, puisque les *Homo floresiensis*, ou du moins les derniers d'entre eux, peuvent n'avoir que 12 000 ans), tant que leur culture n'est pas suffisamment puissante pour s'interposer et répondre à la place de leur corps à la sollicitation du milieu. Il est en effet connu depuis longtemps que certains ordres de Mammifères (Proboscidiens, Artiodactyles dont les Suidés, les Hippopotamidés, les Cervidés, les Bovidés, certains Édentés, certains Primates) subissent dans l'enfermement insulaire (à cause de la réduction du territoire, de la réduction de la biodiversité et de la réduction consécutive de la compétition, et à cause de la réduction de la prédation) une réduction souvent très importante de la taille. C'est clairement ce qui est arrivé à l'Homme de Florès, mais ce n'est pas encore clair pour tous les collègues.

Homo sapiens descend lui aussi d'*Homo erectus*, c'est une certitude ; certains restes anatomiques d'Afrique du Nord par exemple, d'Extrême-Orient aussi, montrent des stades intermédiaires. Mais il y a une belle divergence d'opinions sur l'origine de l'*Homo sapiens*, certains le voyant émerger d'Afrique, d'autres descendre d'*Homo erectus* partout où *Homo erectus* se trouve. C'est en fait la majorité des auteurs qui adhère à la première proposition avec une belle confusion entre *Homo sapiens* (400 000 ans au moins) et *Homo sapiens sapiens* (200 000 ans au plus).

La culture est un autre vaste domaine de certitudes et de questions.

Que les outils montrent une progression dans l'efficacité et la diversité (richesse croissante de l'équipement) est une évidence.

Que l'histoire de la culture ne soit pas régulièrement continue, mais qu'elle montre de longues périodes sans innovation et des époques très courtes qui voient fleurir pléthore d'innovations en même temps paraît aussi bien net.

Par contre, les débuts de l'outil ne font l'unanimité, ni sur leur âge (que je crois dépasser les 3 millions d'années) ni dans leur interprétation (pour certains il y aurait diversité des outillages car diversité possible des artisans tailleurs d'outils au départ, pour d'autres belle et simple progression linéaire depuis le début).

Le cours s'est terminé le mardi 21 juin 2005, comme il a été dit, par une leçon de clôture de la chaire de paléoanthropologie et préhistoire qui sera publiée, à part, dans la série des leçons inaugurales et clôturales du Collège de France. Elle fait écho, vingt-deux ans après, à la leçon inaugurale de la même chaire, donnée le 2 décembre 1983, et publiée par le Collège lui-même.

III

L'environnement, la culture et l'histoire de nos sciences

L'environnement

1989-1990
L'ENVIRONNEMENTALISME

J'ai appelé le cours « L'environnementalisme ». Ce terme, à la fois barbare, lourd et long – j'en suis conscient –, et qui n'a sans doute qu'un mérite, celui de se faire remarquer, est destiné à nommer la méthode qui consiste à étudier l'évolution des êtres vivants en utilisant les données de leur milieu.

Pierre Antoine de Lamarck a probablement été le premier naturaliste à montrer les rapports qui existaient entre les êtres vivants et leur environnement ; ayant, en outre, érigé le transformisme en mode de lecture de l'histoire de la vie, l'interaction qu'il évoque alors pourrait s'écrire ainsi : les êtres vivants se transforment, ces transformations se font sous la pression d'événements et les événements sont, la plupart du temps, d'origine environnementale.

Cette influence de l'environnement n'est en fait pas souvent apparue aux chercheurs, sans doute parce qu'elle n'était pas apparente. L'importance de la différence des milieux – un lieu est un milieu – n'apparaît en effet pas plus dans la littérature (et quand elle apparaît, elle étonne) que la pression de chacun de ces milieux au moment où elle s'exerce. Le paléontologiste prend, il est vrai, le train de l'évolution en marche, quand la sélection de la forme nouvelle qu'il étudie est déjà réalisée.

À un état A de l'histoire de la Vie, avant l'événement, suit donc un état B de cette même histoire, après l'événement (AB décrivant l'évolution), et la forme que prend cet état B dépend de deux facteurs, l'un interne, génétique – le caryotype au moment de l'événement –, l'autre externe, environnemental – la nature et l'ampleur de l'événement. Le titre célèbre de l'ouvrage de Jacques Monod, *Le Hasard et la Nécessité*, pourrait sans doute, à la lumière de cette perspective historique, se lire autrement : hasard, en effet, mais comme l'évolution est circonstancielle, c'est en fait l'événement, c'est-à-dire l'environnement, qui représente, dans notre éclairage, l'aléatoire ; nécessité, bien sûr, nécessités même, nécessité d'adaptation au nouvel environnement que l'événement a créé et aussi, il ne faut pas l'oublier, nécessité de le faire avec ce dont on dispose – le carcan génétique réduit les enthousiasmes ! Alors la vie « bricole » (François Jacob) ; et, quand elle s'en tire, elle s'en tire en pratiquant l'opportunisme. « Événement et opportunisme » pourraient représenter ainsi l'autre lecture suggérée ; comme l'événement, c'est presque toujours l'environnement, et l'opportunisme, c'est l'adaptation tant bien que mal à cet environnement avec ce que l'on a (ce que l'on est) ; on comprend mieux pourquoi parler d'*environnementalisme* est important.

Un reste organique, pour avoir été conservé, a dû se trouver un jour « enveloppé » dans un sédiment, lui-même déposé dans un bassin ; la première lecture de l'environnement sera donc celle du bassin sédimentaire dans son ensemble, sa forme ou géomorphologie, sa géologie (la stratigraphie des couches qu'il contient, autrement dit le sens du temps, et la tectonique qui éventuellement l'affecte). On étudiera ensuite le sédiment, vestige lui-même, sa nature, sa texture, sa composition, sa structure, sa puissance, l'état de sa conservation ; puis son contenu, les fossiles animaux, les coquilles, les ossements, les dents, les fossiles végétaux, les macrorestes, les spores, les pollens, mais aussi leurs traces (l'ichnologie), et les informations que ces restes livrent qualitativement, quantitativement ou dans leurs associations, sur eux-mêmes et sur les sédiments qui les contiennent. De nombreux exemples de déductions élaborées sont ainsi proposés pour illustrer la finesse de reconstitution de certains de ces environnements : le rapport Sr/Ca ou Ba/Ca des ossements permet de différencier par exemple un folivore d'un herbivore, un omnivore d'un carnivore ; les proportions relatives des acides gras des mêmes ossements permettent de déterminer cette fois l'espèce à laquelle les ossements en question ont appartenu et la température moyenne qui a régné à l'époque où cette espèce était vivante ; les rapports des différents isotopes de l'oxygène, enfin, mesurés dans la glace des pôles, indiquent la quantité d'eau transformée et les fluctuations des températures mondiales qui y ont présidé, etc.

L'histoire des 4 milliards d'années d'évolution de la Vie est, comme on peut l'imaginer, très complexe, très irrégulière ; à des périodes de développement calme succèdent des périodes très créatrices ou, au contraire, des époques particulièrement destructrices. Durant les seuls 500 derniers millions d'années, on compte ainsi trente-cinq périodes d'extinctions massives, dont cinq ont été très importantes : il s'agit de la fin de l'Ordovicien (435 Ma), du cours du Dévonien (350 Ma), de la fin du Permien (240 Ma) qui voit disparaître jusqu'à 200 familles et peut-être 96 % des espèces océaniques, de la fin du Trias (195 Ma) et de la fin du Crétacé (65 Ma). L'extinction fait partie du fonctionnement de cette histoire et il n'est pas besoin de faire appel à des catastrophes spectaculaires et médiatiques (la chute d'une météorite sur le dos des Dinosaures !) pour en expliquer certaines phases. J'ai évidemment choisi délibérément, pour commencer, ce dernier exemple de lecture de l'environnement parce qu'il était naïvement à la mode. À la fin du Crétacé se produit une importante régression marine ; toutes les mers de moins de 200 mètres de profondeur disparaissent et, par suite, la plupart des animaux du plateau continental – ammonites, bélemnites, inocérames, rudistes, un certain nombre d'oursins, de bryozoaires, de brachiopodes. Le retrait des surfaces aquatiques entraîne par ailleurs un développement important des climats continentaux, plus contrastés, c'est-à-dire un développement du froid. Certains végétaux s'éteignent, de même que beaucoup d'animaux ovipares et à sang froid (dont les températures internes sont particulièrement liées aux températures externes) – Dinosaures, Reptiles volants et aussi marins, Ichthyosaures, Plésiosaures. Mais pendant le même temps, qui, ne l'oublions pas, est de l'ordre de plusieurs millions d'années, se portent à merveille et parfois prolifèrent Poissons, Tortues, Crocodiles, Lézards, Serpents et animaux à régulation thermique, Oiseaux et Mammifères.

Après cet exemple « d'actualité », le cours examinera la succession des événements et des paysages des 40 derniers millions d'années et l'enchaînement des réponses des Hominoïdés, des Hominidés et des Homininés.

Quel temps faisait-il lorsque, à l'Oligocène inférieur, les premiers Hominoïdés sont apparus au beau milieu des petits Singes de l'Égypte et de la péninsule arabique ? Le bassin du Fayoum sera pris comme exemple ; sa géographie, sa topographie, son climat, sa température, sa pluviométrie, son hygrométrie, son ensoleillement, sa végétation, sa faune d'il y a 35 à 40 millions d'années vont peu à peu se dessiner au fil de l'analyse de ses sédiments, de ses paléosols, de ses faunes d'Invertébrés et de Vertébrés, des restes de ses plantes ; une plaine se fait ainsi jour, occupée par de larges étendues d'eau stagnante (superposition de paléosols alluviaux) et de rivières multiples de peu de profondeur et de basse énergie (Mollusques, Charophytes, Ostracodes) ; des précipitations abondantes (translocation du fer libre) semblent alterner avec de courtes saisons sèches (sols polygonaux, présence de grands Cypridés et chimie de l'eau dominée par le calcium) ; de belles zones de forêt tropicale humide côtière et riveraine des cours d'eau (Epipremnum, Annonaspermum, Canarium, Icacinicarya, Eohypserpa sont aujourd'hui dans la forêt indomalaise) voisinent avec de grandes surfaces herbeuses ou marécageuses (beaucoup de pistes d'Annélides, d'Insectes, de Vertébrés ; des restes d'Arsinoitherium, de Moeritherium, de Phiomia, de Paleomastodon, Amphibies ; des Primates enfin, dont le dimorphisme sexuel des canines et du poids du corps montre une adaptation à la vie à terre alors que le squelette postcrânien montre un arboricolisme évident). Cette plaine d'inondation était aussi côtière ; de nombreux indices trahissent en effet la présence proche de la mer, la Téthys (Rhizolithes et Cynometra de mangroves, Bivalves marins et restes de Requins, de Raies et même de Siréniens dans les sables des chenaux). Il semble que l'acquisition d'une plus grande souplesse des comportements ait été la réponse « habile » et la raison du succès des Hominoïdés face à ce développement de la saisonnalité ; les petits Primates primitifs, leurs ancêtres, vivaient en permanence en forêt tropicale où la faible amplitude des saisons n'avait que bien peu d'effets sur l'approvisionnement en nourriture ; devant des variations plus importantes du milieu, il convenait donc de réagir : c'est probablement par la généralisation du régime pour exploiter une plus grande variété de sources de nourriture disponible à différentes saisons, accompagnée d'un plus large registre de locomotions et d'une structure nouvelle du cerveau (développement des aires visuelles pour une meilleure perception des distances, expansion du néocortex pour une plus grande complexité des réponses aux sollicitations du milieu) que s'est faite l'adaptation et constitué le type fondateur de notre lignée : *Aegyptopithecus*.

C'est en Afrique, aujourd'hui équatoriale, que la période qui suit – Miocène inférieur et moyen – nous intéresse ; c'est en effet au Kenya et en Ouganda que l'on rencontre l'Hominoïdé suivant, *Proconsul*, descendant probable, même si la filiation n'est pas linéaire, d'*Aegyptopithecus*. Pour certains auteurs, c'est d'ailleurs avec *Proconsul* (parce qu'il a un conduit auditif externe) que commencent les Hominoïdés ; la transformation de la structure de l'encéphale de l'*Aegyptopithecus* est un caractère beaucoup plus important, mais il est vrai qu'il est de lecture et d'interprétation plus difficiles. Toujours est-il qu'au début du temps de *Proconsul*, la forêt traverse l'Afrique et le climat y est humide et chaud ; mais, il y a 17 millions d'années, un événement environnemental par excellence se produit : la plaque africaine entre en contact avec la plaque eurasiatique (l'Afrique était montée de 15° vers le nord pendant le Cénozoïque, dont la moitié pendant le Miocène inférieur) ; la mer Téthys, fermée, sa surface diminue considérablement (10 millions de km^2 de moins) ; des montagnes surgissent ; les climats deviennent plus continentaux et l'accroissement des terres, entraînant un accroissement de la surface de réflexion du soleil, entraîne à son tour une réduction de la chaleur directe de celui-ci ainsi qu'une réduction de la chaleur réinjectée dans l'atmosphère.

Pendant ce même temps, les deux pôles de la Terre se refroidissent pour des raisons d'ailleurs différentes ; le Sud parce que, séparé de l'Australie et de l'Amérique du Sud auxquelles il était précédemment lié, il développe une calotte glaciaire et le Nord parce que, la Laurasie montant vers le nord et accroissant sa surface, il diminue d'autant sa température moyenne. Le gradient de température équateur-pôle augmente donc (on passe de + 27° C à l'équateur à – 15 °C au pôle nord au lieu de + 5 °C auparavant), le transfert de chaleur s'accroît dans le même sens et la saisonnalité et l'activité des tempêtes s'installent dans les latitudes qui séparent l'équateur des pôles.

Un échange de faune se fait en outre entre Afrique et Eurasie (on passe en Afrique d'un endémisme de 74 % avant la collision à 50 %, après) ; le *Proconsul* qui nous intéresse fait partie de ce mouvement, rejoint l'Eurasie et y donne naissance à la grande diversité des Dryopithèques ; puis la forêt, aussi bien d'un côté que de l'autre du pont, se dégrade et les Hominoïdés à molaires à émail épais apparaissent, *Kenyapithecus, Sivapithecus* et plus tard *Australopithecus* en Afrique, *Ouranopithecus, Sivapithecus* (*Ramapithecus*), *Gigantopithecus* en Eurasie. Certains auteurs saisissent cette transformation des biotopes du Miocène moyen et la réponse qu'offrent les Hominoïdés pour placer là la divergence Hominidés-Panidés et par suite l'origine de la famille des Hominidés – Louis de Bonis avec *Ouranopithecus* par exemple –, solution en contradiction avec les données de la géographie et avec celles de la biologie moléculaire.

Cette ouverture de la forêt va encore s'accentuer régionalement en Afrique de l'Est au Miocène supérieur, lorsque l'ensemble du système de failles qu'on appelle Rift Valley – il y en a d'ailleurs deux branches au niveau de l'équateur, l'une dite occidentale, l'autre orientale – subit une réactivation importante. C'est la cassure nord-sud, le soulèvement de la lèvre occidentale de la branche occidentale et l'élévation de toute la province comprise entre ce mur et l'océan Indien qui vont diviser en deux parties écologiquement bien marquées la ceinture équatoriale, l'ouest (de l'Atlantique à la faille) et l'est (de la faille à l'océan Indien). Pour les Hominoïdés vivant alors dans cette région de forêts et de bois (*Kenyapithecus, Motopithecus* peut-être[25]), même si la grande forêt du Miocène inférieur n'était déjà plus ce qu'elle avait été, c'est la réalisation, à la suite d'une circonstance tectonique « aléatoire », d'un nouvel environnement périphérique à leur patrie principale (et que l'on connaît en paléontologie sous le nom de péripatrique) ; il s'ensuit un développement désormais séparé des Hominoïdés de l'Ouest, en paysage couvert, toujours très humide, et de ceux de l'Est, en zones de moins en moins régulièrement arrosées (les précipitations annuelles actuelles sont de 180 mm à l'ouest et de moins de 100 mm à l'est), les premiers aboutissant à ce qu'aujourd'hui on nomme les Panidés (Chimpanzés, Gorilles), les seconds aux Hominidés (Australopithèques et Hommes). Notre famille que, personnellement, je fais naître de cet événement, apparaît donc comme tropicale et est-africaine, et comme l'exemple parfait d'un produit de l'environnementalisme. La mosaïque d'arbres, de buissons et de hautes herbes qui s'installe sous les pluies saisonnières de la province est-africaine, répartit, en effet, les ressources alimentaires dans le temps et dans l'espace – c'est probablement l'ascension des montagnes parallèles à la saignée de la Rift et l'élévation du plateau est-africain en même temps que la croissance du plateau tibétain qui ont d'ailleurs mis en place, dans ce grand quadrilatère nord-ouest de l'océan Indien, le système des moussons ; l'adaptation à ce milieu nouveau passe donc par une plus large gamme de nourriture, une mobilité plus grande pour l'acquérir, un travail musculaire plus important pour la transporter, un développement accru des glandes sudoripares ; il s'ensuit bipédie, nudité progressive et omnivorie grandissante. La vulnérabilité en terrains découverts entraîne en outre vigilance, défense ou dissuasion et rapprochement incontestables ; il s'ensuit réflexion, émotion, organisation sociale et création technologique. En autres termes, toutes nos grandes caractéristiques actuelles apparaissent comme ayant pu être, à l'origine, des réponses à la transformation de l'environnement, il y a 8 millions d'années, en Afrique orientale.

J'ai proposé ce scénario très simple en 1982, lors d'un colloque à l'Académie pontificale des sciences de Rome (dont les actes ont été publiés en 1983) et l'ai appelé l'*East Side Story*[2]. Il a séduit partout, ce qui n'est pas toujours la destinée d'une hypothèse scientifique, et après une demi-douzaine d'années d'argumentations contradictoires un peu molles, il vient d'être repris par Martin Pickford (1989), puis par Brigitte Senut (1990), qui apportent tous deux les preuves fraîches de leur expérience en Ouganda, au pied de la muraille de la Rift occidentale.

C'est alors le temps des premiers Hominidés, mais encore des Hominidés avant l'Homme, en autres termes des Australopithèques, qui va se dérouler dans une province écologique qui, en dépit de fluctuations locales et temporaires, ne va plus cesser de se dessécher. Démonstration en est donnée par la reconstitution, site par site, des paysages de tous les gisements à Hominoïdés, depuis Ngorora au Kenya (11-12 Ma), avant les Australopithèques, Samburu au Kenya (7 Ma), avec le premier Australopithèque ou peut-être bien le dernier ancêtre commun des Panidés et des Hominidés (appelé parfois *Motopithecus*[25]), et Lukeino au Kenya (6,5 Ma), Lothagam au Kenya (5,5 Ma), Tabarin au Kenya (5 Ma), Chemeron au Kenya (4 Ma), Belohdelie en Éthiopie (4 Ma) et Maka en Éthiopie (de 3,5 à 4 Ma), avec les tout premiers Australopithèques incontestables.

Le remontage de la succession des environnements des grands gisements suivants, Laetoli en Tanzanie (3,5 Ma), Hadar en Éthiopie (3 Ma), l'Omo en Éthiopie (entre 4 et 1 Ma), le Turkana au Kenya (l'est et l'ouest du lac, même période que l'Omo mais avec des lacunes stratigraphiques) et Olduvai en Tanzanie (entre 2 Ma et 500 000 ans), va nous permettre ensuite de mettre en évidence une nouvelle crise environnementale (une sécheresse) entre un peu plus de 3 millions d'années (3,3) et un peu plus de 2 (2,4). Toutes les approches possibles (sédimentologie, paléopédologie, paléontologie des Invertébrés, paléontologie des grands et des petits Vertébrés, paléobotanique, palynologie) menées par mon équipe et moi-même durant dix années de recherches dans la vallée de l'Omo nous ont conduits à la reconnaissance tout à fait claire de cet événement. Nous avons vu l'Australopithèque que l'on appelle robuste (petit cerveau, mais corps puissant et denture spécialisée pour mastiquer une alimentation végétarienne fibreuse) et l'Homme (corps gracile mais gros cerveau et denture pour manger aussi bien des végétaux que de la viande) apparaître précisément à ce moment-là, sélectionnés de manière évidente par cette crise ; j'ai établi cette corrélation en 1975 et appelé ce scénario l'*(H)Omo event,* idée reprise à partir de 1985 par Elizabeth Vrba et publiée cette année comme une révélation par le *New Scientist* de Londres : « The climate that created Man ! »... De nombreux travaux de paléoclimatologistes (mesures d'enrichissement en O^{18} des foraminifères, mesures des proportions de deutérium et d'hydrogène, d'O^{18} et d'O^{16} dans le cycle atmosphérique de l'eau, du gaz carbonique, du méthane, des sulfates de la glace, etc.) ont établi, depuis, l'existence à la même époque d'un refroidissement global de la Terre dont la sécheresse de notre berceau n'est que la traduction locale.

Le bilan évolutif de notre superfamille prise en exemple dans ce cours apparaît ainsi comme un produit évident du bilan évolutif de l'environnement. L'établissement de la saisonnalité oligocène, le mouvement de la plaque africaine, la fermeture de la Téthys, l'ouverture miocène moyen du couvert forestier, la réactivation du rifting, la mise en place de la mousson, l'ouverture miocène supérieur du couvert boisé, le refroidissement du globe et l'ouverture pliocène supérieur de la savane sont autant d'événements qui contraignent, par sélection (au moins en partie), nos ancêtres à se transformer. L'environnementalisme explique donc les Hominoïdés, les Hominidés, l'Homme : sans ces circonstances, ces formes n'auraient eu aucune raison d'apparaître. Il est intéressant de suivre ensuite, à partir des premières pierres taillées des Australopithèques, le développement « insidieux » d'un autre environnement, l'environnement culturel ; et la manière dont, enveloppant petit à petit puis complètement l'Homme, c'est désormais lui qui reçoit les sollicitations du milieu naturel et qui se transforme pour s'y adapter. L'Homme y perd ses instincts, mais y gagne sa liberté.

Je m'en voudrais d'oublier que le 23 janvier, à la fin du cours, Dominique Praz, conteuse genevoise, est venue, à mon invitation, montrer, par quelques récits mythiques empruntés à diverses cosmogonies, comment les autres Hommes (que les scientifiques) racontaient notre origine : c'était merveilleux au sens propre, insolite et plein de charme.

1990-1991
L'ENVIRONNEMENTALISME, APPROCHES ET MÉTHODES

Le cours a été consacré à ce que j'ai appelé, dès l'an dernier, « L'environnementalisme », c'est-à-dire *la lecture de l'évolution des Hominoïdés à la lumière de l'évolution de leur environnement.*

Le parcours 1989-1990 avait été celui, à très grands pas, de la chronique des événements jalonnant les 40 derniers millions d'années : le programme 1990-1991 a consisté, quant à lui, à agrandir l'image d'un seul de ces événements (avec évocation de celui d'avant et de celui d'après), celui de 3,3-2,4 millions d'années, en autres termes l'événement qui a fait naître l'Homme.

Le cadre géographique et stratigraphique dans lequel a été réalisée pour la première fois la démonstration de cette corrélation entre l'évolution des Hominidés (l'apparition du genre *Homo*) et l'évolution du milieu (la crise climatique qui lui fut contemporaine), le bassin de la basse vallée de l'Omo en Éthiopie, a d'abord fait l'objet d'une mise en place descriptive. Dans son ensemble, il englobe en fait cette basse vallée (rive droite) et ses abords orientaux (rive gauche), mais aussi toute la dépression du lac Turkana et ses importantes formations détritiques reconnues à l'est comme à l'ouest, quatre grandes régions donc qui ont été étudiées séparément, mais qui sont en train de se rejoindre en un seul domaine cohérent, grâce à la compréhension chimique et radiométrique de leurs dépôts volcaniques. La séquence de plus d'un kilomètre de puissance de la rive droite de la basse vallée du fleuve Omo, avec ses 104 tufs interstratifiés, n'en demeure pas moins la plus extraordinaire, la plus complète, la plus continue, la mieux exposée, et de loin la mieux étalonnée de toutes les colonnes sédimentaires de ces dépôts et des dépôts des autres bassins voisins éthiopiens, kényens ou tanzaniens, celle où, de toute façon, la découverte qui nous occupe a été faite et publiée, d'où le nom d'*Événement de l'(H)Omo* (ou *(H)Omo Event*) donné à l'émergence de notre genre.

Le groupe de l'Omo, réparti sur les 4 derniers millions d'années, réunit toutes les formations déposées sur la rive droite de cette basse vallée, les plus importantes étant, de bas en haut, celle de Mursi, d'environ 4 millions d'années ou un peu plus, celle de Ngalabong, de 3,5 à 4 millions d'années, celle désormais fameuse de Shungura, de 800 000 ans à 3,6 millions d'années, et celle d'Usno, corrélée avec les trois premiers membres de la formation de Shungura (2,7 à 3,6 Ma). D'autres formations contemporaines de celles-ci ou un peu plus vieilles et géographiquement proches sont aussi évoquées.

Un certain nombre de groupes de grands Mammifères fossiles livrés par ces formations, l'ordre des Proboscidiens, celui des Carnivores, les familles des Rhinocerotidae, des Suidae, des Equidae, des Bovidae, des Hippopotamidae, sont alors interrogés quant à leur signification environnementale. Tous nous apprennent, de manière étonnamment convergente, que les dates de 6 à 8 millions d'années d'une part (première construction de la calotte glaciaire antarctique), de 2 à 4 millions d'années d'autre part (première formation de la calotte arctique), de 1 million à 1,5 million d'années enfin, sont celles d'événements écologiques et biologiques incontestables ; un renouvellement faunique survient il y a 6 à 8 millions d'années qui met en place la faune est-africaine endémique dite éthiopienne avec, par exemple, l'apparition de *Dinotherium, Anancus, Stegotetrabelodon, Primelephas, Brachypotherium, Ancylotherium, Hexaprotodon, Nyanzachoerus* et… *Australopithecus*[34] ; un autre changement se manifeste vers 2 à 4 millions d'années, qui voit disparaître *Primelephas, Anancus, Stegotetrabelodon,* mais apparaître *Loxodonta, Elephas, Kolpochoerus, Notochoerus, Hippopotamus et… Homo*[35]. Enfin, vers 1 à 1,5 million d'années, l'Afrique orientale frissonne, *Dinotherium* s'éteint, *Australopithecus*[36] aussi et *Homo habilis* devient *Homo erectus.* À côté de ce découpage chronologique, tous ces animaux racontent en outre l'évolution des paysages de plus humides à beaucoup plus secs, le long de phylogénies incroyablement parallèles (*Nyanzachoerus syrticus-Nyanzachoerus kanamensis-Nyanzachoerus jaegeri* ; *Notochoerus euilus-Notochoerus capensis-Notochoerus scotti* ; *Metridiochoerus jacksoni-Metridiochoerus nyanzae-Metridiochoerus andrewsi* ; *Kolpochoerus afarensis-Kolpochoerus limnetes-Kolpochoerus olduvaiensis-Kolpochoerus paiceae*), au fil de l'évolution et en l'occurrence de l'inversion de certaines associations (pour 100 Bovidae, 33 % de Tragelaphini avant 2 millions d'années, 3 % après ; 9 % d'Alcelaphini avant 2 millions d'années, 29 % après), et au cours de la transformation de certains organes (dents de moins en moins plissées et métapodes de plus en plus élancés des Équidés par exemple).

Le témoignage des Micromammifères – Rongeurs, Chiroptères, Insectivores, petits Primates, petits Carnivores –, associés parce qu'ils sont collectés grâce à des méthodes particulières mais aussi parce qu'ils représentent de bons indicateurs climatiques de niches souvent plus précises que celles qu'illustre la mégafaune, va dans la même direction que les grands Mammifères : au-delà de 3 millions d'années, savane arborée et forêt développée au point d'avoir encore des connexions avec les forêts de l'Afrique centrale, se lisent au travers des Muridae, Lorisidae, Pteropodidae, Emballonuridae, Hipposideridae : en deçà de 2 millions d'années, *Gerbillurus, Jaculus, Heterocephalus, Coleura, Thallomys, Aethornys,* dessinent un paysage ouvert aux conditions arides grandissantes.

La flore, plus tributaire du climat, va se révéler encore plus éloquente, si cela est possible ; elle sera représentée par des macrorestes (plans ligneux et fruits) et des pollens ; 74 espèces d'arbres et d'arbustes ont été reconnues dans les bois fossiles recueillis dans la basse vallée de l'Omo, 106 espèces, dont 45 arborescentes et 61 herbacées, dans les pollens. La leçon de la phytosociologie et celle de la palynologie sont les mêmes ; l'humidité et par suite la fréquence des arbres ont considérablement diminué entre un peu plus de 3 millions d'années et un peu moins de 2 millions ; prenons l'exemple de bons indicateurs d'humidité : *Celtis, Macaranga, Olea, Typha*. On voit, durant cette période, leur pourcentage passer respectivement de 45 %, 4 %, 16 % et 23 % à 0 %, 0 %, 6 % et 1,4 % tandis que, pendant le même temps, *Myrica,* indicateur de conditions sèches, passait au contraire de 0 % à 20 %.

Or, pendant ce changement flagrant de climat et d'environnement, et, bien sûr, à cause de lui, vont apparaître l'Australopithèque robuste et l'Homme, comme le Zèbre, le Stylochère ou le Phacochère. Mais bien des questions demeurent encore posées : pourquoi à cette crise assiste-t-on à une double réponse des Hominidés ? Pourquoi la même double réponse en Afrique de l'Est et en Afrique du Sud ? L'outil serait-il aussi un produit de la crise ? Et avec lequel des deux Hominidés apparaît-il, s'il n'est la création que de l'un des deux ?

1997-1998
LE TERRAIN, LECTURE DU SOL ET DU SOUS-SOL

L'idée du cours est simple : faire bénéficier les auditeurs d'une expérience d'un demi-siècle de prospections, sondages et fouilles. Ce cours a été divisé en trois parties : dégagement et fouille d'un monument, prospection et exploitation d'un grand site de plein air, nettoyage et fouille d'un remplissage en grotte. Pour ponctuer chacune de ces parties, j'ai fait appel à des compagnons de terrain : Jacques Briard, directeur de recherche au CNRS, pour les monuments, Jean Chavaillon, directeur de recherche au CNRS, pour les sites de plein air, Pierre Deletie, ingénieur à EDF, pour les grottes.

Les monuments traités comme exemple ont été les cairns de Carn et de Barnenez en Bretagne, que j'ai personnellement fouillés, et le cadavre naturellement momifié d'Otzi.

J'ai en effet eu la chance de participer, dans les années 1950, aux chantiers de fouilles des extraordinaires sépultures mégalithiques de Carn et de Barnenez en Bretagne, extraordinaires parce qu'elles étaient intactes lorsque nous les avons abordées, mais extraordinaires aussi parce qu'elles étaient les plus anciennes architectures monumentales connues au monde (7 000 à 8 000 ans).

Le cairn de l'île Carn, qui a 30 mètres de diamètre et 4 mètres d'élévation (des documents de 1910 lui donnaient pour ces dimensions respectivement 40 m et 8 m), était composé d'une très courte galerie murée aux deux extrémités et d'une chambre circulaire de 3,50 mètres de diamètre et 3,05 mètres de hauteur, du dallage de pierres plates à la clé de voûte (superbe voûte de pierres sèches en encorbellement) : des tessons provenant de pots de type chasséen à fond rond et quelques pièces de silex ont été recueillis dans la galerie et sous le dallage de la chambre.

Le cairn de Barnenez (en fait 2 cairns successifs accolés) est un monument unique dans tout le monde mégalithique par son ampleur (175 m de long, 40 m de large, 8 m de haut) et par suite par son contenu (11 dolmens à couloir de 10 à 15 m de longueur chacun dans le sens de la largeur du cairn – et de 1 m × 1 m de largeur et de hauteur de galerie et de 1 à 3 m × 3 à 4 m de diamètre et de hauteur de chambre). Les cairns se sont révélé avoir été très construits (jusqu'à 6 parements emboîtés parfois) et les dolmens, en pierres sèches ou en dalles, très décorés. Les gravures de Barnenez sont les plus anciennes connues de cet art [figurant essentiellement des écussons (idole), des haches, des bovidés, des crosses, des serpents, des pieds, des arcs et des sortes de réseaux] appelé carnacéen parce que le centre de son expression paraît bien avoir été la région du Morbihan comprise entre Arzon et Quiberon. La dimension des monuments et la qualité de leur architecture, le style et le contenu de leur ornementation révèlent une société religieuse puissante, hiérarchisée, qui déforeste, cultive, élève et construit très haut en matériaux durables.

La découverte dans le Tyrol, à 3 200 mètres d'altitude, d'un cadavre vieux de cinq millénaires d'un homme d'une cinquantaine d'années porteur de tous ses vêtements – pagne, guêtres, chaussures, chemise en peau de chèvre, cape en herbe et bonnet en peau d'ours – et de son équipement de voyage – hache en cuivre, couteau en silex, flèches et sac à dos – a entraîné une fouille de l'ordre de celle d'un monument.

Ces deux tumulus et cette momie ont donc été d'abord circonscrits ; des plans en ont été dressés, puis une fouille des abords et des monuments eux-mêmes a été menée dans le souci constant du repérage des objets ou des traces rencontrés (l'espace) et du relevé de stratigraphie éventuelle toujours possible (le temps).

Jacques Briard est venu le 18 février raconter ses quarante années de fouilles de tumulus bretons de l'âge de Bronze – entre 2 200 et 1 200 ans avant J.-C. – et les méthodes particulièrement précises qu'il a employées pour y recueillir les moindres éléments – objets en bois par exemple (coffres, tombes, troncs évidés) ou en or (placage de boîtes, clous, punaises), fragiles, les premiers parce qu'ils étaient décomposés, les seconds parce qu'ils étaient de très petite taille.

J'ai ensuite abordé la question de la recherche dans les sites de plein air, de leur prospection et de la gestion de leur exploitation ; j'ai pris les exemples du bassin du lac Tchad, du bassin du lac Turkana, de la gorge d'Olduvai, des petits bassins javanais, des terrasses de la haute vallée de l'Awash et des bassins de sa basse vallée, sites que j'ai tous fouillés.

Tandis que l'étude d'un monument est, en général, affaire d'archéologue, l'étude d'un site de plein air est affaire de naturaliste : il convient en effet de repérer et de circonscrire les bassins sédimentaires (avion, hélicoptère, couverture aérienne ou satellitaire), d'en apprécier l'âge géologique grâce au modelé géomorphologique ou bien sûr à la carte quand elle existe, d'en reconstruire la structure – puissance, tectonique, affleurements –, d'en évaluer la richesse paléontologique, paléoanthropologique ou préhistorique, et de discerner d'éventuels points de fouilles significatifs. Toutes ces opérations peuvent s'enchaîner rapidement si, ayant reçu une formation de géologue, surtout stratigraphe, un peu tectonicien, de zoologue, de botaniste (surtout palynologue), de paléontologue, de paléoanthropologue, de préhistorien, vous vous chargez de l'ensemble de l'expertise tout seul. Vous entrez ensuite dans la phase de récoltes et de fouilles, et il vous faut alors évidemment des études plus précises du contenant et des études plus spécialisées des diverses catégories de contenus, mais vous savez grâce à votre vision d'ensemble à quels collègues vous devez faire appel.

Quand j'ai commencé à travailler en janvier 1960 dans l'immense territoire sédimentaire compris entre les massifs de l'Aïr, du Tibesti et de l'Ennedi, et le fleuve Chari, je ne disposais alors que de cartes au 1/1 000 000e officielles et de minutes photogrammétriques officieuses au 1/100 000e ; je faisais mes routes à la boussole, aux étoiles ou au « pif » : Michel Brunet, parti sur mes traces quelque peu effacées après trente années de vents, de guerre et de sable, faisait en 1995 un point magistral au GPS à quelques mètres près. Ce ne sont pas moins les terrains et leurs configurations qui ont guidé mes prospections, mais ce sont aussi mes récoltes qui m'ont fait reconnaître et dater la plupart de ces terrains : ce sont par suite mes rapports de paléontologie qui ont permis par exemple au service tchadien dit de l'agropastorale, qui ne disposait pas auparavant de cartes géolologiques suffisamment précises, de creuser des puits pour agrandir les zones de pâturage à chameaux ; ce sont mes rapports d'archéologie qui ont permis, par exemple, à la mission hydrogéologique de connaître la vitesse moyenne (car elle n'est évidemment pas constante) d'assèchement du Sahara (le lac Tchad est passé de 300 000 km^2 il y a 3 000 ans, à 20 000 il y a 30 ans et à 3 000 aujourd'hui).

Dans le nord du bassin du lac Turkana (la basse vallée du fleuve Omo), c'est une tranche exceptionnelle de plus d'un kilomètre d'épaisseur, datée de près de 4 millions d'années en bas et de moins de 1 million d'années en haut et exceptionnellement basculée au point d'en porter la totalité à l'affleurement, que j'ai eu la chance d'exploiter pendant dix ans. Dix années qui m'ont fait recueillir 50 tonnes d'ossements de Vertébrés fossiles et d'énormes quantités de coquilles, bois, pollens, empreintes de feuilles, pierres taillées, etc., et qui m'ont fait mettre en évidence l'assèchement entre 2 et 3 millions d'années, m'ont fait corréler cette crise climatique avec l'origine du genre *Homo* et celle des Australopithèques dits robustes (grosse affaire ignorée dix ans par la communauté scientifique internationale, « empruntée » dix ans après sans références et très « mode » aujourd'hui), m'ont permis de mettre au jour les plus vieux outils de pierre taillée du monde (toujours ignorés), etc.

Dans la basse vallée de l'Awash ou les bassins indonésiens, la prospection et les chantiers ont ressemblé à celle et ceux de l'Omo ; à Hadar, les affleurements sont seulement moins puissants et moins étendus (moindre pendage) ; à Java, c'est la seule saignée du fleuve Solo qui les recoupe.

Olduvai est aussi une saignée, mais une saignée qui ouvre généreusement 100 mètres de dénivelé sur 13 kilomètres et, à la différence des sites précédemment envisagés, une superbe succession de sols d'occupation humaine de 2 millions d'années à quelques milliers. Quant à Melka Kunturé, il n'a rien à envier à Olduvai quant à la richesse, au nombre et à la diversité de ses habitats, répartis dans le temps à peu près de la même manière ; la différence entre les deux gisements tient au fait que ce site ne les offre pas en stratigraphie simple, mais sur ou dans des terrasses emboîtées.

Jean Chavaillon a été la ponctuation de cette section des fouilles des sites de plein air ; il nous a rendu visite le 1er avril 1998. De manière à la fois très réaliste et très poétique, Jean Chavaillon nous a d'abord dit combien, pour lui, les sites de préhistoire que l'on fouille lui apparaissent comme les fresques du film *Roma* de Fellini qui s'éteignent au fur et à mesure qu'on les découvre : on voit beaucoup de choses en décapant, on en conserve bien peu au terme de l'exploitation. Puis il a insisté à juste raison sur l'importance du discernement nécessaire au choix de la fouille à ouvrir, sur l'importance des marqueurs dans la lecture des coupes, sur celle de la recherche de l'origine et par suite de l'antiquité des matériaux (en en marquant les positions par des bâtons !), et tout ceci en illustrant son propos de multiples images de ses propres chantiers en Éthiopie, à Djibouti, au Burundi, etc.

Le troisième épisode du cours a concerné la fouille en grotte, fouille aux méthodes évidemment comparables à celles des sites envisagés précédemment, mais dans un contenant un peu particulier entraînant une meilleure conservation du contenu dans des conditions taphonomiques spéciales. J'ai présenté successivement des exemples de lecture de stratigraphie, de taphonomie, de surfaces d'occupation, d'ichnologie, de contenant et de ses marques humaines visuelles ou sonores.

La stratigraphie, parfois scellée par épisodes par des effondrements du plafond ou des parois, est difficile à décrypter car de peu d'épaisseur par rapport aux accumulations subsidentes des grands bassins ; le ruissellement, les courants d'air, l'érosion éolienne peuvent en outre perturber la sédimentation qui risque aussi d'avoir été en partie lessivée, dissoute, cryoturbée, etc. L'exemple donné est le remplissage des fissures des karsts sud-africains, Sterkfontein, Kromdraai, Swartkrans et Makapansgat où je me trouvais dès le début des années 1960 et Gladysvale où je me suis rendu au début des années 1990, pièges naturels et dépôts de chasse de grands carnassiers aboutissant à la constitution de brèches bourrées d'ossements. À Sterkfontein, 5 niveaux ont été par exemple péniblement distingués, les Australopithèques venant peut-être de 2, sûrement de 4, les Hommes peut-être de 4, sûrement de 5, les uns et les autres ayant pu être des proies.

La taphonomie en grotte est particulière puisque ces contenants, recevant, comme on l'a vu, une sédimentation incontestable, n'en reçoivent pas moins les ingrédients de surfaces d'occupation ; ils représentent en eux-mêmes en effet, par périodes, des repaires ou des abris d'animaux (Hyènes, Ours, Renards, Léopards) et des habitats ou des sanctuaires d'Hommes.

À Swartkrans, en Afrique du Sud, Bob Brain a (très) imaginé des Léopards consommant des gibiers dans des arbres juste au-dessus de la grotte, d'où un système de vide-ordures occasionnel... et c'est ainsi que les Australopithèques auraient « atterri » (c'est le mot) dans le remplissage de cette grotte-là : mais cela n'explique évidemment pas la raison pour laquelle on les a trouvés dans huit autres grottes dans exactement les mêmes conditions de dépôt ! Ceci étant dit, les grottes ayant souvent été des repaires naturels, notamment de prédateurs, il est normal qu'on y rencontre leurs déchets, c'est-à-dire en l'occurrence les ossements reliefs de leurs captures. Ce rôle de tanières est d'ailleurs attesté par ailleurs par de multiples empreintes laissées sur les sols ou sur les parois, pas, ébats, roulades, griffades ; la science qui s'occupe de ces marques se nomme l'ichnologie et fera l'objet du séminaire de l'an prochain.

L'Homme des cavernes, comme son nom l'indique abusivement, a donc lui aussi utilisé ces grottes, leur auvent comme habitat, leur profondeur comme temple. Les habitats se servent souvent du toit de l'entrée de la grotte comme double toit et de ses murs comme points d'appui. Une hutte de 40 000 ans (Chatelperronien) s'adossait ainsi à la paroi de la grotte du Renne à Arcy-sur-Cure : 11 trous pour y planter des défenses de mammouth en circonscrivaient en pointillé le contour à ouverture sur l'extérieur ; au Lazaret[37], une vaste cabane de 11 mètres de long sur 3,50 mètres de large, s'appuyait de la même manière contre la paroi de la grotte ; son mobilier et les restes de son propriétaire accusent un âge de plus de 100 000 ans ; une ceinture de pierre en marquait les limites tandis que deux concentrations charbonneuses en occupaient l'intérieur, foyers remplis de déchets alimentaires entourés de litières probables d'algues (présence à leur emplacement de petits gastéropodes marins qui leur sont inféodés) recouvertes de peaux de loup (griffes de loup aux franges des deux litières). Quant aux sanctuaires, ils sont connus à partir de 40 000 ans, lorsque gravures et peintures en ornent les parois à des endroits où parfois les stalactites sonnent mieux et les voix portent plus, mais on a récemment décrit aussi des traces profondes de rituels attribuables à des Neandertaliens d'avant la gravure. Ici encore l'ichnologie joue un immense rôle, identifiant les empreintes du pas des Hommes, mais aussi parfois des empreintes de leur corps donnant des informations sur leur morphologie, leur âge, leur poids, leur taille, certains de leurs comportements ; à Niaux, un enfant de 8 ans et demi (1 m 33, 27 kg) et un enfant plus âgé, 11 ans et demi (1 m 39, 30 kg) se sont rendus jusqu'à l'ensemble des niches à peintures ; à Fontanet, une personne avait un pied aux contours voilés, sans doute enveloppé d'une sorte de mocassin (12 000 ans) ; au Tuc d'Audubert, plus de 50 empreintes en cinq ou six files régulières révèlent des passages de jeunes marchant sur leurs talons ! Parfois encore, ce sont des « dessins au doigt » sur le sol, ressemblant à des brouillons, qui s'impriment sur les moulages des planchers d'argile, au pied des roches, porteurs des mêmes dessins gravés cette fois au silex, etc.

Pierre Deletie a donc été le point d'orgue de ce troisième épisode ; c'est le diagnostic des terrains qu'il nous a proposé, en nous décrivant un tas de méthodes mesurant un tas de choses dont la somme, dit-il, peut être significative. Les mesures qui peuvent être électriques (courant alternatif très puissant), gravimétriques, magnétiques, sismiques cherchent toujours à déceler des différences dans les caractéristiques des matériaux « sondés », mais ces anomalies peuvent révéler aussi bien des contacts géologiques ou des failles que des cavités avec ou sans remplissages ; il faut alors affiner la mesure (microgravimétrie de détail, par exemple), puis intervenir directement par endoscopie ou véritable sondage. À Zhoukoudian, site de l'Homme de Pékin, où nous avons travaillé ensemble, Pierre Deletie et moi-même, nous en sommes au stade compris entre l'établissement de la carte des anomalies (mission EDF sous l'autorité de Marc Albouy) et les premiers forages de ces anomalies pour en mieux comprendre la signification[38].

1998-1999
LE PEUPLEMENT DES ÎLES

« Dans notre imaginaire, écrit Patrick Blandin dans l'avant-propos du catalogue de l'exposition *Îles*, montée au Muséum national d'histoire naturelle en 1997, elles sont [les îles] l'ailleurs que l'on atteint au risque de la mer : mondes autres, espaces de différence. »

Les îles, concept biogéographique par excellence, sont en effet à la fois, de manière paradoxale, sources de conservation et sources d'innovation.

La première des îles que nous étudierons est l'Australie. Pour en comprendre les peuplements, il faut se souvenir de l'histoire géologique du Gondwana ; il y a 185 millions d'années, au Jurassique inférieur, l'Australie faisait avec l'Amérique du Sud, l'Afrique, l'Arabie, Madagascar, l'Inde et l'Antarctique une seule masse continentale ; l'Afrique et l'Arabie s'en sont détachées les premières, et puis Madagascar et l'Inde. L'Australie restait pendant ce temps attachée à l'Antarctique et liée à l'Amérique du Sud. À la limite du Crétacé et du Paléocène, il y a 65 millions d'années, la coupure Amérique du Sud-Antarctique Australie est consommée : à l'Oligocène, vers 25 millions d'années, Australie et Antarctique se séparent à leur tour, donnant à l'Australie son insularité actuelle.

Et il faut se souvenir aussi de l'histoire biologique des Mammifères ; des Protothériens ou Monotrèmes naissent, au Crétacé, vers 100 millions d'années, les Métathériens ou Marsupiaux en Amérique du Nord et les Euthériens ou Placentaires en Eurasie. D'Eurasie, les Euthériens se déploient vers l'Afrique et les Amériques et d'Amérique du Nord, les Métathériens se déploient vers l'Europe, l'Amérique du Sud, l'Antarctique, l'Australie. Au moment de la séparation Amérique du Sud-Antarctique et Australie, les Marsupiaux sont passés, mais pas les Placentaires, d'où ce développement étonnant sans compétition des Marsupiaux en Australie, de manière d'ailleurs curieusement parallèle aux développements que connaîtront les Placentaires dans le reste du monde.

L'Australie est une île superbe de 7 500 000 kilomètres carrés. Les Marsupiaux s'y divisent en Dasyures, Kangourous et Koalas, montrant à la fois la belle créativité de la nature autour d'un même thème et en même temps ses limites dans la fantaisie puisque les niches des Dasyures sont celles des Carnivores, les niches des Kangourous, celles des Ongulés, les niches des Koalas, celles de Mammifères arboricoles.

C'est par voie maritime que l'Homme, vers 60 000 ans, arrive à son tour en Australie. Il va y laisser deux grandes cultures successives, un outillage fait de gros grattoirs sur éclats, de choppers et de chopping tools d'abord, un outillage de plus petite taille, fait de pointes foliacées, de lames, de burins, de couteaux, beaucoup plus élaboré ensuite.

Madagascar sera notre deuxième exemple d'insularité. Séparée de l'Afrique (dont elle est distante de 450 km) depuis 133 millions d'années, et séparée de l'Inde depuis 85 millions d'années, Madagascar se caractérise en particulier par une riche population de Primates strepsirhiniens que l'on désigne à tort sous le nom global de Lémuriens, arrivée d'Afrique par radeaux il y a une cinquantaine de millions d'années. Comme pour les Marsupiaux australiens, l'absence de concurrence sur place a permis à ces Primates de se diversifier en s'adaptant à de très nombreuses niches écologiques et d'y atteindre de surprenantes convergences parfois avec les Haplorhiniens. On y distingue les Lorisoidea (Lorisidae, Galagidae et Cheirogaleidae) partagés avec le continent africain, les Lemuroidea (Lemuridae) et les Indrioidea (Indriidae, Archaeolemuridae éteints, Palaepropithecidae éteints, Megalapidae, Daubentoniidae) strictement malgaches.

Venu sans doute par la même route, le peuplement humain de Madagascar ne semble pas dépasser 1 500 ans.

L'Amérique du Sud, dans sa période de séparation de l'Amérique dite du Nord et de l'Antarctique, s'est aussi comportée comme une île à très fort endémisme. Les Primates, arrivés d'Afrique en radeau à l'Oligocène (*Branisella boliviana* a 27 Ma), ont développé sur ce continent une radiation homogène exemplaire, car sans concurrence directe, divisée seulement en Cebidae et Atelidae, mais représentant par contre un superbe éventail de pointures (de 100 g pour le Marmoset à 10 kg pour le Singe araignée). Les Xénarthres, arrivés d'Amérique du Nord au début du Tertiaire, ont développé de leur côté, grâce à leurs spécialisations étroites et à leur métabolisme faible, un ensemble très original de formes cuirassées (Tatous,

Glyptodontes) et non cuirassées (Fourmiliers, Glossothérium, Mégathérium, Mylodons).

Après ces trois cas d'insularité océanique, le premier exemple d'insularité continentale choisi a été, bien sûr, celui de l'Afrique orientale, cette province que la Rift Valley a véritablement séparé du reste de l'Afrique et de l'Arabie (l'ouverture de la mer Rouge date de 12 Ma). La Rift (faille) Valley, c'est évidemment un effondrement, mais c'est aussi une orogenèse de près de 1 000 mètres pour certains blocs dès 8 millions d'années. L'insularisation, ce que j'ai appelé l'*East Side Story,* c'est, il y a 8 millions d'années, la raison de la bifurcation la plus importante de ces Primates supérieurs qui nous intéressent, Grands Singes à l'ouest, Hominidés dans la province orientale.

L'étape suivante, datée de 4 millions d'années et due à un pic de sécheresse, se traduit chez les Hominidés de l'île est-africaine par une division dichotomique entre un préhumain bipède et arboricole (Lucy) et un autre, bipède exclusif (*A. anamensis)* et, hors de l'île, par un déploiement de ces Hominidés vers le sud et vers l'ouest accompagnant celui de leur environnement (événement que j'ai appelé *The Crossing of the Rift*[39]). Les Proboscidiens, *Anancus, Stegotetrabelodon, Primelephas,* présents à Lukeino (6 à 7 Ma), disparus à Kanapoi (4 Ma), tandis qu'y apparaissent les Éléphants, donnent une intéressante démonstration de l'existence de cet événement qui voit sans doute s'éteindre *Ardipithecus* et naître *Australopithecus.*

II y a 3 millions d'années, un nouveau sérieux coup de sec permet aux Australopithèques de poursuivre leur dichotomie, *A. afarensis* se robustise en Afrique de l'Est *(Zinjanthropus)* et en Afrique du Sud (*Paranthropus*), tandis que *A. anamensis* s'hominise probablement en Afrique de l'Est seulement. C'est l'*(H)Omo event* mis en évidence dès 1975 grâce à la séquence sédimentaire exceptionnelle de la vallée de l'Onto.

Cet exemple de l'Afrique orientale est particulièrement riche d'enseignements ; les notions d'îles, d'apparition et d'extinction d'espèces, de déploiement et de développement parallèles d'autres espèces, de périodes de passage, s'y lisent de manière tout à fait claire.

Le deuxième exemple d'insularité continentale, intimement lié à l'histoire de l'Homme et que j'ai appelé la *West Side Story,* est celui de l'Europe : l'histoire de son peuplement humain est en effet typiquement insulaire.

L'Homme est arrivé en Europe, comme en Asie, vers 2,5 millions d'années. Et il s'y est trouvé piégé par le développement des glaciers (du nord, des Alpes, du Caucase) ou, au moment de leur fonte, par la montée du niveau de toutes les eaux (Caspienne, mer d'Azov, mer de Marmara, mer Noire reliées). Il y a donc subi une dérive génétique que l'on a appelée neandertalisation et que l'on pourrait très bien nommer européanisation.

Ce phénomène n'a pas toujours été bien compris, car la neandertalisation a poussé comme poussent les boutons : les caractères de la dérive ne sont pas apparus tous en même temps, même chez tous les individus d'une même population. Comme, par ailleurs, avec souvent une arrière-pensée quelque peu européocentrique, on a confondu plésiomorphies et apomorphies (prenant des caractères hérités anciens, pas encore dérivés neandertals, pour des caractères modernes dérivés *sapiens*), on a fabriqué avec certains fossiles européens la population *présapiens*, origine de l'Homme d'aujourd'hui – et on continue à le faire (*Homo antecessor* espagnol). En fait, tous les Hommes fossiles d'Europe sont des Hommes de Neandertal, évidemment d'autant plus dérivés qu'ils sont plus récents.

Les plus anciens restes humains connus en Europe ont 800 000 ans (Gran Dolina) ; les plus récents restes, attribuables à Neandertal, 25 000 ans (Zafarraya, Gilbraltar, Saint-Césaire) ; entre 800 000 et 25 000 ans s'est donc développée sous nos yeux cette dérive exemplaire, illustrée par au moins 262 individus et qui a fait couler tant d'encre : silhouette massive, masse musculaire puissante, front et menton fuyants, gros bourrelet sus-orbitaire, grande face à orbites et cavité nasale vaste, aux côtés fuyants, crâne en bombe, boîte crânienne allongée au volume encéphalique important.

Cette dérive aurait été jusqu'à la spéciation. *Homo sapiens sapiens* serait arrivé du Proche-Orient (où d'ailleurs Neandertal avait reflué depuis longtemps) il y a moins de 50 000 ans, cohabitant puis prévalant à terme sur Neandertal.

Tandis que se développait cette dérive à l'occident de l'Eurasie, s'en développait une symétrique à son orient. Le peuplement humain y était arrivé vers les mêmes dates ; et pour les mêmes raisons de succession de glaciations et de périodes interglaciaires, en l'occurrence de Yo-Yo des eaux, ce peuplement s'était trouvé, sur certaines terres, piégé par une barrière océanique. À Java, par exemple, le peuplement d'origine, apparemment *erectus*, a développé par isolement une dérive génétique qui en a fait un *H. erectus* très particulier. On pourrait reprendre le vieux terme d'Eugène Dubois, Pithécanthrope, et nommer pithécanthropisation cette dérive pour la distinguer des autres – ce qu'elle mérite –, et la mettre d'autant mieux en parallèle et en miroir avec la neandertalisation occidentale. Comme les Pré-Neandertaliens deviennent Neandertaliens dans leur isolement européen, l'Homme de Java se fait Homme de la Solo dans son isolement indonésien, avec d'ailleurs un phénomène d'évolution parallèle très troublant chaque fois, comme la cérébralisation croissante avec le temps chez Neandertal, Solo et *sapiens*, en dépit de leur séparation de longue durée.

C'est encore un Proboscidien qui va nous confirmer l'isolement javanais ; un Stégodonte, *Stegodon trigonocephalus*, arrivé à Java vers 1,3 million d'années, va en effet y développer des stades ou sous-espèces successifs singuliers, *Stegodon trigonocephalus praecursor*, *Stegodon trigonocephalus trigonocephalus*, *Stegodon trigonocephalus ngandongensis*, avant de se trouver à nouveau, vers 60 000 ans, en compétition avec des formes venues du continent.

Le premier *Homo sapiens sapiens* de Java, comme celui de l'Europe, arrivera lui aussi du continent asiatique aux environs de 50 000 années.

L'insularité, comme on l'a vu, est donc créatrice de nouvelles niches écologiques et de nouvelles formes vivantes pour occuper ces niches. Un trait original de l'insularité parmi d'autres, mais qui mérite une certaine attention, est la propension qu'y contractent les espèces à changer de taille[40].

Un certain nombre d'ordres se trouvent en effet volontiers atteints, dans ces conditions d'isolement, de nanisme ou de gigantisme ; certains autres ordres, au contraire, y sont beaucoup moins sensibles. Parmi les ordres sensibles, citons les Proboscidiens (Stégodontidés, Élephantidés), les Artiodactyles (Suidés, Hippopotamidés, Cervidés, Bovidés), les Xénarthres (Mégalonychidae), les Rongeurs ; parmi les moins sensibles, énumérons les Périssodactyles, les Primates, les Carnivores. Parmi les Proboscidiens, par exemple, ce sont surtout les Stégodontes qui ont colonisé les îles du Sud-Est asiatique et les Éléphants, les îles de la Méditerranée ; c'est le nanisme qui les a affectés, qui s'y est réalisé de manière étonnamment répétitive et parallèle. Parmi les Rongeurs, des formes des Antilles, mais aussi des Baléares, des îles grecques, etc., se font remarquer et c'est le gigantisme qui les affecte : le Caviomorphe *Amblyrhiza inundata* atteint par exemple la taille d'un ours !

Le nanisme peut être très fort (*Elephas falconeri* de Sicile est plus de quatre fois plus petit que l'Éléphant antique dont il est issu) ou beaucoup plus limité (*Hippopotamus pentlandi* de Malte ne représente que le quart de l'*Hippopotamus amphibius*, son ascendant continental). Ces formes naines ou géantes représentent aussi soit des copies agrandies ou réduites à l'échelle, soit des formes aux proportions différentes (différentes longueurs par exemple, différentes longueurs de segments ou de certains segments des pattes). Mais ce phénomène, bien que parfois sans lien apparent avec l'insularité, demeure tout de même une de ses manifestations les plus spectaculaires.

Nous arrêterons ici ce cours sur l'histoire passionnante du rôle des îles dans la spéciation et par suite dans celui du développement de la biodiversité – et, pour les Hommes, de la culturo-diversité –, en même temps que dans les rôles de la conservation précieuse de formes très anciennes. On a vu les Marsupiaux, les Lémuriens, les Xénarthres se développer comme nulle part ailleurs dans des terres isolées sur lesquelles ils n'avaient pas de compétiteurs ; on a vu, grâce à l'isolement d'une province, naître notre famille et notre propre genre, et se différencier de manière toujours originale certaines de ses espèces. Gageons que l'isolement prochain de colonies humaines (ou animales et végétales) sur des planètes de notre système stellaire ou, à plus forte raison, d'un autre, nous réserve de merveilleuses nouvelles démonstrations de la puissance génétique et environnementale de ce mode d'évolution péripatrique.

La culture

1996-1997
QUI FIT QUOI, QUAND, POURQUOI, COMMENT ET OÙ

Le titre du cours était évidemment destiné à réfléchir sur les rapports, s'il y en a eu, entre les divers Hominidés et les divers types d'outillages. Il a été dédié à la mémoire de Mary Leakey, préhistorienne britannique tout récemment disparue.

C'est par une réponse au premier terme de la proposition qu'a logiquement commencé l'exposé ; une révision de tous les Hominidés (*sensu stricto*) s'imposait en effet, ne serait-ce que pour identifier les taxons reconnus et, du même coup, la ou les filières artisanales. C'est forcément le point de vue auquel nous accordons une préférence qui a été présenté, discuté mais retenu, décrivant de vrais Hominidés au sens strict dès 8-9 millions d'années avec ce qui allait devenir quelques mois plus tard *Samburupithecus* et, à plus forte raison, avec la dent de Lukeino de 6-7 millions d'années, avec les restes de Lothagam de 5-6 millions d'années, avec ceux de Tabarin de 4-5 millions d'années, et avec ceux d'Aramis de 4,4 millions d'années, placés par Tim White et coll. sous l'appellation générique et spécifique particulière d'*Ardipithecus ramidus*. Il est amusant d'entendre d'ailleurs Tim White déclarer après cette étude, c'est-à-dire en 1996 : « *It is now possible to strongly predict that remains of the last common ancestor will be found in sediments between 4.5 and*

6.0 Myears », plus de trente ans après les découvertes de Lukeino et de Lothagam rapidement comprises, même s'il y a eu et s'il y a toujours débat au sujet de leur véritable nature (de toute façon, il y a aussi débat au sujet de la nature d'*Ardipithecus*). Ce n'en est pas moins une déclaration (mais tout de même clairement postdiction) qui a le mérite, pour la première fois, de s'appuyer sur près de 50 spécimens d'une même localité prise en sandwich entre deux tufs et par suite tout à fait bien datée. Ajoutons, pour plus de précision, que si la localité d'Aramis est éthiopienne, celles de Samburu, Lukeino, Lothagam, Tabarin sont kényennes.

À partir de 4 millions d'années, les données s'éclairent ; deux taxons en effet se partagent alors l'Afrique de l'Est, *Australopithecus afarensis* aux membres inférieurs instables et aux membres supérieurs solides (Belohdelie, Laetoli, Maka, Hadar), et *Australopithecus anamensis* aux membres inférieurs stables et aux membres supérieurs libres (Kanapoi, Allia Bay, Hadar). Cela signifie que le territoire était occupé par un bipède arboricole et par un bipède exclusif. Belohdelie, Maka, Hadar sont des sites éthiopiens, Allia Bay et Kanapoi des sites kényens, Laetoli un site tanzanien. Le premier de ces Australopithèques, qui semble avoir duré 1 million d'années, est peut-être à l'origine de *Zinjanthropus* (*aethiopicus*, puis *boisei*) et peut-être aussi à celle du mouvement des Hominidés vers le sud du continent (*Australopithecus sp.*, *Australopithecus africanus*, *Paranthopus robustus*), tandis que le second pourrait être à l'origine d'*Homo* (*rudolfensis*, puis *habilis*) et à celle du mouvement des Hominidés vers l'ouest (*Australopithecus bahrelghazali*). Mais une incertitude (parmi d'autres) demeure à propos du statut générique d'*habilis* et de *rudolfensis* et des relations phylogénétiques que ces taxons entretiennent entre eux et avec les Préhumains précédents. L'Homme, dès lors, c'est-à-dire dès qu'il est *Homo*, se déploie très vite à travers tout l'Ancien Monde ; il va y vivre une dérive génétique qui fera de lui un Homme de Java et un Homme de Neandertal.

Vers 50 000 ans, l'*Homo sapiens* qui s'était réalisé en Afrique et en Asie, se répandra en Amérique et en Australie où il n'y a personne, et en Indonésie et en Europe où il y a déjà quelqu'un. Ces Hommes modernes (appelés Wadjak en Indonésie, Cro-Magnon en Europe) coexisteront longtemps avec leurs prédécesseurs en ces lieux, avant de prendre définitivement l'avantage sur l'un comme sur l'autre (le dernier Homme de Java s'éteint comme le dernier Homme de Neandertal, entre 25 000 et 30 000 ans).

Après qui, voyons quoi.

Se démarquant de l'histoire de la paléoanthropologie, l'histoire de la préhistoire se caractérise par trois grands traits : elle est parfaitement continue ; elle fonctionne comme une boule de neige, ne perdant rien, agglutinant au contraire, sans cesse, des inventions nouvelles ; elle se diversifie enfin ; ne se contentant pas de s'accroître en volume, elle enrichit sa trousse à outils comme se multiplient les activités des Hommes – 63 types d'outils ont été par exemple listés pour le Paléolithique inférieur et moyen par François Bordes en Europe occidentale, 92 pour le Paléolithique supérieur.

Les plus anciens outillages connus au monde sont ceux réunis sous le terme de Shungurien par Jean Chavaillon et découverts sur la rive droite de la basse vallée du fleuve Omo en Éthiopie ; ils ont entre 3,3 et 2,3 millions d'années ; c'est une industrie majoritairement en quartz, de très petite taille et sur éclats qui compte, malgré son grand âge, quelques pièces à retouches (jusqu'à 5 % parfois) – lamelles, pièces à encoches, denticulés, burins.

Cette industrie est immédiatement suivie par celles des sites de Gona et Kada Hadar, en Afar éthiopien et par celle de Lokalelei sur la rive ouest du lac Turkana, au Kenya ; elles sont datées de 2,6 à 2,3 millions d'années, présentent des galets aménagés – nucleus à multifonctions, éclats et pièces incontestables – et pourraient être regroupées sous le nom de Hadarien, car c'est à Hadar (localité de l'Afar) qu'elles ont été découvertes et le mieux étudiées par au moins trois équipes différentes.

De tous ces outillages premiers, représentant d'ailleurs probablement plusieurs assemblages de plusieurs natures et de plusieurs cultures et encore mal connus, Hélène Roche (qui efface tout ce qui précède 2,6 Ma) dégage un concept de maladresse, de faiblesse des schémas conceptuels et opératoires, une mauvaise adaptation des gestes de taille à la matière première ; Samaw, Renuet, Harris, Felbel, Bernor, Fesseha et Mowbray, pour le Hadarien de 2,5-2,6 millions d'années bien daté, parlent au contraire de contrôle de la fracturation conchoïdale, de maîtrise de l'ensemble de la manufacture, traduisant une longue histoire antérieure. Souvenez-vous du cours sur le modèle vieillissant ; tout en retenant la simplicité des fabrications d'alors, comparativement à celles qui vont suivre, je ne prends pas beaucoup de risque en partageant l'idée d'un long passé technique antérieur à ces réalisations.

Il convient d'insérer ici un certain nombre d'autres outillages provenant de l'ensemble de l'Ancien Monde (Nord-Ouest africain par exemple, Pakistan, Chine, Massif central français, Andalousie), souvent mal datés et jamais étudiés de manière comparée. Certains pourtant atteignent ou dépassent les 2 millions d'années ; Hélène Roche n'en retient aucun, mais elle se trompe de rigueur.

Les outillages qui, chronologiquement, vont suivre, appartiennent à l'immense complexe oldowayen, qui pourrait d'ailleurs bien commencer avec le Hadarien pour s'achever aux abords des premiers bifaces – ce qui lui donne un âge compris entre 2,5 ou 2,6 millions et 1,5 ou 1,6 million. On y distingue après le Hadarien, une phase ancienne qui inclut les outillages bien décrits des beds 1 et 2 d'Olduvai en Tanzanie, de Melka Kunturé en Éthiopie et de Koobi Fora au Kenya (industrie dite KBS), et ceux moins publiés des rives du lac Turkana au Kenya ou des couches hautes de Sterkfontein au Transvaal et puis une phase plus avancée, dite Developed Oldowan en Tanzanie et Oldowayen évolué en Éthiopie.

C'est la grande période des galets taillés (ce qui ne veut pas dire que toute culture à base de galets taillés soit oldowayenne) au sein de laquelle on peut déjà distinguer des styles, des choix délibérés de matières premières, des tailles très élaborées en fonction des destinations qui leur sont attribuées, mais aussi des tailles élémentaires très opportunistes ; bien que les Hommes soient limités dans leurs aptitudes physiques et intellectuelles, ils n'en sont pas moins libres et révèlent, dans ces limites, leurs personnalités, leurs originalités, en plus de leurs réalisations stéréotypées.

Pour donner une idée de la richesse de la gamme de produits qu'ils sont alors capables de créer, je citerai la liste des objets répertoriés par exemple par Jean Chavaillon sur le site de Gomboré 1, à Melka Kunturé, en Éthiopie : choppers latéraux, distaux, ciseaux doubles, à troncature, à pointe, récurrents, périphériques, polyèdres, rabots sur galets, grattoirs, becs à encoches ou denticulés sur galets, trièdres, 5 types de percuteurs, 21 types d'outils sur galets, 6 sortes de nucleus, 11 types d'outils sur éclats, racloirs, grattoirs, outils à encoches, outils denticulés, pièces à retouches bifaces, sans compter quelques pièces en os.

Un aménagement du sol commence à se lire ; on distingue l'atelier (éclats, esquilles, déchets), l'aire de dépeçage (éclats, outils peu variés) et l'habitat proprement dit (plus grande variété de pièces, souvent de plus grande taille). Et, pour la première fois, certains de ces sols présentent des structures, abris ou huttes, paravents ou murs. Des restes de gibiers, gros gibier et petites proies, charognés ou chassés (techniques de chasse lisibles dès 1,8 Ma), peuvent être recueillis partout, sur les aires d'habitat et bien sûr de dépeçage.

Notons que les outillages dits de KBS (Est-Turkana, au Kenya), datés de 1,8 à 2 millions d'années, trouvent de nombreux points de comparaison avec l'Oldowayen le plus ancien mais aussi avec le Shungurien (continuité des cultures par-delà les artisans ?).

Lorsque l'Oldowayen s'affirme et s'enrichit de nouvelles pièces, il entre, d'ores et déjà, dans l'ère de l'objet symétrique, le biface, qui va naître en Afrique orientale dès 1,7 million d'années – mais il n'apparaîtra pas partout – pour ne s'éteindre dans certaines régions de l'Ancien Monde qu'il y a moins de 100 000 années.

Il est évident qu'une aussi longue période (1,5 Ma) a été subdivisée de manière générale (vague) et locale (plus précise) ; à Melka Kunturé, Jean Chavaillon, qui adopte le terme d'Acheuléen pour tous les outillages postoldowayens et pré-Middle Stone Age, distingue un Acheuléen ancien, plusieurs Acheuléens moyens, un Acheuléen supérieur et un Acheuléen final ; toutes ces industries qui conservent encore beaucoup d'éléments des complexes oldowayens, tels que des choppers variés et des polyèdres, offrent, en proportions grandissantes (notions de quantité et de fréquence) les deux types d'outils les plus caractéristiques de l'Acheuléen africain, le biface et le hachereau, auxquels s'ajoute évidemment une panoplie de plus en plus diversifiée de pièces retouchées de petite taille. Durant cet épisode technologique, où l'on voit successivement les choppers puis, de manière décalée, les bifaces réduire de plus en plus l'angle de leur tranchant, on assiste également à un progrès incontestable dans l'aménagement de l'espace ; les zones d'habitat vont désormais se distinguer des ateliers de taille et des aires de dépeçage.

Malgré l'évolution évidente des outillages de ces deux immenses ensembles dits Oldowayen et Acheuléen, évolution que l'on apprendra de mieux en mieux à lire, il demeure intéressant de noter la surprenante stabilité de leurs outils spécifiques, disons le chopper et le biface. Il faut dire que la tracéologie a permis depuis quelques décennies de mieux réaliser que ces outils étaient à usage multiple, chaque partie ayant même parfois son utilisation propre.

Dès 500 000 ans, la société atteint un degré de maturité suffisant pour découvrir et surtout adopter le feu, le percuteur tendre et la taille encore plus longuement prédéterminée que celle du biface en vue de l'obtention de l'éclat de la plus grande surface possible.

Puis on entre, en Europe par exemple, vers 250 000 ans dans ce que l'on nomme le Paléolithique moyen et vers 35 000 années dans le Paléolithique supérieur ; il est amusant, à cette occasion, de constater une fois de plus la longueur que l'on attribue généreusement aux commencements, parce qu'ils sont plus difficiles à décrypter ; on constate, en effet, que la durée du Paléolithique inférieur voisine les 3 millions d'années ! Mais, après tout, avant le Cambrien, qui doit avoir le demi-milliard d'années, s'étale le Précambrien qui en accuse 3,5 milliards !

Après avoir établi ces deux listes des artisans potentiels et des outils, s'impose l'exercice de leur mise en rapport : qui a fait quoi ?

Il n'est pas impossible du tout que certains Australopithèques aient été les tailleurs des tout premiers outillages, le Shungurien par exemple. Mais comme le Shungurien apparaît à certains comme un faciès local de l'Oldowayen, qu'un maxillaire d'*Homo sp*. vient d'être recueilli à Hadar dans un niveau d'au moins 2,3 millions d'années que 11 sites d'Olduvai montrent une association directe Oldowayen-*Homo habilis* (ou, en tout cas, ce qui est appelé comme cela par Phillip Tobias) et qu'un Oldowayen de 1,7 million d'années livre à Melka Kunturé un humerus d'*Homo erectus*, force est de reconnaître d'entrée une certaine indépendance à l'outil. Statistiquement, il n'en demeure pas moins vrai que ce sont les Hommes premiers, *Homo habilis* et *Homo rudolfensis* (si ce dernier existe), qui ont été les principaux tailleurs de choppers, mais ces hommes paraissent donc bel et bien avoir été précédés puis peut-être accompagnés dans cette maîtrise, par quelque(s) Australopithèque(s), comme il semble d'ailleurs qu'ils aient été suivis par des Hommes seconds, *Homo ergaster* et *Homo erectus*, sans que ladite maîtrise ait encore progressé.

De manière comparable, il est incontestable que l'*Homo erectus* semble bien avoir été le principal artisan des Acheuléens, le principal tailleur de bifaces, mais, comme on vient juste de le voir, les premiers des *Homo erectus* faisaient bel et bien partie de l'Oldowayen (Gomboré 1 à Melka Kunturé, par exemple), tandis que les derniers des bifaces étaient bel et bien fabriqués par des *Homo sapiens* (Garba III à Melka Kunturé, par exemple).

Il ne semble donc pas que la question d'attribution d'une industrie à un type d'Hominidé doive se poser en termes aussi rigoureux qu'il a été dit à une certaine époque ; Camille Arambourg, par exemple, déclarait dans les années 1960, qu'un style d'industrie ne pouvait correspondre qu'à un type d'organisation cérébrale : à l'Australopithèque, les galets aménagés, au Pithécanthrope, les bifaces, au Neandertal, les industries sur éclats et à Cro-Magnon, celles sur lames.

Des constatations de décalage entre Hommes et cultures ont été faites également dans les parties moyenne et supérieure du Paléolithique : on avait en effet attribué à Neandertal, les industries « grossières » à éclats du Paléolithique moyen et à Cro-Magnon tous les outillages raffinés à lames du Paléolithique supérieur ; mais voilà que Neandertal n'a plus 50 000 ou 100 000 ans, mais au moins 500 000, si ce n'est 800 000, *Homo sapiens* non pas 40 000, mais 500 000 et *Homo sapiens sapiens*, 200 000 ; voilà que c'est l'*Homo sapiens* et même *sapiens sapiens* qui fait l'outillage du Paléolithique moyen, qui comporte d'ailleurs parfois des lames, en Afrique du Nord par exemple ou au Proche-Orient, et voilà que c'est le Neandertal qui se trouve être l'artisan des premières inventions du Paléolithique supérieur (Chatelperronien). Une fois de plus, la recherche d'un rapport trop strict entre nature et culture s'avère donc décevante ; l'outillage est comme une couleur que l'on voudrait appliquer à une surface bien circonscrite et qui échapperait à ses limites et en déborderait de manière imprévisible. Le Moustérien de Neandertal est le Moustérien de Cro-Magnon ; le Paléolithique supérieur de Cro-Magnon (lorsque ce dernier est contemporain de Neandertal) est le Paléolithique supérieur de Neandertal.

Il est amusant, à propos de ces débordements, de constater que la culture est d'abord, pendant longtemps, en retard sur la nature et qu'ensuite c'est l'inverse qui se produit ; ce point d'inversion, que j'appellerai volontiers aussi le *seuil culturel d'inversion* ou *reverse point*, ne doit se placer que vers 100 000 ans. Il est particulièrement important car il situe le moment de majorité incontestable du libre-arbitre sur la réaction instinctive, les rapports de l'un et de l'autre ayant en fait évolué de manière continue comme un sablier.

Enfin, rappelons que, dans ces exemples de *qui* et *quoi*, nous n'avons évidemment jamais perdu de vue les *quand, pourquoi, comment* et *où*.

La paléoanthropologie, comme la préhistoire, étant une science historique, la datation est sans cesse au premier plan de nos préoccupations et on a vu ce qu'était avec le temps l'exponentielle de l'efficacité et de la diversité des outillages parfaitement traduite dans la disparité des classifications des Paléolithiques inférieur, moyen et supérieur.

Souvenons-nous en outre pour illustrer le *où* que la préhistoire signifie en fait mille et une cultures à chaque époque envisagée, à l'exception peut-être des quelques premières centaines de milliers d'années plus homogènes car moins dispersées.

En ce qui concerne le *pourquoi*, que nos disciplines sont tout à fait en mesure d'aborder contrairement à ce qui est frileusement dit parfois, il convient de différencier la raison pour laquelle les hommes fabriquent des outils, de plus en plus d'outils, des outils de plus en plus variés, de la raison pour laquelle un type d'Homme se met à fabriquer un certain type d'outils.

C'est une évidence de dire que le corps redressé libérant en partie, puis complètement, les mains de la locomotion, ces extrémités des membres antérieurs au premier rayon opposable ont pu se saisir d'objets : le développement du système nerveux central aidant, un beau jour, un Australopithèque a délibérément (ou par accident) changé la forme de ces objets pour les rendre plus efficaces pour accomplir les tâches auxquelles il les destinait ; et à partir de ce moment-là, Préhumains puis Hommes n'ont plus cessé d'agir sur le monde et de le *transformer* à leur profit. Et l'échange permanent *cerveau, main*, c'est-à-dire outils, et *langage*, c'est-à-dire société, n'a plus cessé de se faire, multipliant et diversifiant de manière autocatalytique et amplifiée les outils qui se sont conservés pour notre réflexion.

Les études de micro-usure des parties utilisées des outils ont permis quant à elles de répondre de mieux en mieux à l'autre *pourquoi*, passant de simples classifications construites sur les formes à des rangements solidement basés sur les fonctions ; grâce aux nombreuses expérimentations et à leurs examens au microscope optique ou même plus magnifiant, les cicatrices de la taille de la viande, de la peau, des cuirs, de l'os, du bois (de renne ou d'arbre), des plantes, mais aussi les polissages, les stries, les émoussés, les écaillures se sont en effet inscrits de telle manière dans l'outil que leur lecture a été celle des diverses activités évidemment croissantes des Hommes. Pour la première fois par exemple, on a pu dire à coup sûr qu'un grattoir avait gratté ou qu'un racloir avait raclé (ou pas) !

Enfin le *comment* a considérablement bénéficié des progrès des techniques de fouille ; lorsque l'on décape un sol sans déplacer quelque objet ou information que ce soit (en notant les plus « fugaces » d'entre elles, selon la terminologie d'André Leroi-Gourhan), on se trouve face à une page dont l'écriture est souvent abondante et bien conservée. Si un tailleur a débité sur place son galet ou son nodule et, mieux encore, utilisé au même endroit ce qu'il en a sorti, et si, par chance, il a été suffisamment désordonné pour tout laisser sur place, du nucleus au galet, éclat par éclat, on refera le film de son ouvrage à l'envers ; il suffira ensuite de le reprendre dans le sens de l'histoire pour retrouver les gestes, la réflexion, les techniques, le choix, le but, le degré de compréhension de la matière, de la forme, le degré d'habileté aussi, la réussite ou l'accident, etc. Et parfois, le *comment* s'écrira de lui-même, de manière si précise qu'il deviendra possible de différencier un grand tailleur d'un piètre artisan, un réfléchi d'un opportuniste, un maître d'un élève, voire un adulte d'un enfant. Parfois même, lorsque l'on a affaire à un même sol ne représentant qu'une durée réduite, il deviendra possible de donner des noms à certains tailleurs dont on reconnaîtra le coup de main, la technique, le style, voire la manie.

Le cours s'est achevé sur une tentative de démonstration du nouvel humanisme qui caractérise notre époque ; la préhistoire nous apporte en effet, on vient de le voir un peu, pour la première fois dans l'histoire de l'humanité, la connaissance de toutes les cultures de tous les Hommes depuis les premiers, tandis que l'ethnologie nous livre celle de toutes les cultures contemporaines ; l'Homme d'avant et l'Homme d'ailleurs sont donc à notre menu quotidien (radio, télé, ciné, expos, net, vidéo, CD, CD-Roms, journaux, livres) ; la simple lecture d'une brochure des spectacles de la semaine est à cet égard tout à fait significative. Et c'est ce qui fut fait avec un exemple pris à Paris la deuxième semaine de mai 1997 ; 266 expos y ont été notées, 158 films en exclusivité, mais aussi des livres, des concerts, des restaurants ; rien que dans les expos par exemple, nous nous sommes amusés à répertorier des sujets sur les cultures d'Algérie, du Tibet, du Nigeria, d'Océanie, d'Haïti, d'Inde, de Thaïlande, de Jordanie, du Yunnan et sur les cultures préhistoriques ou historiques du Cambodge, de Grèce (150 ans de fouilles), d'Europe (les Francs), de Syrie, du Soudan, de Paris.

L'histoire de nos sciences

1991-1992
L'HISTOIRE DE L'HISTOIRE DE L'HOMME

Le cours a porté, comme son intitulé redondant voudrait le suggérer, sur l'histoire de la science paléoanthropologique.

Or le fondement de cette histoire est évidemment, étant donné la nature de la discipline, le déroulement de la succession des découvertes des fossiles humains et le sens de cette succession, points d'appui des idées et des hypothèses de travail. Et cette histoire-là n'a que 162 ans, puisque c'est en 1830 que Philippe-Charles Schmerling, médecin à Liège, découvrait dans la grotte d'Engis (appelée Engis II), le tout premier crâne d'Homme fossile connu, celui que l'on appellera plus tard l'Homme de Neandertal. Dans ses *Recherches sur les ossements fossiles découverts dans les cavernes de la province de Liège*, ouvrage publié en 1833, ce premier paléoanthropologue de terrain (il avait fouillé 40 grottes en quatre ans !) déclarait d'ailleurs de manière tout à fait clairvoyante que cet Homme fossile était contemporain des Mammouths, des Ours et des Rhinocéros laineux dont on rencontrait les restes dans les mêmes remplissages : « J'ai fini par conclure, écrivait-il, que ces restes humains ont été enfouis dans des cavernes à la même époque, et par conséquent par les mêmes causes qui y ont entraîné une masse d'ossements de différentes espèces éteintes. » Le géologue britannique Charles Lyell se rendit alors à Liège, mais n'en revint pas convaincu ; quant au paléontologiste français Édouard Lartet, moins réticent mais néanmoins prudent, il écrivit, dès 1837 : « L'idée [de la contemporanéité de l'Homme et des animaux antédiluviens] n'a rien d'invraisemblable. » La découverte d'Engis ne recevra pourtant pas, en tout cas à cette époque, l'écho qu'elle méritait.

Vers 1848, un autre crâne de Neandertalien est découvert, celui-là par hasard, par des carriers à Gibraltar, lors de la construction des fortifications militaires de la ville ; la Gibraltar Scientific Society en fait état dans ses minutes datées du 3 mars 1848, mais ce n'est qu'en 1863 qu'un ethnologue anglais curieux, T. Hodgkin, de passage à Gibraltar, attire l'attention sur ce fossile. Cette pièce, très importante, n'entraîna pourtant pas non plus tous les commentaires qu'elle aurait pu inspirer.

Les ossements de Neandertaliens découverts en 1856, encore une fois par des carriers, dans une grotte de la vallée de Neander, auront, par contre, une tout autre destinée. Jetés avec les débris de la grotte, ils furent en effet rapidement récupérés par un instituteur voisin, le docteur J.-C. Fuhlrott qui les remit rapidement à un anatomiste, le professeur D. Schaaffausen. Schaaffausen les étudia, les présenta le 4 février 1857 à la Société de médecine et d'histoire naturelle du Bas-Rhin à Bonn et les publia dans la revue de cette société dès avril 1861. Et c'est ainsi que ce fossile, désormais célèbre, va devenir la première forme humaine à recevoir une distinction zoologique formelle, *Homo neandertalensis* (terme qui lui fut donné par William King du Queen's College de Londres en 1864).

Mais la communauté scientifique, on peut le comprendre, n'était absolument pas préparée à cette rencontre avec l'Homme fossile, et particulièrement avec celui-là qui représente – on ne le découvrira qu'un siècle plus tard – une forme très dérivée – la forme la plus dérivée que l'on connaisse – d'*Homo sapiens*[41]. Cette communauté va, par suite, à propos de ces quelques ossements, se déchirer des années durant, dans une controverse d'ailleurs pleine de fantaisies, pour savoir essentiellement si cet Homme est un cas isolé pathologique ou un représentant d'une espèce ou d'une « race » disparue. « C'est une créature dégradée, dit F. Mayer de Bonn ; ce pourrait être un Cosaque de l'armée du général Tchernitcheff qui a campé dans le voisinage avant de traverser le Rhin le 14 janvier 1814. » « Ces os ont appartenu à un homme âgé, qui a souffert de rachitisme enfant, de sérieuses blessures à la tête dans l'âge adulte et d'arthrite de nombreuses années avant sa mort », renchérit R. Virchov de

Berlin. Mais les Gaudry, Lartet, Lyell comprennent vite l'importance de la découverte et la réalité de cette forme fossile, et vont se trouver bientôt confortés par de nouvelles découvertes d'ossements de morphologie comparable, à La Naulette, dans la vallée de la Lesse, et à la Bètche-al-Rotche, à Spy, en Belgique, et à Krapina en Yougoslavie à la fin du siècle dernier, puis à La Chapelle-aux-Saints en Corrèze, à La Ferrassie et au Moustier en Dordogne, à La Quina en Charente, au début de ce siècle. Un climat profondément anticlérical règne alors en France, en train de vivre la décision de la IIIe République de séparer l'Église et l'État. Or ce sont, double ironie du sort, deux prêtres dans un lieu-dit La Chapelle-aux-Saints, qui vont à partir de 1908 relancer le débat sur la signification de l'Homme de Neandertal – dont on ne doute plus de la spécificité mais avec qui on refuse toute parenté – et sur la théorie de l'évolution. « L'anthropopithèque, écrit le journal *L'Univers* le 17 décembre 1908, serait de nouveau retrouvé. Vous savez : l'Homme singe, le fameux intermédiaire, qui faisait défaut aux partisans du transformisme ! Et puis, il faudrait s'en souvenir, un singe est un singe, un homme est un homme... On ne peut pas faire d'un chat un chien. » C'est Marcellin Boule, professeur de paléontologie au Muséum national d'histoire naturelle, qui va être chargé d'étudier le squelette en question ; son travail, tout à fait remarquable et qui paraîtra en quatre fois entre 1911 et 1913 dans les *Annales de paléontologie,* offrira en fait une juxtaposition de descriptions anatomiques de très grande qualité et de déclarations tout à fait « soumises » aux idées du temps ; « Je dois encore faire remarquer, écrit-il vers la fin du mémoire, combien les caractères physiques de Neandertal sont en harmonie avec ce que l'archéologie nous apprend sur ses aptitudes corporelles, son psychisme et ses mœurs. Il n'est guère d'industrie plus rudimentaire et plus misérable que celle de notre homme moustérien... l'absence probable de toute trace de préoccupation d'ordre esthétique ou d'ordre moral s'accorde bien avec l'aspect brutal de ce corps vigoureux et lourd, de cette tête osseuse aux mâchoires robustes et où s'affirme encore la prédominance des fonctions purement végétatives ou bestiales sur les fonctions cérébrales. » Or cette « méfiance » du Neandertal dure encore ; le débat sans fondement sur l'existence ou non chez cet Homme d'un langage articulé, l'image simiesque qu'en a donnée Jean-Jacques Annaud dans son film, par ailleurs remarquable, *La Guerre du feu,* ou l'entêtement de la presse et de certains chercheurs à voir dans le Yéti, l'Almasty ou autre Homme des neiges, velu et stupide, le dernier des Neandertals, en sont des preuves suffisantes.

Après les diverses découvertes d'*Homo sapiens neandertalensis*[42] et la reconnaissance lente mais progressive de son statut, c'est l'*Homo erectus* qui va faire son entrée en scène.

Et la découverte de cet Homme fossile va être curieusement préparée par la théorie : un naturaliste allemand plein d'idées, Ernst Haeckel, déclare, en effet, dans un certain nombre d'ouvrages parus à partir de 1865, qu'il a existé un « Singe humain » qu'il nomme *Pithecanthropus alalus* (le Singe Homme muet) sur un continent, la Lemuria, étendu de l'Afrique à l'Indonésie et aux Philippines, en passant par l'Inde et Madagascar, aujourd'hui effondré et englouti sous les eaux de l'océan Indien. Un jeune médecin hollandais, Eugène Dubois, passionné par ces lectures, va s'engager en 1887 pour un contrat de huit ans dans le Medical Corps de l'armée des Indes néerlandaises orientales pour aller chercher ce fossile... et il va le trouver : il découvre en effet, à Java, un crâne fossile, quelques ossements et quelques dents à Wadjak dès mai 1890, un fragment de mandibule à Kedung Brubus en novembre 1890, une dent, une calotte crânienne, un fémur et une autre dent à Trinil, respectivement en septembre et octobre 1891, août et octobre 1892. Il décrit les premiers comme récents et « proto-australiens », les derniers comme anciens et correspondant au fossile prédit par Haeckel ; il l'appellera *Pithecanthropus erectus* (le Singe Homme debout) et dira de lui qu'il « est bien, sans aucun doute, un intermédiaire entre l'Homme et les Singes... un très vénérable Homme-Singe représentant un stade dans notre phylogénie ».

Mais Dubois ne parviendra pas à convaincre ses collègues et il se montrera lui-même à son tour particulièrement sceptique devant le statut accordé aux découvertes ultérieures d'*Homo erectus* en Chine et en d'autres sites de Java.

Juste trente ans après la découverte de la première dent de *Pithecanthropus erectus* (*Homo erectus*), en 1921 donc, Otto Zdansky, jeune Autrichien envoyé en Chine par le paléontologiste d'Uppsala, le professeur Carl Wiman, recueillait, en effet, à Chou-Kou-Tien (désormais Zhoukoudian), près de Pékin, la première dent de ce qui allait devenir le *Sinanthropus pekinensis* (l'Homme chinois de Pékin) (*Homo erectus* également). Zdansky ajouta dans les années suivantes deux autres dents à sa première découverte et présenta pour la première fois l'ensemble de ces fossiles en 1926, à une réunion à l'occasion de la visite officielle à Pékin du prince héritier de Suède, président du Comité suédois de recherches en Chine. L'annonce de cet « Homme de Pékin » eut un grand retentissement et retint en particulier toute l'attention d'un Canadien, Davidson Black, professeur d'anatomie au Peking Union Medical College, au point que ce dernier, travaillant sur photos, en publia cette année-là, sans vergogne, la description dans *Nature* et *Science*. Otto Zdansky nommé professeur au Caire, Davidson Black décida de reprendre lui-même la fouille et demanda à la Fondation Rockefeller un important crédit qu'il obtint, et il ouvrit ce nouveau chantier dès Pâques 1927. Six mois de travail et 3 000 mètres cubes remués le conduisirent à la mise au jour d'une nouvelle dent qui, jointe aux autres, lui permit un baptême formel du taxon fossile, baptême qu'il lui tardait de donner : « Le spécimen nouvellement découvert montre, dans le détail de sa morphologie, un nombre de caractères intéressants et uniques, suffisants pour justifier la proposition d'un nouveau genre d'Hominidés. » Et ainsi naquit *Sinanthropus pekinensis* (Black et Zdansky).

Fort de ce résultat, Davidson Black demanda à nouveau qu'on le subventionnât, découvrit un certain nombre de dents et, en 1929, le premier crâne qui se trouve être étonnamment similaire à celui de Trinil. Davidson Black mourut en 1934, bientôt remplacé par Pierre Teilhard de Chardin, rejoint lui-même par l'Autrichien Franz Weidenreich. En 1937, le bilan de cette moisson était impressionnant : 14 crânes, 11 mandibules, 147 dents, 7 fémurs, 2 humérus de cet *Homo erectus* de Pékin, etc., étonnante collection qui va curieusement disparaître en 1941 (après avoir été fort heureusement étudiée et moulée) lors d'un déplacement à l'intérieur du territoire chinois destiné à la sauver. De nouvelles fouilles à Chou-Kou-Tien ont eu lieu depuis qui ont ajouté de nouveaux fossiles humains aux deux premières décennies de recherches.

Après avoir été soupçonné, fustigé, rejeté, l'*Homo erectus* de Java avait fini par se faire admettre et lorsque apparurent les premiers restes d'*Homo erectus* de Chine, cette forme fossile était à peu près reconnue ; il a fallu la publication de l'outillage recueilli dans les mêmes couches pour faire réapparaître, bien que déplacé, le même problème de réticence à admettre ces ancêtres, au fur et à mesure de leurs découvertes et quels qu'ils soient : « Influencé par les traits primitifs du Sinanthrope et par la faiblesse relative de sa capacité cérébrale, Marcellin Boule, écrit Jean Piveteau en 1957, ne croyait pas qu'il ait pu en être l'auteur [de cet outillage]. Il supposait qu'en même temps et au même lieu, avait vécu un homme véritable, sachant tailler la pierre... et qui du Sinanthrope aurait fait sa proie. »

Malgré encore quelques opinions déviées – l'*Homo erectus* ne serait pas, par exemple, un ancêtre, mais un descendant sans descendance de l'Australopithèque robuste, ou bien encore une forme africano-asiatique mais sûrement pas européenne, etc. –, on reconnaît aujourd'hui, dans l'ensemble, la place d'*Homo erectus* dans notre filiation et on admet bien sûr parfaitement sa capacité à savoir tailler la pierre !

Enfin, après les aventures d'*Homo erectus* vinrent celles, tout aussi rocambolesques, d'*Australopithecus*. Le géologue R. B. Young rapporta un jour d'octobre 1924 à son collègue le jeune Raymond Dart, professeur d'anatomie à l'École de médecine de la Witwatersrand University de Johannesburg, un petit crâne de Primate, d'un remplissage d'une fissure des calcaires de Taung dans le Bechuanaland. Dart nettoya le crâne de sa gangue de brèche, le décrivit, le baptisa *Australopithecus africanus* (le Singe de l'Afrique australe) et le publia dans *Nature* en février 1925, en en faisant, en s'appuyant sur deux ensembles de caractères qui marquaient, disait-il, une avancée incontestable sur les Grands Singes (dents et cerveau), une forme fossile ancestrale – la « pénultième » phase de l'évolution humaine. Dart, dans cet article, se montrait naïf, excessif, partisan, mais tout à fait clairvoyant. Inutile de dire qu'une fois de plus une telle déclaration n'entraîna que scepticisme, désaccord et rejet, et que Dart ne reçut pas à Londres l'accueil qu'il souhaitait : « La réaction [fut] plus de critique que d'adoration de leur ancêtre potentiel », écrit-il alors.

Les regards étaient en effet tournés vers un tout autre fossile qui avait l'avantage de présenter ce que les paléontologistes attendaient. Depuis qu'Arthur Keith avait en 1910 réétudié le squelette humain découvert au lieu-dit Galley Hill, à l'est de Londres – squelette redressé, à grand cerveau et doté des aires cérébrales du langage articulé –, et qu'il l'avait considéré comme du Pléistocène inférieur, l'Homme moderne apparaissait comme très ancien et Neandertal et Pithécanthrope comme dégénérés. Or, en décembre 1912, Arthur Smith Woodward, annonçait la découverte faite près de Piltdown Common dans le Sussex par un géologue amateur, Charles Dawson, de restes d'un nouvel Homme fossile qu'il nommait *Eoanthropus dawsoni* (l'Homme de l'aube de Dawson). Comme cet Homme, au crâne volumineux mais à la mandibule de Grand Singe, semblait être associé à une faune du Pléistocène ancien, voire du Pliocène, les anatomistes se sont trouvés bien évidemment tentés de suivre Arthur Keith dans ses idées sur l'extrême antiquité de l'homme moderne et de croire que si l'homme fossile avait bien conservé quelque temps les stigmates de son ascendance simienne (mandibule), il n'en avait pas moins acquis, depuis très longtemps, un gros cerveau dans un crâne quasi actuel. On comprend mieux pourquoi la présentation du crâne de Taung, à la denture humaine et au cerveau petit, à l'image donc inversée par rapport à l'image théorique, ne pouvait alors retenir l'attention des milieux scientifiques compétents. Les Australopithèques ont, depuis, comme on le sait, « fait leur chemin », et se sont solidement installés dans le statut que Raymond Dart leur avait attribué dès 1925 ; quant au fossile paradoxal de Piltdown, il avoua, en 1950 seulement, aux tests de fluorine réalisés par Kenneth Oakley, qu'il était composé d'un crâne d'Homme moderne et d'une mandibule d'Orang-outan également contemporaine (le taux de fluor s'accroît avec le temps, or les Vertébrés fossiles pliocènes de Piltdown se révélaient contenir 3,1 % de fluor, l'*Eoanthropus,* 0,2 % et le squelette de Galley Hill, 0,3 %).

Ce cours aura ainsi montré, au fil de l'histoire de la discipline, les difficultés qu'ont eues tous les fossiles humains sans exception à se faire reconnaître et admettre à leur juste place. Et pourtant, ils ont été mis au jour – Neandertal, 1830 ; Pithécantrope, 1891 ; Australopithèque, 1924 – dans l'ordre inverse de leur ancienneté !

1995-1996
DES HYPOTHÈSES, DE LEUR USAGE ET DE SES LIMITES

L'idée du thème du cours m'est, bien sûr, venue de la découverte à 3 000 kilomètres à l'ouest de la Rift Valley, dont j'avais fait depuis plus de dix ans, dans mes hypothèses, une barrière naturelle Hominidés (à l'est)/Panidés (à l'ouest) de restes d'Australopithèques de 3 à 3,5 millions d'années. Il m'a semblé intéressant de réfléchir, à cette occasion, à ce que sont les hypothèses de travail, comment elles naissent, comment elles vivent et font avancer la recherche, mais aussi comment elles s'éteignent et se font remplacer.

Je me suis servi d'une récente enquête de *L'Express*, publiée le 3 août 1995, sur « Ce que l'on ne sait pas », pour ouvrir ce cours en présentant les questions que seize « savants » se posent – un bel échantillon dans sa qualité et sa diversité – et les hypothèses qu'ils élaborent pour tenter de les résoudre.

Il se dégage en effet de ces seize déclarations quelques très intéressants points communs : le constat auquel on pouvait s'attendre de la complexité des choses, d'où, bien sûr, la justification de la spécialisation et, par voie de conséquence, l'apparence dérisoire des préoccupations des « savants » pour le public lorsqu'elles ne lui sont pas expliquées : Jean Delumeau se demande par exemple s'il a bien recensé toutes les « Vierges au manteau », Jacqueline de Romilly si un texte attribué à Xénophon est bien de lui, Pierre Rosenberg si un Poussin est bien un Poussin... Paul Veyne aimerait connaître le revenu annuel par habitant dans l'Empire romain des trois premiers siècles de notre ère, Marc Fumaroli pourquoi Madame de Montespan protégeait La Fontaine, Hubert Reeves comment il se fait que l'énergie du vide ne courbe pas l'espace, et moi-même quel Australopithèque est à l'origine de quel Homme ! Il est facile de comprendre la perplexité, voire l'embarras d'un public à qui l'on demanderait, sans préparation, ce qu'il pense de ces recherches. Son intérêt irait évidemment d'abord au court terme : faut-il retarder le vieillissement (Étienne Baulieu), conserver l'anonymat du don du sperme (Jacques Testart), pourrait-on prévoir les séismes (Xavier Le Pichon), traiter le sida (Luc Montagnier) ? Puis, avec les questions suivantes, un deuxième degré serait sans doute atteint : quels sont les mécanismes de l'évolution (Yves Coppens), comment et pourquoi se sont formées les galaxies (Hubert Reeves), doit-on agir sur la mémoire en perturbant le tri psychologique des souvenirs (Étienne Baulieu), quelle aire du cerveau travaille et quand (Jean-Pierre Changeux) ? Enfin, avec un dernier lot d'interrogations, un troisième degré pourrait être rejoint : pourquoi ce sens et cette cohérence de l'Univers (Yves Coppens, Hubert Reeves), cette prédisposition du cerveau au jugement moral (Jean-Pierre Changeux), y aurait-il un niveau d'intégration de la vie, au-delà de ceux des cellules, des tissus, des organismes et des sociétés, dont nous n'aurions pas conscience (Luc Montagnier) ?

De ces réflexions se dégage la constatation de la nécessité pour une société d'avoir atteint une certaine maturité pour être capable de se poser certaines questions : même si on avait eu plus tôt l'idée de la tectonique des plaques, on n'aurait pas eu les moyens de la vérifier (Xavier Le Pichon) ; la première insémination artificielle a été réalisée en 1780 et la première fécondation *in vitro* en 1978 alors qu'elle était possible dès 1950 (Jacques Testart) ; la découverte des propriétés de l'argile cuite a été réalisée dès 25 000 ans, alors que ces qualités n'ont été appliquées à la fabrication de contenants que 15 000 années plus tard (Yves Coppens), la souffrance psychique qui s'exprimait naguère par des paralysies, se traduit par exemple encore aujourd'hui par des insomnies, des dépressions ou des troubles digestifs (Édouard Zarifian), etc. Le très intéressant problème de l'adaptabilité des méthodes se pose par suite.

La première hypothèse proprement dite étudiée par le cours a été celle que j'ai émise il y a déjà quinze ans et qui est connue sous le nom de l'*East Side Story*.

La communauté des paléoanthropologues pensait en effet en 1980 que le berceau de l'Humanité – le moment où les Hominidés au sens étroit (et faux) se sont séparés des autres phylums de Primates supérieurs – couvrait les régions intertropicales de l'Ancien Monde et devait se situer aux environs de 15 millions d'années. Mais, en 1982, lors d'un congrès, *Ramapithecus* et les siens se sont trouvés retirés de la famille ! La situation du berceau s'est alors considérablement contractée dans le temps et l'espace ; il convenait désormais de penser à l'origine de notre filiation en termes d'Afrique, exclusivement, et d'Australopithèques, c'est-à-dire d'ancêtres de moins de 10 millions d'années. Comme par ailleurs Gorilles et Chimpanzés (africains) se révélaient être nos cousins les plus proches, une solution simplette m'a immédiatement (pendant le congrès de 1982) sauté aux yeux ; la carte d'Afrique montrait en effet une aire de distribution des Australopithèques séparée de celle que Gorilles et Chimpanzés occupent aujourd'hui et devaient occuper depuis longtemps puisque aucun de leurs restes n'avait été découvert dans le secteur Australopithèque, et cette carte montrait par ailleurs que, telle l'épée de Tristan et Iseult, la Rift Valley matérialisait cette séparation. Il convenait donc de gérer cette contradiction : Panidés et Hominidés se trouvaient être génétiquement si proches qu'on ne pouvait que leur concevoir des ancêtres communs et ils se trouvaient en même temps séparés les uns des autres dans la nature.

Or la science est logique – on pourrait d'ailleurs inverser la proposition ; son raisonnement autorisait donc cet enchaînement prémonitoire ; à ancêtres communs, milieu commun, d'une part ; mais si la descendance de ces ancêtres est divisée, c'est que quelque chose a fait que le milieu l'a été. Or la lecture de travaux antérieurs de géophysiciens, paléontologistes, paléobotanistes, paléoécologistes, paléoclimatologistes a conforté avec bonheur mon nouvel éclairage : vers 8 millions d'années, en effet, disent ces travaux, le « rifting » s'est incontestablement réactivé – fossé et muraille –, entraînant un important changement écologique : à partir d'une forêt ancestrale, le paysage s'est ouvert à l'est et les moussons sont nées.

Comme tous les naturalistes du monde disent que, pour qu'il y ait spéciation, il faut qu'il y ait, à partir d'une grande population, isolement d'une petite, l'Afrique orientale, entre Rift et océan Indien, me paraissait bien répondre à ce modèle d'un foyer péripatrique à partir d'une vaste patrie équatoriale transafricaine.

Aujourd'hui, l'état des lieux suggère donc cette bifurcation essentielle vers 8 millions d'années, en Afrique intertropicale : une rapide diversification des formes d'Hominidés en fonction des bassins et des couverts avec, dès 5 millions d'années, au moins deux voies, l'une jalonnée par *Ardipithecus ramidus* (à moins que ce genre ne représente une autre route), *Préaustralopithecus*[4] *afarensis*, *Zinjanthrropus aethiopus*, *Zinjanthropus boisei*, de milieux plus arborés, ayant conservé longtemps, aux côtés de leur bipédie trottante, un arboricolisme agile, puis ayant inventé corpulence dissuasive et denture à manger des végétaux plus coriaces, l'autre par *Australopithecus anamensis* [décrit à Kanapoi et à Allia Bay, mais présent aussi discrètement (A. L. 333 29 ; W 33 ; 4 ; X 26 ; 101) à Hadar, aux côtés de *Préaustralopithecus*[4] *afarensis*] *Homo rudolfensis*, *Homo habilis*, *Homo ergaster* de milieux plus ouverts, ayant acquis très vite une bipédie exclusive, puis ayant inventé gros cerveau et denture à manger de tout. Toute cette partie de l'histoire, de sa glorieuse origine à son accouchement de l'Homme, est très probablement est-africaine, mais il est certain que la progression vers le sud, le centre et l'ouest du continent du front des savanes dès 4 millions d'années a dû entraîner le déploiement dans les mêmes directions de leur contenu : d'où des Australopithèques, *Australopithecus africanus*, *Paranthropus robustus* dès 3,5 millions d'années en Afrique du Sud (avec le souvenir de l'abduction de l'hallux à leur arrivée et la reproduction parallèle du modèle est-africain dissuasif et casse-noisettes au moment du changement climatique de 2,5 Ma), et *Australopithecus bahrelghazali* dès 3,5 millions d'années en Afrique centrale (avec le souvenir de la triradiculie des prémolaires et de la morphologie massive de la canine).

L'*East Side Story*, pour le moment, conserve donc sa vertu d'explication « parcimonieuse[43] » ; il n'est cependant pas besoin d'être grand magicien pour dire qu'un jour prochain, elle devra s'effacer devant une hypothèse tenant mieux compte de nouveaux paramètres encore ignorés. Au cœur d'une histoire certainement beaucoup plus complexe, il en restera probablement quelque chose, la corrélation des événements tectoniques, écologiques et biologiques ne pouvant pas être que coïncidence.

Avant l'*East Side Story*, la quête des origines de l'Homme avait été dominée pendant vingt ans par le complexe Rama-Siva-Kényapithèques ; l'éclairage de cette source, généreuse puisqu'elle était à la fois ancienne (une bonne quinzaine de millions d'années) et qu'elle était largement répartie sur toute la zone intertropicale de l'Ancien Monde, avait été suscité par Elwyn Simons, alors professeur à Yale. Les découvertes de Louis Leakey à Olduvai venaient en effet d'attirer l'attention sur le Pliocène et le Pléistocène ancien (le crâne type de *Zinjanthropus boisei* avait été mis au jour en 1959 et daté pour la première fois de manière absolue en 1961) : un nouvel examen du seul Primate pliocène connu par ailleurs, *Ramapithecus*, conservé à Yale, s'imposait donc. C'est G. E. Lewis qui en fit la première découverte en 1932 (un maxillaire recueilli par la Yale North India Paleontological Expedition). Elwyn Simons écrivait en 1961 (de manière claire, mais quelque peu « tordue ») : « C'est illogique de penser que cette forme appartient à un groupe de Grands Singes inconnu, parallèle aux Hominidés, alors qu'il se trouve dans les bons niveaux et les bons endroits pour représenter un avant-coureur des Hominidés pliocènes. » À partir de cette annonce, Elwyn Simons, bientôt rejoint par David Pilbeam, s'efforce de distinguer *Ramapithecus* et les siens des Primates supérieurs antérieurs, les Dryopithèques, et des Primates supérieurs suivants, les Australopithèques ; l'un et l'autre conduisent en même temps une révision exhaustive de tous les restes de Primates fossiles datant de ces années. Simons, en 1979, précise ainsi que les Ramapithèques se situent entre l'Espagne et l'Himalaya, et entre 13 et 7 millions d'années. Quant à Pilbeam, il déclare en 1978, que les Australopithèques remplaçant les Ramapithèques dans les habitats ouverts, peuvent avoir évolué à partir de ceux-ci.

Notons, bien sûr, avec sympathie, l'enthousiasme de ces deux collègues lorsqu'ils déclarent que les jets d'objets dont sont coupables les Ramapithèques se trouvent être tout à fait comparables à ceux des Australopithèques ou des Hommes, ou que, vivant sur le sol où l'union fait la force, ces Primates devaient être bipèdes, au moins de façon occasionnelle, et se réunir en groupes sociaux importants chez qui gestes et cris constitueraient un vaste répertoire pour une communication élaborée entre les individus – *contra* Darwin, la réduction de la taille des canines aurait donc précédé l'outil.

C'est la découverte par la Yale, puis Harvard, Peabody Museum Siwalik Research Project, sous la direction de David Pilbeam, d'une face de Primate supérieur « *quite Orang-like* », durant sa campagne 1979-1980, et sa publication en 1982, qui sonne l'arrêt de ces deux décennies de domination des Ramapithèques et renvoie la réflexion à moins ancien et mieux circonscrit, balle que je saisirai donc sans l'avoir voulu immédiatement au bond.

Avant qu'Elwyn Simons ne revoie donc en 1961 le matériel fossile attribué ou attribuable à *Ramapithecus* et ne fasse de ce Primate le plus vieil Hominidé, une autre hypothèse, particulièrement appréciée par les partisans inavoués de l'origine européenne des Hommes, avait prévalu pendant les vingt années précédentes (comme si la durée de vie d'une hypothèse sur notre origine ne pouvait excéder vingt ans !) : elle tenait en effet pour le rôle vedette de premier Hominidé l'*Oreopithecus* toscan.

Le héros de ce règne éphémère fut Johannes Hürzeler du Muséum de Bâle. Hürzeler avait en effet repris, à la fin des années

1940, l'étude de ce Primate décrit dès 1872 (par Paul Gervais), proposant que dans le mélange incontestable de caractères de Singes à queue et d'Anthropomorphes que présente l'Oréopithèque, les premiers de ces caractères soient plésiomorphes, les seconds, ceux nouvellement acquis. Et, comme chez tout auteur passionné et convaincu, on suit alors, sous sa plume, la progression de moins en moins critique de sa pensée : en 1949, l'Oréopithèque est tout simplement un Anthropomorphe ; en 1954, il est engagé, sur plusieurs plans, dans la voie des Hominidés et doit être rangé parmi ces derniers. Pour en savoir plus, Hürzeler se rend sur le terrain, ce qui est tout à fait ce qu'il faut faire ; en 1954, de nouveaux restes de ce fossile sont extraits d'une mine de lignite à Baccinello, et Hürzeler est là pour les recueillir, mais la mine ferme ; en 1956, les mineurs fondent une coopérative et reprennent l'exploitation ; Hürzeler en profite pour y ouvrir des fouilles systématiques, et bien lui en a pris puisqu'elles furent couronnées de succès dès le 2 août 1958 : un squelette quasi complet d'Oréopithèque apparaît alors en effet dans le toit d'une des galeries. Sa préparation puis son étude vont être menées au Muséum de Bâle, tambour battant, révélant beaucoup de traits jusqu'alors inconnus, allant dans le sens de l'hypothèse d'Hürzeler (face courte, os nasaux proéminents, menton arrondi, bassin large et court, symphyse pubienne courte, vertèbres lombaires robustes et au nombre de 5, etc.) et un certain nombre d'autres s'opposant à cette hypothèse (longueur des os du membre supérieur par exemple). Hürzeler va bien sûr tenir compte de tout cela dans ses nouvelles conclusions, mais de manière différentielle : « Il est possible de reprocher à ce malheureux être fossile de la Toscane, écrit-il, son état de brachiateur mais, si ce trait l'oriente dans une spécialisation certaine, il n'en conserve pas moins cette somme de caractères fondamentaux, cet éventail de traits primordiaux qui prennent parti d'eux-mêmes et aboutissent irrémédiablement à la conclusion exprimée. Je suis contraint de classer Oréopithèque parmi les Hominidés. »

Depuis cet acte de foi, les opinions se sont à nouveau éparpillées, faisant surtout plonger le phylum des Oréopithecidae (dont on a reconnu des formes dans le miocène d'Afrique orientale) au plus profond des origines catarrhiniennes ; c'est une solution d'attente confortable que connaissent (bien) les paléontologistes.

Après avoir passé en revue ce dernier siècle de recherche de prétendant à notre paternité, *Oreopithecus*, *Ramapithecus*, *Australo-*

pithecus, le cours s'est amusé à démonter l'hypothèse du « *very ancient modern looking ancestor* » ou hypothèse de l'inquiétude.

Cette recherche est née de la rencontre avec Neandertal dont le faciès remplissait d'effroi ; comme on ne pouvait évacuer cet Homme fossile de malheur, il fallait imaginer deux lignées, l'une belle, la nôtre, l'autre difficilement présentable, la neandertalienne. Alors on cherche *sapiens* partout et de préférence dans les niveaux antérieurs à Neandertal. Et c'est la longue théorie des vrais Hommes modernes mal datés (La Denise, Moulin Quignon, Galley Hill, Kanam), des vrais Hommes fossiles mal interprétés (Swanscombe, Fontéchevade, mais aussi Saccopastore, Steinheim, Ehringsdorf, La Chaise), et même des faux Hommes fossiles injectés (Piltdown), qui avait l'avantage de permettre de se débarrasser non seulement de Neandertal (brutal), mais aussi du Pithécanthrope (d'un intellect bien pauvre) qui, depuis sa découverte dans la dernière décennie du XIXe siècle, n'avait guère non plus rassuré. Il convient, bien entendu, de distinguer, dans toutes ces tentatives, les véritables supercheries, heureusement exceptionnelles (Piltdown, 1911-1915), et les mauvais devoirs d'amateurs sans beaucoup d'esprit critique (Boucher de Perthes pour Moulin Quignon, 1863) ou de savants entêtés (Arthur Keith pour Galley Hill, 1910-1912 ou Louis Leakey pour Kanam, 1932-1935), des véritables hypothèses très rigoureusement construites (les Présapiens d'Henri Victor Vallois, 1958).

Il semble, en fait, que les caractères considérés comme modernes des « *Homo sapiens* » d'avant les Neandertals, soient des caractères plésiomorphes, conservés chez l'Homme moderne. Il est en effet amusant de constater que cette population de Présapiens, qui était censée avoir donné naissance à l'Homme de Cro-Magnon (moderne), disparaissait complètement dès que l'Homme de Neandertal était réalisé et donc, bien avant que Cro-Magnon n'apparaisse. On a bien compris désormais que la neandertalisation était un superbe exemple de dérive génétique ; les Hommes fossiles d'Europe qui en avaient bénéficié se chargeaient de plus en plus, avec le temps et de manière statistique, de traits dérivés ou autapomorphies ; un vieux Neandertal (Swanscombe, Fontéchevade, Steinheim, etc.) a une allure forcément plus moderne qu'un Neandertal plus récent, plus chargé de caractères neandertaliens. Il n'y a pas eu, en Europe, d'Hommes modernes avant l'arrivée de Cro-Magnon, il y a une quarantaine de milliers d'années.

Enfin, il m'a paru intéressant de terminer le cours en puisant deux exemples de successions d'hypothèses dans la préhistoire plus récente : j'ai choisi l'interprétation des rupestres européens du Paléolithique supérieur et celle des alignements mégalithiques armoricains que je connais particulièrement bien.

L'art préhistorique occidental est d'abord présent, bien circonscrit dans le temps – de 36 000 à 10 000 ans – et dans l'espace – du Périgord à l'Oural, en passant par la Suisse, l'Autriche, l'Italie, la République tchèque, l'Allemagne et bien démarqué des autres grandes écoles artistiques préhistoriques. C'est un art qui surgit au moment d'un interstade et d'une nouvelle humanité, avance lentement, atteint un apogée, puis s'éteint au moment du passage des oscillations glaciaires à une plus grande stabilité tempérée ; ni narratif ni réaliste, cet art, tantôt figuratif, tantôt abstrait (quand on ne sait pas le lire au premier degré), est en fait un art symbolique, projection d'une conception religieuse.

Il est par suite amusant d'en suivre l'histoire de l'interprétation ; dans les années 1870-1880 (Édouard Piette), le figuratif était de l'art pour l'art, l'abstrait la signature ; dans les années 1900-1920, l'abstrait devait, grâce à un comparatisme ethnologique, se concrétiser (huttes, pièges, blasons) ; dans les années Breuil, les animaux figurés l'étaient pour être envoûtés, pour assurer aux chasseurs leur possession magique ; et puis, dans les années Leroi-Gourhan, une vision d'ensemble est tentée : il s'agirait d'un système reposant sur l'alternance, la complémentarité ou l'antagonisme de valeurs mâles et femelles, système étonnamment inchangé sur des milliers d'années et dont on saisit parfaitement l'ordre, même s'il n'est pas toujours rationnellement proposé, sans en saisir évidemment le sens.

Le calendrier à ciel ouvert vieux de six millénaires des six alignements d'Erdeven (1)-Plouharnel (1)-Carnac (3)-La Trinité-sur-mer (1), réunissant des milliers de menhirs en champs de 1 000 mètres × 100 mètres d'une douzaine de files chaque fois, sur une quinzaine de kilomètres d'ouest en est, est à son tour décrit comme un joli exemple de stimulateur d'hypothèses.

En 1750, « les pierres de Carnac sont une suite et un effet de bouleversements que la Terre a soufferts » (Bourreau Deslandes) ; en 1756, c'est « un champ de bataille où l'on eût voulu honorer la mémoire de ceux qui y avaient péri » (de Robien) ; 1770, ce sont « les traces d'anciens camps (romains), les soldats érigèrent ces pierres pour protéger leurs tentes ; leur discipline exigeait la régularité des alignements » (de la Sauvagère) ; 1796, ce fut le « lieu choisi par les druides pour leurs assemblées générales » (La Tour d'Auvergne) ; 1805, ce sont « les emblèmes du soleil et des astres d'un des signes du zodiaque, le serpent » (Maudet de Penhoët) ; 1887, leur orientation se trouve dans la direction « des levers de soleil aux solstices » (du Cleuziou), etc. Malgré beaucoup d'autres dérives (les héros de la guerre de Troie, un gigantesque phallus...), on s'achemine relativement vite et de manière de plus en plus élaborée, de mieux en mieux quantifiée, vers cette interprétation astronomique, encore de mise aujourd'hui.

2001-2002
POT ET OS

Le cours qui portait sur mes cinquante années de pratique de l'archéologie et de la paléontologie s'intitulait par suite « Pot et os ».

Il ne s'agissait évidemment pas de parcourir ce demi-siècle, année après année, mais d'exposer quelques problèmes tels qu'ils se sont présentés à moi et tels qu'ils ont été saisis, conduits et parfois au moins en partie résolus.

Le premier, comme il a été rendu d'actualité par les travaux multiples et récents (et qui ont étonné !) sur les Grands Singes, pourrait s'appeler « Le propre de l'Homme ». Il n'est sans doute pas inutile de rappeler que c'est aux alentours de 8 millions d'années que se séparent la lignée des Grands Singes africains et celle des Hommes ; les uns et les autres partagent donc une ancestralité commune proche. De notre côté, cette lignée commence par un bouquet généreux de Préhumains pour se réduire aux alentours de 3 millions d'années à quelques branches seulement dont l'une, au moins, sera porteuse de conscience. Cette conscience n'est pas fossilisée, mais son existence a été trahie par les outils délibérément taillés et les gibiers (leurs ossements) délibérément rapportés pour être partagés, qui accompagnent désormais les restes de ces Hominidés. Comme les premiers outils de pierre au second degré ont entre 3,2 et 3,3 millions d'années (Omo, Éthiopie), et que les traces certaines de camps de base en ont un peu moins, il est possible de fixer l'émergence de cette conscience, qui à ce degré est déjà une propriété de l'Homme (philosophique), dans une fourchette qui va de 3,5 à 2,5 millions d'années.

Le langage, qu'autorisent alors l'accroissement de l'encéphale et la transformation des régions gnathique et pharyngienne, doit se développer à partir de ce moment-là et avec lui ces dialogues constants entre cerveau et mains. On voit peu à peu s'élever la pensée symbolique et l'accompagner le respect de l'Autre.

Les crânes des morts subissent peut-être des traitements (rituels ?) – découpages localisés – dès 1,5 million d'années ; des fosses funéraires réunissent peut-être les corps dès 800 000 ans, plus sûrement vers 500 000 ans ; les inhumations individuelles de certains des cadavres se pratiquent à partir de 100 000 années. Et lorsque l'on a la curiosité de regarder qui a été choisi pour être bénéficiaire de cet enterrement, on est quelque peu étonné de rencontrer, à hauteur de 25 %, des enfants, des infirmes, des anormaux, des malades. Comment traduire cela autrement qu'en termes de sensibilité, émotion, affection, solidarité ?

Cette solidarité se lit aussi dans l'assistance dont ont incontestablement bénéficié un certain nombre de personnes handicapées ; un Neandertal de 200 000 ans capable de ne manger que des aliments mous (Vaucluse), un autre de 100 000 ans, truffé de fractures graves toutes ressoudées et qui n'avait pu ni cueillir ni chasser après pareille catastrophe (Irak), un *Homo sapiens* de 20 000 ans aux deux coudes bloqués en extension, dans l'incapacité de s'alimenter (Algérie), une femme épipaléolithique de 8 000 ans au bassin éclaté et par suite paraplégique avec troubles sphinctériens (Algérie), un Néolithique de 5 000 ans à la colonne vertébrale rendue rigide par spondylarthrite (Normandie), un nain bossu néolithique de 5 000 ans aux membres déformés (Normandie), etc. ont, par exemple, tous survécu à leur handicap.

Ajoutons, pour faire bonne mesure, les quelques indications des premières manifestations de véritables traitements médicaux et chirurgicaux – amputation, mobilisation ou immobilisations d'articulations, trépanations – ou de dentisterie – appareils, implants.

Fabrication, partage des biens, mais aussi des connaissances, angoisse existentielle, spiritualité, émotion, altruisme, on n'a que l'embarras du choix pour caractériser l'Homme, même si certains de ces traits doivent être quantifiés pour lui appartenir. Que le Grand Singe ressemble à l'Homme ou réciproquement, rien que de normal étant donné leurs rapports de parenté. Que l'Homme ait porté à un autre niveau les éléments qu'entre cousins nous partageons ne fait pas de doute non plus, et que ce niveau ait du même coup débouché sur bien des aspects nouveaux, particuliers, propres à l'Homme, ne peut échapper au bon sens : *more is different*.

Le deuxième problème abordé par le cours a été un problème d'archéologie. Ayant été emmené un jour (c'était en 1948) sur un site protohistorique, au bord du golfe du Morbihan, site se présentant sous la forme d'une incroyable accumulation de petits tessons d'une poterie très mince et très rouge apparaissant dans la coupe de la microfalaise de la côte, je me suis posé la question de savoir quel âge pouvait bien avoir cette céramique et quelle avait pu être sa fonction.

Pour y répondre, j'ai d'abord parcouru des dizaines de kilomètres de côtes pour tenter de retrouver, dans les mêmes conditions de gisement, ce type de poterie. Et bien m'en a pris, puisque ce sont 40 sites comparables que j'ai pu repérer en une demi-douzaine d'années.

Plusieurs d'entre eux m'ayant livré, aux côtés de cette céramique mince et rouge si caractéristique, des poteries aux décors élaborés, j'ai pu très vite situer à l'époque gauloise dite de la Tène (quelques siècles avant Jésus-Christ) ces établissements, ce qui a été plus tard confirmé par des datations au C14.

Par ailleurs, un certain nombre d'éléments s'avérant être partagés par tous les sites, il est vite devenu évident que les petits pots avaient été produits en masse et que leur usage avait été lié à la mer.

Après plusieurs fouilles, dont évidemment un certain nombre depuis ces années pionnières, ces établissements se sont avérés être des installations destinées à l'extraction et à la commercialisation du sel marin. Des cuves avaient été creusées pour stocker, les unes l'argile des futurs pots, les autres l'eau de mer. Des fourneaux avaient été construits pour fabriquer les « fameux » petits pots et un certain nombre de briquettes, et puis pour organiser, dans un deuxième temps, l'évaporation de l'eau de mer en installant les petits pots destinés à la contenir sur des grilles constituées de ces briquettes. Ces fourneaux-usines avaient donc inventé, il y a 2 500 ans, la production de masse et l'emballage jetable. Chaque petit pot, en argile pliée, contenait un pain de sel de 500 grammes, facilement démoulable étant donné la forme du pot (ouverture et fond rectangulaire, ouverture plus grande que le fond et côtés en trapèze). On a par exemple estimé à 80 kilogrammes de sel, la production d'un chargement de fourneau de 150 petits pots.

L'histoire suivante est également archéologique ; elle est aussi pionnière et s'est déroulée au Tchad au début des années 1960.

Des centaines de kilomètres de prospection m'avaient conduit, sept années durant, à découvrir, dans les savanes et les déserts du BET (Borkou, Ennedi, Tibesti), des centaines de sites (300 à 400) s'échelonnant le long des 10 derniers milliers d'années. Je m'étais contenté de les placer sur les cartes dont je disposais et d'y effectuer chaque fois un prélèvement de quelques-uns des objets qui me paraissaient en être les plus caractéristiques (tessons de poterie surtout).

Invité à présenter une communication au premier Colloque international d'archéologie africaine en décembre 1966 à Fort-Lamy[44], j'eus envie de ranger un peu mes échantillons pour les livrer en ordre aux collègues archéologues. Et j'eus le plaisir de décompter dix associations céramiques différentes ayant pu correspondre à dix cultures successives :

10 — contemporain	0
9 — âge du fer récent	600 ans
8 — âge du fer moyen final	1 000 ans
7 — âge du fer moyen	1 500 ans
6 — âge du fer ancien	1 800 ans
5 — transition néolithique fer	2 300 ans
4 — néolithique final	3 000 ans
3 — néolithique moyen	5 000 ans
2 — néolithique ancien	7 000 ans
1 — très ancien néolithique	9 500 ans

Mais j'eus aussi la surprise de m'apercevoir que, dans l'espace, ces cultures ne se recouvraient pas complètement. Dans le secteur d'environ 300 kilomètres de côté que j'avais choisi pour démonstration, les dix cultures en question avaient l'air de se déployer d'est en ouest au fil du temps, ce qui, je dois dire, m'était apparu absolument incompréhensible. Et puis l'idée de superposer à mes cartes de répartition, les cartes topographiques a soudain tout éclairé. En gros – car le détail est évidemment un peu plus compliqué –, le Sahara s'asséchait et le lac Tchad, de 300 000 kilomètres carrés au départ, s'asséchait aussi ; « l'Homme suivait l'eau », disent les dictons locaux, et les cultures descendaient dans la topographie au fur et à mesure que les rives du lac reculaient.

Cela m'a permis de mesurer la vitesse d'assèchement du Sahel et de prévoir par extrapolation (bien que la vitesse d'assèchement ne soit évidemment pas régulière) les situations à venir ; le lac Tchad avait 20 000 kilomètres carrés d'eau libre dans les années 1960 ; après le pic de sécheresse des années 1970, il en est à 3 000 kilomètres carrés aujourd'hui !

Une autre question abordée a été celle des matières premières utilisées pour fabriquer au Néolithique les haches de pierre dans le massif armoricain qui ne possède pas de silex. Un décompte portant sur des milliers d'objets aboutit en effet à 5 % seulement de haches en silex forcément importées, 5 % de haches en roches vertes (souvent d'apparat) également importées, et 90 % de haches en dolérite et fibrolithe d'origine locale, utilitaires par excellence.

Or nous nous sommes intéressés à deux de ces matières, une métadolérite et une métahornblendite.

Il a fallu d'abord examiner la roche utilisée en lames minces au microscope polarisant. Pour ce faire, de petits carottages au sein de la hache (à l'aide de forets tubulaires diamantés) ont permis d'aller recueillir la matière première au cœur de l'objet (le découpage d'une mince rondelle de la surface de la carotte et puis son recollage à l'emplacement du trou faisaient que la hache ne gardait de trace apparente de ce « vandalisme » qu'un petit cercle incisé !).

Les matières premières des haches ayant été identifiées, il convenait alors d'en établir les cartes de répartition. Pour les deux roches choisies, les cartes ont dessiné d'elles-mêmes des gradients de densité croissante aboutissant à des sortes de centres de dispersion.

Il restait à se rendre dans les endroits de plus grande fréquence pour confirmer – ou non – l'indication de la carte. Et le « miracle » s'est réalisé ; on a trouvé à Plussulien les ateliers d'exploitation de la métadolérite, à Pleuven des carrières où affleurait la métahornblendite (si caractéristique des haches naviformes dites de combat).

À Plussulien, un kilomètre carré d'exploitation à ciel ouvert a livré les stigmates de l'extraction des blocs (utilisation de percussion à la pierre et puis plus tard au feu), de leur débitage (dégrossissage et puis retouches au percuteur de pierre) et puis du façonnage des haches (bouchardage avec de petites masses de pierre et polissage). Des datations de 6 000 à 4 000 ans ont été obtenues.

À partir de Plussulien, d'une part, à partir de Pleuven de l'autre, les cartes montraient en outre la belle diffusion de ces objets, le long des rivières de France, la Loire, la Seine, la Somme mais aussi jusqu'en Angleterre, en Belgique et aux Pays-Bas.

C'était une autre jolie démonstration de l'usage des cartes de répartition des objets, conduisant aux sources de matières premières, dans un sens, aux grandes voies de commerce et d'échanges dans l'autre.

Vers la fin de l'Âge de bronze, il y a environ 3 000 ans, l'Armorique se met à fabriquer des haches un peu particulières que l'on nomme haches à douille, instruments en bronze, faits au moule en argile, creux et équipés d'un anneau. Ces haches se caractérisent par leur production abondante et leur stockage fréquent, sans autres objets associés (80 dépôts dans les Côtes-d'Armor par exemple, totalisant 6 500 haches, 90 dans le Finistère représentant 9 000 haches, 80 dans la Manche atteignant le record de 11 000 haches, etc.) ; elles se caractérisent aussi par leur enfouissement ordonné (parfois rangées en cercles, liées par une cordelette de chanvre, dans des sacs, des coffrets de bois, des poteries, des situles eux-mêmes placés dans des cachettes), par leurs différents calibres, par les défauts de leurs coulées, toutes caractéristiques qui rappellent celles de la monnaie. Les tailles variées évoquaient d'ailleurs bien une unité monétaire, avec ses multiples et ses sous-multiples ; quant au manque de soin dans la fabrication et à la très petite taille de certaines haches, ils évoquaient à leur tour le fait que ces objets n'étaient pas faits pour servir à ce à quoi leurs formes avaient l'air de les destiner ; leur grand nombre et leur stockage caché vont dans le sens de la même interprétation. Il faut ajouter que, comme des monnaies, on en trouve, cette fois, dispersées à travers toute l'Europe ; il faut dire aussi que de légères différences dans le décor font penser à différents ateliers qui marqueraient leur production (on en a identifié 7 en Bretagne et en Normandie « armoricaine »).

Enfin, des mesures de leur composition ont achevé de confirmer cette lecture. Depuis longtemps, la variabilité de la tenue et celle de la couleur des haches avaient retenu l'attention (en tout cas la mienne) ; les plus anciennes étaient belles, fermes, vertes ; les suivantes (chronologiquement) toujours fermes, mais un peu plus grises et les plus récentes, complètement grises, sans éclat, sans tenue, comme partiellement fondues (elles ressemblaient aux cuillères de Salvador Dali). La quantification au spectrographe de masse des éléments (cuivre, étain, plomb) entrant dans leur composition a révélé en effet que, avec les années, le plomb avait augmenté au détriment du bronze (alliage cuivre-étain) au point de représenter à la fin la quasi-totalité de l'objet (en plomb « bronzé » pour lui conserver son apparence d'antan...) ; nous assistions ni plus ni moins à une dévaluation, un millénaire avant Jésus-Christ !

Enfin, je me devais de donner quelques nouvelles de Sibérie. L'opération *Mammuthus* qui se propose de rechercher la raison de l'extinction du Mammouth laineux a poursuivi ses travaux dans la presqu'île du Taimyr et conduit trois programmes depuis l'extraction, le célèbre hélitreuillage et l'installation dans une cave creusée dans le permafrost, du Mammouth Jarkov : 1- préparation et étude du Mammouth Jarkov et de son contenant sédimentaire ; 2- extraction d'un second Mammouth congelé ; 3- prospection. La prospection, les deux étés 2000 et 2001, a été extrêmement fructueuse puisqu'elle nous a livré 332 restes de Mammouth, 26 de Cheval, 72 de Bœuf musqué, 19 de Bison et quelques restes de Renne, Élan, Ours, Loup et Renard datés de 4 000 (un Élan) à plus de 45 000 ans (un Mammouth). Le sédiment de Jarkov a déjà livré des pollens, des algues, des spores, des fruits, des graines, des fleurs et quelques insectes, l'ensemble évoquant un climat sec et frais du genre steppe et un terrain sableux parsemé par endroits de marigots ; un carottage dans l'ivoire des défenses de Jarkov a raconté ses quatre dernières années passées dans des environnements peu enneigés et ses migrations temporaires vers des latitudes plus basses à paysage plus couvert. Des brins de son ADN mitochondrial ont pu être recueillis et décryptés. Quant au second Mammouth, dit Fishhook parce que c'est en pêchant qu'un Russe de Khatanga l'a découvert, il se trouvait aux environs de l'estuaire de la rivière Taimyr (74° de latitude nord, 99° 38' de longitude est). Très abîmé, ce qui restait a néanmoins constitué un bloc d'une tonne qui a pu être découpé, emporté (sur camion cette fois) et déposé, aux côtés de Jarkov, dans la cave de Khatanga. Les premiers examens de ce bloc ont révélé qu'il contenait une partie de l'intestin de l'animal, lequel a déjà livré une liste impressionnante de restes végétaux dont du saule, du bouleau, de l'aulne et du mélèze. Comme ce second Mammouth congelé a l'âge géologique de Jarkov (20 000 années), cette nouvelle cueillette complète la reconstitution des environnements de ce pays à l'époque de Lascaux : il s'agit cette fois d'une prairie à la lisière d'une forêt très ouverte d'arbres de petite taille.

ANNEXES

Séminaires

Ces 21 années de leçons ont donc été complétées par 192 séminaires, 68 conférences et 6 colloques (totalisant, à eux seuls, une centaine de communications). Il serait évidemment fastidieux d'énumérer ces 300 ou 400 titres.

Nous nous contenterons de donner ici la liste des thèmes des séminaires classés par disciplines, l'introduction que j'avais donnée à chacun, ainsi que la liste des intitulés des colloques.

Paléoanthropologie

1985-1986
Quelques problèmes d'arthrologie, d'angiologie et de splanchnologie des Hominidés fossiles

Les séminaires de cette année ont été des leçons d'anatomie destinées à montrer, en les isolant, l'évolution d'une articulation, celle d'un appareil ou celle encore d'un système et la manière d'utiliser chacune de ces évolutions dans l'établissement de la taxinomie et de la phylogénie des Hominidés.

1986-1987
Quelques Pithécanthropes, Sinanthropes, Atlanthropes, Archanthropes, Anténeandertaliens et leurs cultures

L'extraordinaire multiplicité des appellations des Hommes fossiles (ici seulement les Hommes intermédiaires), que le titre ne fait qu'évoquer, démontre bien sûr l'imagination des paléoanthropologues, mais aussi tout à la fois leur vanité et leur confusion. Toutes ces formes – *Anthropopithecus Pithecanthropus, Proanthropus, Pseudohomo, Palaeanthropus, Protanthropus, Sinanthropus, Cyphanthropus, Praehomo, Javanthropus, Anthropus, Maueranthropus, Meganthropus, Telanthropus, Europanthropus, Atlanthropus,* [illegible] *Hemianthropus, Hemanthropus, Tchadanthropus,* [illegible] citer que les *genres* – ont été regroupées sous le nom [illegible] (Dubois, 1892) parce qu'il était plus commode de les [illegible]si, mais aussi parce que ces formes correspondaient, au moins dans leur ensemble si ce n'est à leurs limites, à un même stade morphologique (un grade). Mais, aux confins de la fausse espèce, on ne peut dire si le crâne 1470[45] de l'est du lac Turkana au Kenya de 2 millions d'années est encore un *Homo habilis* ou déjà un *Homo erectus*, ou si les crânes de Ngandong à Java de 100 000 ans sont encore des *Homo erectus* ou déjà des *Homo sapiens*. On ne pourra sans doute d'ailleurs jamais le dire : l'évolution de l'Homme étant continue, cette question n'a pas de sens.

1988-1989
L'origine de l'Homme moderne : mythes ou mitochondries

J'ai retracé, à grandes enjambées, dans un séminaire introductif, les principales pages de la chronique de l'humanité telle que nous la raconte la paléoanthropologie : on ne connaît, comme Hominidés qui ne sont pas encore des Hommes, que les Australopithèques[46] ; on ne connaît, par ailleurs, les Australopithèques qu'en Afrique de l'Est et du Sud, les plus anciens (7 millions d'années) étant tous en Afrique de l'Est ; on situe donc en Afrique de l'Est le berceau de la famille des Hominidés. Il se trouve que l'on ne connaît les plus anciens Hommes qu'en Afrique de l'Est également (3 millions d'années) ; on place donc encore en Afrique de l'Est le berceau de l'humanité. À partir de 2,5 millions d'années, on commence par contre à rencontrer outillages ou restes humains dans le reste de l'Afrique, au Proche-Orient, en Europe, en Extrême-Orient et, beaucoup plus tard, en Amérique et en Océanie.

Les caractères anatomiques de tous les restes squelettiques rencontrés nous permettent de dire que le peuplement semble s'être fait à partir de l'Afrique de l'Est, vers le nord, puis, en même temps, à partir du Proche-Orient, vers l'ouest de manière géographiquement limitée et vers l'est de façon beaucoup plus ouverte, et s'être poursuivi, beaucoup plus tard donc, plus à l'est encore. Ces mêmes restes nous apprennent en outre, par des associations régionales typiques de caractères, que, même s'il a existé d'autres vagues de peuplements que cette vague primordiale – la pulsion *sapiens sapiens* par exemple –, ce premier peuplement a laissé jusqu'à l'actuelle humanité comprise des marques de son épopée. Dans toutes les grandes provinces du monde, les peuplements sont continus.

Envisager, à partir de l'ADN des mitochrondries, une Ève noire de 200 000 ans, couvrant, à partir de son union en Afrique orientale avec un Adam de même origine, le monde entier, n'est pas une hypothèse folle ; le cours en démontrera le bien-fondé. Envisager cette nouvelle nappe sans tenir le moindre compte génétique de plus de 2 millions d'années de peuplements antérieurs en est par contre tout à fait une.

1989-1990
Lucy en morceaux

Les séminaires se sont consacrés, à partir de l'étude du squelette célèbre d'Australopithèque AL 288, découvert en 1974 dans l'Afar éthiopien, à un tour d'horizon des travaux les plus récents concernant ces Préhumains.

J'ai donc ouvert ce séminaire 1989-1990 par un rappel historique afin de mieux situer la découverte de Lucy et son interprétation dans le courant de la pensée paléoanthropologique. J'ai pour cela compartimenté l'histoire des recherches en Afrique orientale en trois segments, d'ailleurs très inégaux : un premier que j'ai appelé « Les années pionnières » et qui va du début du siècle à 1960, un second, de 1960 à 1980, qui concerne la période fameuse des grandes découvertes, que j'ai bien sûr qualifié d'« années folles », et un troisième, de la fin des vingt glorieuses à aujourd'hui et que j'ai taxé d'« années héritières ». Étant « entré en préhistoire » durant la fin des premières, j'ai eu la chance d'en connaître la plupart des héros, puis de vivre et même de participer à fabriquer les secondes, et bien sûr de créer les troisièmes. L'introduction de ce séminaire s'est achevée par quelques considérations sur l'extraordinaire « phénomène Lucy » : ce petit personnage, parce qu'il est à la fois ancestral, très ancien, gracile, féminin et qu'il porte un prénom, a en effet repris vie – une vie de forme sans doute bien différente de celle qu'a connue sa première existence. Lucy, symbole, fait rêver, inspire poèmes, romans, films, incite à des reconstitutions ou devient le sujet de controverses et de jalousies anormalement vives ; Lucy est devenue un peu l'âme de l'histoire de l'Homme, dont elle a, de toute manière, considérablement facilité l'enseignement !

1991-1992
Anatomie fonctionnelle et comportement

J'ai justifié le titre de ce séminaire en prenant deux exemples portant tous deux sur l'étude du petit Préhumain de 3 millions d'années que des collègues et moi-même avons recueilli en 1974 dans l'Afar éthiopien et appelé Lucy. Le premier exemple s'est occupé de son bassin, de son genou, de son centre de gravité et a débouché sur sa curieuse locomotion (bipède et arboricole), le second s'est occupé de ses dents, de son articulation temporo-mandibulaire de l'architectonique de sa face et a débouché sur son alimentation à large spectre (légumes, fruits, jeunes feuilles, petits gibiers) ; locomotion et alimentation se sont ensuite alliées pour dessiner son environnement, une savane à gros bouquets d'arbres.

1994-1995
La West Side Story[47]

J'ai assuré le premier séminaire pour présenter à la fois le sujet (et en l'occurrence en expliquer le titre) et les invités.

Il semble bien que ce soit à partir d'un berceau tropical et africain que le genre *Homo* ait débuté son déploiement à travers le monde. Ce flux de peuplement se serait par suite fait dans le sens Afrique, Eurasie, Amérique, Océanie. Or, arrivé jusque dans l'extrême occident de l'Eurasie, il s'y serait laissé enfermer comme dans une île par l'extension cyclique des masses glaciaires.

Comme dans n'importe quel isolat, ce genre a alors évidemment subi en Europe une dérive génétique. C'est ce que l'on a appelé, sans la comprendre, la neandertalisation et que je nomme ici la *West side story*. Ce phénomène, aujourd'hui de mieux en mieux connu, se traduit par la mise en place progressive et statistique de caractères apomorphes (crâne en bombe, face en extension, présence d'une fosse sus-iniaque, position dans le prolongement de l'arcade zygomatique du trou auditif, présence d'un espace rétromolaire).

L'Homme moderne, appelé, pour des raisons historiques, Cro-Magnon en Europe, arrivé lui-même plus de 2 millions d'années après le premier peuplement d'Afrique, *via* le Proche-Orient, arrête la *West Side Story* et prévaut à terme sur l'Homme de Neandertal rencontré.

Notons que cette poussée de l'*Homo sapiens sapiens* semble s'être faite, comme une explosion, dans tous les sens à la fois (Amérique, Océanie, Europe), pour des raisons très probablement climatiques favorables et « pressantes », aux alentours de 50 000 ans.

2002-2003
Orrorin, Otavipithecus, Ouranopithecus, Samburupithecus, Sahelanthropus… Les environs de l'embranchement

Le sujet du séminaire – Les Préhumains (ou supposés tels) « nouveaux », ou les nouveautés sur les Préhumains (ou supposés tels) « anciens » et leurs défenseurs – m'a été évidemment inspiré par les nombreuses découvertes récentes de très vieux Hominidés et son titre par celui du cabinet de pédiatres qui s'occupait de mon fils et qui se nommait joliment « Aux environs de la naissance ».

2004-2005
Ce que l'on sait que l'on ne sait pas

J'ai ouvert le séminaire par un exposé sur ce qu'à coup sûr on ne savait pas : quel était le Préhumain, qui avait engendré l'Homme, qui avait taillé la première pierre, quelle espèce du genre *Homo* s'était déployée à travers l'Ancien Monde et, par suite, à quelle époque l'avait-elle fait, quelle était l'origine de l'Homme moderne, pour ne parler que des quatre plus gros « postes ».

Préhistoire

1983-1984
Les plus anciens outils taillés du monde

Les dix séminaires se sont proposés de rechercher les plus anciens peuplements des cinq continents pour en montrer les très grandes différences (3 à 4 millions d'années en Afrique, l'âge de l'Homme, 2 millions d'années en Eurasie, 50 000 à 100 000 ans en Amérique, 40 000 ans en Australie et à peine un peu plus de un millénaire à Hawaï, en Nouvelle-Zélande ou à Madagascar) et, par la même occasion, les très grandes différences méthodologiques de recherche et d'étude de ces peuplements, plus proches de la géologie dans les premiers cas, de l'ethnohistoire dans les derniers.

J'ai traité, en ouverture, des problèmes de définition de l'Homme (définition qui ne peut, en aucun cas à l'origine, prendre en compte l'outil) et de définition de l'outil ou de l'artéfact, puis des questions de limites de perception (à partir de quel moment, qualitativement et quantitativement, peut-on parler d'outils) et de conservation des outils (l'outillage en os, en bois, en pierre même, peut avoir été détruit) ; j'ai ensuite présenté les outils d'avant l'Homme, les pierres utilisées du Kenyapithèque, les industries en os ou en pierre de l'Australopithèque et les outils d'à-côté de l'Homme, les bâtons, branches aménagées, feuilles, feuilles mâchées, pierres percutées des Chimpanzés. Après avoir fait un rapide tour d'horizon des principaux outillages anciens des cinq continents, j'ai enfin décrit les restes d'Hominidés qui leur étaient associés afin de rechercher qui faisait quoi et tenté de démontrer qu'il y avait un décalage fréquent entre le biologique et le culturel à l'avantage du premier.

1987-1988
L'éclat et la lame

J'ai appelé, de manière incorrecte, le séminaire de cette année « L'éclat et la lame », un peu, je l'avoue, pour la beauté des mots, car chacun sait que la lame n'est, au fond, qu'une espèce particulière d'éclat. Même s'il est vrai que l'Homme fossile est passé chronologiquement du Paléolithique moyen, qui avait pour outils principaux des éclats, au Paléolithique supérieur, qui avait appris à détacher des lames, et même si ce passage a représenté un progrès technologique considérable, puisque pour 1 kilogramme de silex, a calculé André Leroi-Gourhan, le Moustérien réalisait 2 mètres de tranchant utile alors que le Magdalénien pour le même kilo de silex en réussissait 20 mètres, cette opposition a été longtemps exagérée pour accuser artificiellement le contraste entre l'Homme de Neandertal, barbare – qui débitait l'éclat – et l'Homme de Cro-Magnon, raffiné – qui détachait la lame. En réalité, le débitage laminaire du Paléolithique supérieur fait suite au complexe Moustérien sans rupture (François Bordes). Par ailleurs, si c'est bien *Homo sapiens neandertalensis*[14] qui fabrique le Moustérien en Europe, c'est *Homo sapiens sapiens* qui réalise un Moustérien tout à fait comparable en Israël (Qafzeh), comme il le fait au Maroc (Irhoud). Enfin, pour renforcer encore la démonstration de la continuité de la technologie et réduire celle de la discontinuité de la biologie, il est amusant de préciser, comme on l'a vu dans le cours, que c'est bel et bien *Homo sapiens neandertalensis* qui, en Europe, réalise le tournant du Paléolithique moyen (Moustérien) au Paléolithique supérieur (Chatelperronien, voire Aurignacien). C'est, du même coup, la première fois dans toute l'histoire des Hominidés, que l'évolution culturelle se révèle plus rapide que l'évolution biologique ; ne peut-on y voir, il y a donc 100 000 ans, le signe du renversement des proportions de l'inné et de l'acquis ?

Trois invités nous ont, cette année, parlé du corps, cinq de l'esprit.

2000-2001
Les arts premiers

J'ai présenté le sujet du séminaire consacré aux premières formes de l'art et que j'ai appelé « Les arts premiers » – puisque ce sont les seuls qui méritent ce titre –, en clin d'œil au nom donné à l'origine par le président de la République au projet du nouveau musée traitant en fait des *arts d'ailleurs*.

Certains auteurs écrivent que ces arts que l'on voit soudain se manifester il y a 40 000 ans en plusieurs endroits du globe ne viennent de nulle part. Ce n'est évidemment pas juste. Dès la première taille de la pierre ou d'autres matériaux, il y a une reconnaissance de la forme, réalisée pour une fonction, adoptée, copiée, enseignée, reproduite. Et cette perception ne fera que s'affiner, depuis la première réalisation de la symétrie il y a 1,7 million d'années et l'invention prédéterminée de l'éclat Levallois il y a au moins 300 000 ans, jusqu'à la collecte par apparente curiosité de fossiles et de minéraux et les débuts de la parure du corps il y a 100 000 ans. On dit aussi qu'on n'a jamais fait mieux depuis. Ce n'est pas juste non plus si l'on considère les aspects techniques : il suffit d'évoquer après ces formes fabriquées puis projetées, les formes saisies (photo), les formes saisies en mouvement (cinéma, vidéo), les formes numérisées, reconstituées (virtuel), etc.

Il est intéressant d'évoquer aussi, à propos de ces premiers arts, la « spécificité » de leur éclosion ; c'est le fait chaque fois d'une population en un lieu à une époque et non, de manière simpliste, celui d'une acquisition nouvelle faite par toute l'humanité à un certain âge de sa croissance.

En Europe, les grottes ornées – selon la terminologie – sont incontestablement des sanctuaires ; leurs figures s'associent de façon organisée, délivrant, telle une écriture non linéaire, des messages évidemment codés. C'est de l'art sacré (la Sixtine aussi), mais aussi de l'art, tout simplement.

Du point de vue pratique, on a, dans ces grottes, retrouvé tout l'équipement des peintres ou des graveurs, silex à graver, pinceaux, crayons, tampons, tubes, palettes et colorants, lampes, corps gras et mèches, échafaudages et cordes et même reliefs des sandwiches.

Environnement

1984-1985
L'environnement des Hominidés avant l'Homme

Les neuf séminaires étaient destinés à montrer l'extrême importance de l'étude du milieu dans la compréhension du déroulement de l'histoire des êtres vivants et, en l'occurrence, dans celui de l'évolution des Hominidés ; c'est précisément ce qui différencie le contenu du terme « paléoanthropologie » de celui de « paléontologie humaine ». Depuis plusieurs dizaines d'années, je m'efforce, au CNRS, au Muséum, et maintenant dans cette Maison, de recruter dans les laboratoires et les équipes d'anthropologues des spécialistes de l'environnement de l'Homme. Un fossile d'Hominidé ne doit plus être étudié en valeur absolue, mais il doit l'être dans son contexte naturel et culturel. C'est pourquoi il est si important que les paléoanthropologues, au même titre que leurs collègues géologues ou paléontologistes, se rendent sur le terrain et cessent d'être des savants de cabinet. On pourrait ainsi appeler « environnementaliste » le style des grandes expéditions d'Afrique orientale et des travaux qui en ont résulté.

Dans le premier séminaire, j'ai donc tenté, par des exemples, de mettre en évidence les rapports qui apparaissaient entre l'évolution du milieu et l'évolution des Hominidés et l'intérêt consécutif de la connaissance de ces rapports pour la meilleure compréhension de notre évolution. J'ai saisi l'occasion de présenter le programme des séminaires de l'année pour faire, en quelque sorte, l'inventaire des principales méthodes de reconstitution du milieu, de l'analyse des carottages des fonds océaniques à l'interprétation climatique des biosystèmes fossiles.

1990-1991
L'environnementalisme : méthodes et applications

J'ai ouvert le séminaire en présentant les huit conférenciers invités et les huit méthodes qu'ils pratiquent et qui justifient le titre du thème choisi cette année.

1993-1994
L'environnementalisme : nouvelles lectures

J'ai souhaité cette année offrir à mes auditeurs un nouveau cycle sur ce que j'ai appelé lourdement l'« environnementalisme », en autres termes sur la lecture du milieu et de son rôle, inducteur ou sélecteur (il est sans doute parfois l'un mais il est de toute façon toujours l'autre) dans l'évolution des êtres vivants et, plus particulièrement, évidemment, dans l'évolution humaine. Pour que les points de vue viennent cette fois d'autres expériences que de la mienne (mes cours 1990-1991 et 1991-1992 avaient en effet déjà porté sur ce sujet), j'ai fait appel à huit conférenciers, collègues et collaborateurs, qui ont eu, dans leurs travaux récents, à aborder ce problème. Je les ai choisis de telle manière que le séminaire puisse balayer l'ensemble du monde vivant, des plantes et des animaux aux hommes et à leurs cultures.

1999-2000
Le pays de Lucy

J'ai pensé traiter du cadre de vie de Lucy, parce que bien des publics me demandent de décrire une journée de ce personnage fameux et que, pour ce faire, il me fallait le situer avant de le faire évoluer.

Les coordonnées du site de Hadar, dans la province du Wollo en Éthiopie, sont de 11° 10' nord et 40° 35' est. Le squelette de Lucy a été recueilli dans un niveau de 3,18 millions d'années dans une séquence allant de 3,4 à environ 2,9 millions d'années. Le niveau en question, appelé Kada Hadaar, révéla un paysage de savanes sèches à graminées où paissaient de nombreuses antilopes de territoires découverts. Le temps de Lucy était le temps du rifting actif (le rongeur *Tachyoryctes* qui se trouvait là vit actuellement à 1 500 mètres d'altitude alors que nous l'avons aujourd'hui récolté à 400 mètres) ; cela dit, contrairement aux croyances naïves habituelles, les Préhumains comme les Humains ne passaient évidemment pas leur temps, morts de peur, dans l'attente de séismes ou d'éruptions.

Comme j'ai déjà eu l'occasion de le dire, je pense que c'est vers 4 millions d'années que se sont séparés, à partir d'un ancêtre commun, *Australopithecus afarensis* (Lucy), espèce bilocomotrice, marchant sur les deux pattes postérieures et n'en grimpant pas moins, et *Australopithecus anamensis*, bipède exclusif. La première de ces deux espèces sera probablement à l'origine de l'Australopithèque robuste est-africain, la seconde de l'Homme. Lucy, presque contemporaine du genre *Homo* et encore très conservatrice dans ses comportements locomoteurs, ne saurait, en effet, répondre aux caractères exigés pour mériter d'être un ancêtre de ce genre.

Je pense que c'est aussi vers 4 millions d'années que les Préhumains ont réalisé leur premier déploiement (vers le sud, jusqu'au Transvaal, vers l'ouest, jusqu'au Tchad au moins), suivant simplement celui de leur niche écologique.

2003-2004
Lecture de l'environnement : la faune

J'ai dédié ce séminaire à la lecture de l'environnement par l'analyse de la faune. Et j'ai choisi, pour l'ouverture, outre l'explication de l'intérêt du sujet, la démonstration de cet intérêt par l'étude de trois périodes, 3 millions d'années, 10 000 ans et l'an 2004 de notre ère.

Mes recherches, dix années durant, dans la basse vallée de l'Omo en Éthiopie, m'ont permis de mettre en évidence ce que j'ai appelé l'*(H)Omo Event* ou l'Événement de l'*(H)Omo*, en autres termes la démonstration du rôle essentiel de l'environnement dans l'émergence du genre humain – le genre *Homo*, qui n'est ni plus ni moins qu'une adaptation d'un Hominidé à la sécheresse, n'aurait eu aucune raison d'apparaître si n'était alors survenue cette crise climatique. Entre 3 et 2 millions d'années, on voit en effet les Proboscidiens, les Équidés, les Suidés, les Rhinocérotidés transformer leur anatomie pour faire face à la baisse d'humidité et au changement d'alimentation végétale, on voit les fréquences de Rhinocéros noir de la brousse et blanc de la prairie s'inverser au profit du Rhinocéros paisseur, les fréquences d'Antilopes de savanes boisées et d'Antilopes de steppes et de désert s'inverser de la même manière et dans le même sens, le nombre des Singes, Cercopithèques et Colobes, diminuer, les écosystèmes de Micromammifères changer ; et, pour les mêmes raisons, deux lignées de Préhumains (au moins), bricoler leur corps pour en faire soit des Hominidés à dissuasion physique, équipement dentaire pour une consommation de végétaux coriaces mais petit encéphale (*Zinjanthropus* en Afrique de l'Est, *Paranthropus* en Afrique du Sud), soit des Hominidés à dissuasion intellectuelle, équipement dentaire pour manger de tout, mais petit corps (*Homo*).

Il y a 10 000 ans, la dernière glaciation s'achève ; en bien des endroits, le climat se réchauffe et les graminées sauvages poussent mieux ; l'Homme, riche d'une expérience de 3 millions d'années de conscience, s'arrête pour mieux les cueillir, puis les sème pour mieux les récolter. Au lieu de réagir avec son corps, c'est sa culture qu'il adapte cette fois : il invente une économie de production qui est encore la nôtre aujourd'hui.

Depuis le XIXe siècle, démographie et technologie croissantes font l'homme suragir sur son environnement, au risque d'atteindre à ses dépens des situations de non-retour. C'est la raison pour laquelle nous, dix-sept personnes et moi-même, à la demande du président de la République, avons rédigé, en 2002-2003, une charte de l'environnement destinée à nous protéger en le protégeant.

Techniques

1996-1997
Dans le dedans des os, dans le dedans des dents

Une discipline passe, comme tout organisme, par une période que l'on pourrait qualifier d'enfance avant d'atteindre une certaine maturité ; la paléontologie des Vertébrés, ou (une de ses parties) la paléoanthropologie, n'ayant à s'occuper que d'ossements ou de dents, s'est naturellement intéressée d'abord à l'extérieur macroscopique de ces objets, forme, modelé, orientation, dimensions, proportions, fonction ; plus mature aujourd'hui, après deux siècles d'existence, notre art s'est emparé de la microscopie, des rayons X, des ultrasons, de la chimie, etc., et a pénétré l'objet de son étude ; les résultats sont superbes comme l'est toujours la science.

1997-1998
La paléopathologie du squelette des hominidés

Le séminaire a été dédié à la mémoire de Jean Dastugue, médecin orthopédiste et paléopathologiste éminent, décédé à Caen durant l'année passée.

« La pathologie est ce qui affecte et cause un dommage », disent Jean Dastugue et Véronique Gervais ; la paléopathologie est donc la science des pathologies des êtres passés, exigeant « un diagnostic médical rétrospectif », dit Pierre-Léon Thillaud.

Pour un paléoanthropologue, il ne s'agit donc – en dehors de la conservation exceptionnelle de calculs ou de fibromes calcifiés – que de l'étude des pathologies qui se sont traduites sur les os ou sur les dents par des transformations ou par des lésions constructives ou destructrices.

J'ai alors divisé, en introduction au séminaire, ces pathologies en six catégories, les maladies infectieuses, les tumeurs, les maladies congénitales, les maladies dégénératives, les traumatismes, les affections dentaires, et j'ai terminé par quelques mots de paléothérapeutique.

La tuberculose osseuse, la lèpre, la syphilis ou les affections à tréponèmes se manifestent parfois bien sur les os, mais on peut citer aussi des cas d'ostéite, d'ostéomyélite, de méningite et beaucoup de traces d'abcès, de suppurations, de fistulations dont on ne connaît pas la cause.

Les néoplasies ou tumeurs, quand elles sont ossifiantes, sont évidemment faciles à observer macroscopiquement et parfois aussi microscopiquement, mais leur nature reste souvent incertaine.

Les maladies congénitales ne sont, comme on peut l'imaginer, pas simples à repérer, sauf lorsque l'on a affaire à une série squelettique suffisante et qui soit porteuse de la trace osseuse d'une pathologie particulière.

Les maladies endocriniennes ou dégénératives, en autres termes les affections chroniques ostéo-articulaires ou rhumatismes, sont par contre surabondamment représentées quand elles affectent le squelette axial, mais très peu illustrées quand elles touchent au squelette appendiculaire. La raison en est probablement la faible espérance de vie de ces Hommes préhistoriques qui n'atteignaient tout simplement pas l'âge de l'arthrose. Les lésions typiques de spondylose sont par contre légion. Dans le redressement du corps, il y a eu mise en tension des ligaments et contraction des muscles de la nuque, pression sur les vertèbres et les disques, nouvelle répartition des charges et par suite aplatissement des corps vertébraux, rétrécissement des canaux de conjugaison, sortie de la tête du fémur de l'acetabulum, cervicarthroses, coxarthroses, etc.

Les traumatismes, sources d'ailleurs fréquentes d'arthropathies, sont multiples et parfois spectaculaires, floraisons osseuses, remodelage des surfaces articulaires, polissages de certains segments. Les trépanations, totales ou incomplètes, les déformations artificielles de certaines parties du squelette (crâne, pieds) font aussi partie évidemment de ce chapitre des traumatismes comme d'ailleurs ces cas surprenants d'objets étrangers (armatures de flèches) plantés dans la matière osseuse.

Les pathologies dentaires offrent enfin un autre champ immense d'investigations.

Quant à l'histoire de la médecine et de la dentisterie, elle commence tôt avec des mobilisations autoritaires d'articulations ou, au contraire, des immobilisations, avec des amputations, avec les trépanations – ou au moins certaines d'entre elles –, mais aussi avec des preuves d'assistance à certains blessés et à certains infirmes. Pour l'anecdote, enfin, je citerai l'exemple amusant du premier (?) appareil dentaire, vieux de 2 800 ans ; 3 incisives perdues avaient été remplacées par une incisive de bœuf divisée en 3 par deux traits de scie, l'ensemble étant cerclé d'or et attaché par ce même fil aux dents voisines droite et gauche.

1998-1999
L'ichnologie

Préhistoire du geste ou Théâtre éteint (Pierre Moinot), l'ichnologie (du grec *ichnos*, « trace de pas ») est la science des empreintes et des traces ; les premières, décrites dès le début du XIXe siècle, étaient appelées ichnites, ichnofossiles ou bioglyphes ; c'est vers 1828 que leur étude s'institutionnalise et que l'ichnologie commence à révéler les innombrables facettes des informations qu'elle recèle : morphologie de parties molles, poids et répartition du poids, enjambée pour la locomotion, marche ou course et vitesse de déplacement, grains de peau et port de la queue de Dinosaures par exemple, effectifs en habitats (des Hommes) ou en mouvement (de certains animaux), etc. J'ai donné, lors de cette introduction, un certain nombre d'exemples choisis pour leur originalité et leur variété : l'empreinte de pied à contours voilés de la grotte Fontanet (1re chaussure*)* et les traces de litière d'herbes près du feu ; les cinquante empreintes de jeunes au Tuc d'Audubert en cinq ou six files régulières ; les brouillons des peintures au pied des parois ornées de la grotte de Niaux, à moins qu'il ne s'agisse d'une seule et même fresque dessinée tantôt sur le mur, tantôt sur le sol, etc.

2001-2002
Préhistoire et nouvelles technologies

Les progrès de l'électronique et de ses diverses applications sont fulgurants, et paléoanthropologie et préhistoire ont évidemment bénéficié de leurs retombées. Scannographies, échographies, remontages, reconstitutions sont désormais pratique courante dans ces disciplines qui ont ouvert mille voies nouvelles et fait avancer mille voies anciennes à très vive allure depuis seulement quelques décennies. J'ai réalisé, avec Pascal Picq, il y a une petite demi-douzaine d'années, un CD-Rom sur l'évolution de l'Homme ; c'était le tout premier sur le sujet et j'avais alors été particulièrement séduit par la structure en réseau de pareille réalisation. J'ai eu aussi à présider un jury international d'imagerie virtuelle en archéologie et avais été impressionné par la qualité des créations et par l'importance de l'apport de cet éclairage virtuel à la compréhension des éléments réels dont nous disposions jusqu'alors. Je salue donc la magie de toutes ces techniques nouvelles et les remercie de bien vouloir s'allier à nos problématiques pour nous aider, souvent avec éclat, à les résoudre.

Histoire

1995-1996
Grands noms, grands moments de l'histoire de nos sciences

L'idée du séminaire m'est venue d'une consultation de la revue *Archeologia* à propos d'un projet de dossier sur Pierre Teilhard de Chardin présenté par Anne Dambricourt-Malassé ; pour y répondre, j'ai pensé qu'une solution élégante pouvait être de prendre contact avec ce chercheur et de lui offrir de venir s'exprimer à la tribune du Collège, ce que je fis et qu'elle accepta immédiatement.

J'ai donc ouvert le séminaire, comme à l'accoutumée, en présentant mes invités et leurs sujets et en proposant moi-même une réflexion sur ce qu'il est convenu, surtout dans certains milieux, d'appeler mes maîtres ; comme je pense en avoir eu beaucoup, de la faculté au terrain, j'ai dû faire un choix et j'en ai retenu deux, Camille Arambourg et Louis Leakey, car ils ont eu cette particularité de m'apporter en même temps, et pendant une quinzaine d'années, deux appréhensions, culturellement bien différentes, de la même réalité.

Ils étaient tous les deux hommes de terrain, tous les deux passionnés et chaleureux, mais Camille Arambourg plus posé et prudent, Louis Leakey plus agité et provocateur. Camille Arambourg a couvert, le long de sa vie professionnelle, l'ensemble du champ de la paléontologie des Vertébrés, des Poissons du Miocène et des Reptiles du Crétacé aux Mammifères du Pliocène et du Pléistocène, dont les Australopithèques est-africains (avec moi), les *Homo erectus* et les *Homo sapiens* fossiles nord-africains. Très convaincu par le rôle du milieu dans l'histoire de la vie – « aux grands paroxysmes géodynamiques... correspondent de brusques déséquilibres biologiques, puis des réajustements », écrivait-il par exemple –, il insistait aussi sur le fait qu'il n'y avait pas deux zoologies ni deux biologies, mais une seule science des êtres vivants. Louis Leakey a pratiqué, comme son collègue français, la paléontologie des Vertébrés dans son ensemble, mais l'essentiel de ses recherches et de sa production a porté sur les Primates, les Hominidés et la préhistoire. Inventeur d'*Homo habilis*, de *Zinjanthropus boisei* et de *Kenyapithecus africanus* et *wickeri*, entre autres fossiles nouveaux, il était partisan d'une très ancienne autonomie de notre famille qu'il faisait volontiers plonger jusqu'à la vingtaine de millions d'années. Véritable « locomotive », doté d'un puissant charisme, on peut dire qu'il est à l'origine de l'extraordinaire développement de la recherche paléontologique et préhistorique en Afrique orientale depuis presque quarante années.

Liste des colloques

Quant aux colloques, ils ont eu pour thèmes, en mai 1995, « Archéologie et inférence démographique », sous l'autorité de Jean-Pierre Bocquet-Appel ; en octobre 1995, « La culture est-elle naturelle ? » proposée par Albert et Jacqueline Ducros, Frédéric Joulian et Michel Panoff ; en mai 1996, « La structure et le développement de l'émail dentaire et leur application à la compréhension de l'évolution et de la taxinomie des Hominidés » sous la conduite de Fernando Ramirez Rozzi et de moi-même ; en juin 1996, « Définition de standards de croissance, méthodologie statistique et normes biologiques » à l'initiative et sous l'autorité d'Anne-Marie Guihard-Costa et de Jeanne-Claudie Larroche ; en juin 1997, « Les racines de l'Europe : 400 000 ans d'art contemporain » sous la houlette d'Emmanuel Anati ; et en décembre 1998, « Origines de l'Homme, réalité, mythe, mode » à mon initiative.

Notes

1. La dent de Lukeino sera le premier fossile attribué à *Orrorin tugenensis*, Senut, Pickford, Gommery, Mein, Cheboi et Coppens, 2001. L'humerus de Kanapoi entrera dans la définition de *Australopithecus anamensis*, Leakey, Feibel, McDougall et Walker, 1995.

2. Mon hypothèse de l'*East Side Story* a dû être abandonnée à la suite des découvertes d'*Australopithecus bahrelghazali*, Brunet, Beauvilain, Coppens, Heintz, Montaye et Pilbeam, 1996 et de *Sahelanthropus tchadensis*, Brunet, Guy, Pilbeam, Mackaye, Likius, Ahounta, Beauvilain, Blondel, Bocherens, Boisserie, de Bonis, Coppens, Dejax, Denys, Duringer, Eisenmann, Fanone, Fronty, Geraads, Lehmann, Lihoreau, Louchart, Mahamat, Merceron, Mouchelin, Otero, Pelaez-Campomanes, Ponce de León, Rage, Sapanet, Schuster, Sudre, Tassy, Valentin, Vignaud, Viriot, Zazzo et Zollikofer, 2002, à l'ouest de la Rift Valley.

3. Les Australopithèques étaient alors les seuls Préhumains connus ou, du moins, tous les Préhumains étaient alors appelés Australopithèques. Leur diversification débutée avec *Ardipithecus ramidus*, White, Suwa et Asfaw, 1994 et 1995, avait été annoncée dans ce cours. Aujourd'hui (2007), on retient au moins quatre genres, *Ardipithecus, Kenyanthropus, Orrorin, Sahelanthropus* en plus d'*Australopithecus* dans les Australopithecinae ; *Australopithecus* lui-même est considéré comme un genre (*Australopithecus)*, deux genres, (*Australopithecus, Paranthropus)*, ou trois genres (*Australopithecus, Paranthropus, Zinjanthropus*) selon les auteurs (j'adopterais volontiers la troisième hypothèse).

Si j'avais aujourd'hui à reprendre cette nomenclature, je ferais sortir du genre fourre-tout *Australopithecus*, *Australopithecus anamensis* (à la bipédie exclusive et du même coup à l'anatomie des membres tant supérieurs qu'inférieurs très moderne), dont je ferais sans doute un autre genre, et *Australopithecus bahrelghazali* (à la symphyse verticale et aux prémolaires très molarisées) que je mettrais volontiers dans *Kenyanthropus platyops*.

4. La notion de *Préaustralopithecus* n'a pas été retenue.

5. « Mon » équipe signifie ici, pour cette recherche particulière, Brigitte Senut, Christine Tardieu et Dominique Gommery.

Je continue d'ailleurs aujourd'hui de penser qu'il y a, à Hadar, deux Hominidés, l'un majoritaire, que le squelette de Lucy caractérise bien (*Australopithecus afarensis*), l'autre, très peu représenté, mais bel et bien différent et contemporain, que, dans les conditions de connaissance actuelle (2007), je placerais dans l'espèce *Australopithecus anamensis*.

6. L'interprétation du pied et du pas ont fait depuis l'objet de débats contradictoires.

7. On a trouvé depuis (1994), en Afrique du Sud, un Australopithèque dit *Little foot* plus ancien et plus archaïque que *Australopithecus africanus*.

8. Première mention dans ce cours, de ce que j'ai découvert en 1975 et appelé ensuite l'« événement de l'H(Omo) » ou *(H)Omo event*, décrivant l'apparition du genre *Homo* comme une réponse adaptative (réussie) à un changement climatique (assèchement), idée abondamment reprise à partir de 1985 (c'est-à-dire dix ans après son « émission ») par la communauté scientifique internationale.

9. En fait six ans.

10. Certaines de ces pièces sont aujourd'hui attribuées à une seconde « première » espèce, *Homo rudolfensis*.

11. Ce qui est alors appelé *Homo* est ce qui est appelé aujourd'hui *Australopithecus anamensis*, Leakey *et al.*, 1995, à Kanapoi et Allia Bay, comme peut-être à Hadar.

12. J'ai depuis longtemps pensé que l'espèce humaine qui s'était déployée à travers l'Afrique puis l'Eurasie était une des premières (*Homo habilis* ou *Homo rudolfensis*), contrairement à l'opinion générale qui « voulait » que ce soit *Homo erectus* ; les découvertes faites récemment en Géorgie, en Italie, en Espagne, en Chine sont en train d'abonder dans « mon » sens.

13. Des fossiles humains européens plus anciens sont venus depuis prendre la place de Mauer (dont l'âge a d'ailleurs été peut-être surestimé) ; il s'agit de fossiles espagnols ou italiens (aux environs du million d'années).

14. On distinguait alors, comme aujourd'hui (2007), l'Homme moderne de l'Homme de Neandertal, mais on leur accordait alors, à tous les deux, le statut de sous-espèces *Homo sapiens sapiens* et *Homo sapiens neandertalensis* ; on a tendance à leur attribuer aujourd'hui le plein statut d'espèce *Homo sapiens* et *Homo neandertalensis*.

15. Entre *H. habilis* et *H. erectus*, certains distinguent aujourd'hui un *H. ergaster* (3733 appartiendrait à cette « espèce » d'espèce).

16. Le site d'Oubeidiyeh, jamais bien daté, a été rajeuni.

17. En fait, il a fallu une autre année, soit un total de 54 leçons.

18. Ou pas.

19. Lire *Homo neandertalensis*, peut-être une véritable espèce.

20. On qualifie de Neandertal désormais les restes humains européens de 400 000 ans (voire 500 000) à 35 000 ans ; il y a quelque chance pour que les restes qui précèdent les annoncent ; ils sont alors appelés préneandertaliens ou *heidelbergensis* mais procèdent, depuis 1 million d'années peut-être, du même processus de dérive génétique, que l'on peut appeler neandertalisation.

21. Pour la plupart des auteurs désormais (dont l'Indonésien Teuku Jacob), il y a discontinuité entre les derniers *Homo erectus* autochtones, en effet évolués (Ngandong), et les premiers *Homo sapiens* allochtones, autant qu'entre les derniers *Homo neandertalensis* (Zafarraya, Saint-Césaire) et les premiers *Homo sapiens* (Cro-Magnon) européens.

22. Dès 40 000 ans au moins l'Australie.

23. Il convient désormais de sortir de cette liste l'Homme de Neandertal.

24. Ce deuxième parcours (8 fois 9 leçons), collant à l'actualité, est naturellement plus chaotique que le premier qui s'était voulu volontairement chronologique et linéaire en six années. Les trois premiers cours présentent cette fois, mais en vrac, les nouveautés au moment de ces années d'enseignement, puis deux cours traitent de manière mieux suivie des premiers peuplements de l'Eurasie, un cours des premiers peuplements des Amériques, un cours du lien probable des outils et des Hommes et le dernier du bilan général.

25. *Motopithecus* est devenu formellement *Samburupithecus*, Ishida et Pickford, 1998.

26. La multiplication volontaire des noms informels (pour ne pas dire stupides) n'est faite, comme il est dit dans le texte original, que pour démarquer les lignées, telles qu'elles apparaissaient, en ce mois d'août 1995, dans la tête de l'auteur.

27. Juan-Luis Arsuaga dit désormais 500 000 ans (communication personnelle, Madrid, février 2006). Mais d'autres auteurs maintiennent l'estimation antérieure.

28. Un *Homo habilis* ou un *Homo rudolfensis*.

29. Une étude récente le rapproche plus volontiers d'*Homo rudolfensis*.

30. *Samburupithecus*, Ishida et Pickford, 1998, n'est en général pas considéré comme un Hominidé.

31. ATER signifie attaché temporaire d'enseignement et de recherche.

32. Shungurien, Hadarien : voir définition dans le chapitre « Culture ».

33. On pense plus volontiers aujourd'hui pour Dmanissi à *Homo ergaster*, voire à *Homo rudolfensis*.

34. *Australopithecus* est employé ici dans le sens de Préhumain *sensu lato*.

35. *Homo* recouvre *Homo habilis, Homo rudolfensis,* mais aussi *Australopithecus anamensis* pas encore décrit, bipède exclusif dès 4 millions d'années.

36. *Australopithecus* est employé ici pour *Zinjanthropus* ou *Paranthropus*.

37. Le Lazaret est aujourd'hui daté de 160 000 (ou 180 000) ans.

38. La mission s'est poursuivie, a confirmé les anomalies et a sondé ; les grottes étaient bien là.

39. L'*East Side Story* a dû évidemment être abandonnée à la suite des découvertes tchadiennes. *The Crossing of the Rift* était une tentative d'explication de la découverte d'*Australopithecus bahrelghazali* de 3 à 3,5 millions d'années au Tchad (découverte faite en 1994, avant celle de *Sahelanthropus tchadensis* de 7 millions d'années faite en 2002). Cette hypothèse, s'appuyant sur des changements de faunes et sur le « remplacement » d'*Ardipithecus* par *Australopithecus,* a été proposée, deux ans plus tard, par Tim White *et al*.

40. Il est amusant de rappeler que cette leçon a été donnée en 1998-1999 et que c'est deux ans après qu'a été découvert *Homo floresiensis*, peut-être arrivé dès 700 000 à 800 000 ans à Florès, ayant développé lui-même le nanisme insulaire dont nous avons fait état ici et survivant encore dans cet « état » il y a 12 000 à 18 000 ans !

Et c'est *Stegodon trigonocephalus* qui nous guide et nous conforte dans cette interprétation ; c'est sous sa forme intermédiaire *Stegodon trigonocephalus trigonocephalus* qu'il arrive à Florès et non sous sa forme finale *Stegodon trigonocephalus ngandongensis* de Java, et c'est une autre sous-espèce originale naine qu'il réalisera à Florès en même temps que *Homo erectus* réalisera la sienne (sous-espèce ou espèce).

41. Il s'agit d'une forme dérivée d'*Homo erectus* (et non d'*Homo sapiens*).

42. *Homo erectus neandertalensis* ou *Homo neandertalensis,* mais pas *Homo sapiens neandertalensis*.

43. L'*East Side Story* a toujours été présentée, faisons le remarquer, de manière très modeste. Je garderai d'ailleurs aujourd'hui encore volontiers les termes (tous les termes) de cette déclaration, mêlant prudence et espoir, et qui pourtant précède de trois ans la découverte de *Sahelanthropus tchadensis*.

44. Fort Lamy est depuis devenu N'Djamena.

45. Les analyses ayant évolué, vingt ans après le crâne 1470 est désormais le type d'une espèce nouvelle, *Homo rudolfensis* et les crânes de Ngandong, ceux d'une forme évoluée de l'*Homo erectus* ; quant à l'*Homo sapiens* de Java, ce serait un nouvel arrivant (du continent), signant une discontinuité.

46. Préhumains et Australopithèques étaient alors synonymes ; on ne connaissait ni *Ardipithecus*, ni *Orrorin*, ni *Kenyanthropus* ; et on ne connaissait évidemment pas les Hominidés du Tchad.

47. La découverte par Michel Brunet d'*Australopithecus bahrelghazali* et de *Sahelanthropus tchadensis* a fait ce dernier parler, à propos de ces Hominidés, d'une *West Side Story*. Il y a donc dans la littérature deux *West Side Stories* qu'il ne faut pas confondre.

Glossaire

ADN : (DNA) molécule porteuse de l'information génétique (il existe un ADN nucléaire dans les chromosomes des noyaux des cellules et un ADN mitochondrial dans les chromosomes des mitochondries des mêmes cellules).

Améloblastes : cellules sécrétrices de l'émail.

Ammonites : mollusques céphalopodes fossiles à coquille externe aux affinités probables avec les Nautiles.

Anagenèse : transformation continue des espèces, sans division des lignées.

Angéiologie ou **angiologie** : étude des vaisseaux.

Annélides : vers.

Apomorphie : état dérivé (nouveau) d'un caractère ; des apomorphies partagées se nomment synapomorphies.

Arthrologie : étude des articulations.

Bec : outil de pierre présentant une pointe bien dégagée mais plus épaisse et moins acérée que celle du perçoir.

Bélemnites : mollusques céphalopodes fossiles, voisins des Seiches et représentés en général par leur rostre calcaire.

Biface : outil de pierre, façonné à partir d'un bloc ou d'un éclat et aménagé sur les deux faces par des enlèvements qui dégagent une pointe et des arêtes latérales.

Brachiopodes : animaux marins, apparentés aux Bryozaires et aux Vers, à coquille bivalve qui se fossilise.

Bryozoaires : animaux aquatiques vivant en colonies dans des logettes qui se fossilisent.

Burin : outil de pierre dont la partie active est un tranchant ou biseau étroit obtenu par retouches (on détache par une seule percussion une sorte de lamelle – chute de burin – à partir de la surface préparée).

C14 : isotope du Carbone et par extension méthode de datation absolue basée sur la désintégration de cet isotope.

Cairn/carn (mot gaélique) : tumulus constitué de pierres, recouvrant en général une construction mégalithique (sépulture).

Charophytes : algues d'eau douce et d'eau saumâtre.

Chiroptères : Mammifères placentaires proches des Insectivores et adaptés au vol par allongement des phalanges des quatre derniers doigts supportant une membrane (exemple actuel, la chauve-souris).

Chopper/chopping tool : outil de pierre façonné sur galet ou sur bloc dont les enlèvements sur une face (chopper) ou deux (chopping tool) dégagent un tranchant partiel.

Cladogenèse : séparation de deux lignées d'êtres vivants apparentés (groupes frères) à partir d'un groupe dont ces lignées sont issues (ancêtre commun).

Couteau : outil de pierre sur éclat ou sur lame dont l'un des tranchants est brut ou peu retouché.

Cryoturbation : déplacement dans une couche géologique de fragments de roches et, parfois, de restes archéologiques, dû à la succession de gels et de dégels.

Cypraeidés ou **cypridés** : Mollusques gastéropodes dont la coquille à spire recouvre entièrement l'animal par son dernier tour (exemples actuels : les Porcelaines, les Cauries).

Denticulé : outil de pierre dont le (ou les) tranchant(s) est aménagé par une série d'encoches adjacentes.

Deutérium : isotope stable de l'hydrogène.

Diastème : espace entre deux dents.

Diatomées : algues unicellulaires microscopiques dont la carapace siliceuse externe (ornementée, ce qui permet d'en reconnaître les espèces et, par la même occasion, les milieux qu'elles fréquentaient) se conserve et participe à constituer, par accumulation dans des milieux aquatiques, des formations rocheuses ou diatomites.

Dinosaures : Reptiles fossiles, essentiellement continentaux, aux membres en colonnes et aux tailles diverses, dont les plus gigantesques de tous les temps pour des animaux terrestres.

Dolérite : roche basique qui, quand elle est altérée, se nomme diabase ou dolérite épimétamorphique ou métadolérite et peut devenir amphibolite sous l'effet du métamorphisme.

Encoche : concavité obtenue dans le tranchant d'un outil de pierre.

Endoscopie : exploration visuelle d'une cavité par l'intermédiaire d'un tube optique muni d'un système d'éclairage appelé endoscope, à l'origine médical.

Épipaléolithique : à peu près synonyme et contemporain du Mésolithique mais le Mésolithique est une période censée se distinguer du Paléolithique qui le précède et du Néolithique qui le suit ; l'Épipaléolithique exprime au contraire une continuité avec le Paléolithique alors qu'il se démarque bien du Néolithique.

Euthériens ou **Placentaires** : groupe de Mammifères dont le développement vivipare se fait par l'intermédiaire d'un placenta.

Foraminifères : animaux unicellulaires, essentiellement marins, au corps protégé par une coque calcaire (un test) qui se fossilise.

Gnathique : concernant les mâchoires.

Gondwana : voir Pangée.

Grattoir : outil de pierre dont la partie active est un front arrondi et tranchant obtenu par retouches obliques.

Gravimétrie, microgravimétrie : mesure de l'intensité du champ de la pesanteur.

Hallux : premier rayon de l'extrémité du membre inférieur (postérieur).

Histologie : étude des tissus (animaux ou végétaux).

Hornblendite, métahornblendite : roche basique, plus précisément chlorito-amphibolite transformée par plusieurs phases de métamorphisme.

Ichthyosaures : Reptiles fossiles, marins et carnassiers.

Inocérames : Mollusques lamellibranches à grosse coquille ovoïde.

Insectivores : Mammifères placentaires plantigrades, de petite taille, aux pattes munies de cinq doigts à griffes (exemples actuels, taupe, hérisson, musaraigne).

Isotopes : éléments naturels de même charge (nombre de protons) mais dont la masse atomique (nombre de neutrons) diffère : exemple, le carbone qui a trois isotopes ; le carbone 12, le carbone 13 et le carbone 14.

Jugal : de la joue.

La Tène : site des bords du lac de Neuchâtel : nom donné à une civilisation ou deuxième âge du Fer en Europe (Ve siècle avant notre ère à la conquête romaine) ; le nom de Marnien avait aussi été proposé pour désigner la même période.

Lame mince : échantillon de roche, d'os, de dent, de poterie, etc., aminci pour pouvoir être observé au microscope.

Lame : outil de pierre que l'allongement et le parallélisme des deux bords caractérisent ; en fonction du rapport longueur/largeur, on parle d'éclat laminaire, de lame ou de lamelle.

Laurasie : voir Pangée.

Levallois (débitage) (technique Levallois, éclat Levallois) : méthode permettant d'obtenir des éclats, lames ou pointes, d'une surface de débitage préférentiel.

Magnétisme : méthode utilisant le champ magnétique pour mesurer l'homogénéité ou non d'un terrain.

Métabolisme : somme des réactions chimiques se déroulant dans la cellule comme la décomposition des molécules alimentaires en éléments plus simples, organiques et minéraux, avec stockage d'énergie à des fins de construction de la cellule.

Métathériens ou **Marsupiaux** : groupe de Mammifères dont le développement, après un début intra-utérin, se fait dans une poche ventrale, le marsupium

Microscopie : techniques d'examen d'objets qui consiste à les agrandir ou à en agrandir l'image ; il existe plusieurs microscopies, de performances diverses et d'usages différentiels, la microscopie optique, la microscopie à contraste de phase, la microscopie électronique à transmission, la microscopie électronique à balayage, la microscopie à effet tunnel.

Mitochondrie : organites existant dans les cellules, ayant un ADN propre et qui proviennent uniquement de l'ovule maternel.
Il pourrait s'agir, à l'origine, de véritables organismes indépendants ayant réalisé une symbiose avec un autre organisme unicellulaire (théorie endosymbiotique de l'évolution).
Le même phénomène est observé dans les cellules végétales où le rôle de la mitochondrie est joué par les plastes.

Ongulés : Mammifères placentaires à sabots, herbivores ou omnivores, en général de grande taille, plantigrades, semiplantigrades (comme les Proboscidiens) ou digitigrades (comme les Périssodactyles, les Chevaux et les Rhinocéros, ou les Artiodactyles, les Hippopotames, les Cervidés, les Antilopes).

Orthognathe : face plate.

Ostracodes : petits crustacés dont la carapace se fossilise.

Paléomagnétisme : méthode de datation relative par l'orientation de la polarité magnétique (qui a varié sans cesse tout au long des temps géologiques).

Paléosol : sol ancien.

Palynologie : étude des pollens (particules – mâles – émises par les plantes à fleurs) et des spores (particules émises par les fougères, les mousses, les lichens, les champignons, etc.).

Pangée : réunion (à certaines époques de l'histoire de la Terre) des continents en une seule masse. À certaines autres époques, la réunion des continents septentrionaux a été appelée Laurasie, celle des masses continentales de l'hémisphère Sud, Gondwana.

Parturition : ensemble des phénomènes aboutissant à l'expulsion du fœtus, synonyme d'accouchement.

Percuteur : outil de taille par percussion. Le percuteur dur est en pierre, le percuteur tendre, en bois végétal, bois animal (cervidé), os, ivoire.

Plésiomorphie : état ancestral (hérité) d'un caractère ; des plésiomorphies partagées se nomment symplésiomorphies.

Plésiosaures : Reptiles fossiles, marins, très grands, à corps plat et à queue réduite, à cou très long et tête serpentiforme.

Pointe de Tayac : outil en pierre, épais, à bords convergents.

Pointe : outil en pierre, en os ou en bois animal à deux tranchants, bruts ou retouchés, convergents.

Pollex : premier rayon de l'extrémité du membre supérieur (antérieur).

Prognathe : face projetée.

Protothériens ou **Monotrèmes** : Mammifères ovipares (l'Ornithorynque et l'Echidné les représentent aujourd'hui).

Rabot : outil de pierre qui présente une face plane à partir de laquelle l'enlèvement d'une série d'éclats jointifs, abrupts, permet d'obtenir un front vertical.

Racémisation des acides aminés : méthode de datation qui mesure la déviation de la lumière polarisée par les molécules organiques (les acides aminés) qu'elle traverse ; la racémisation est la traduction de leur dégradation.

Racloir : outil de pierre, façonné sur éclat par retouches continues, déterminant un tranchant plus ou moins aigu.

Radiation : diversification des espèces, des genres ou des familles à partir d'une même souche ancestrale (ne pas confondre avec suppression, annulation, licenciement).

Radiochronologie : ensemble des méthodes de datation fondées sur la désintégration d'atomes radioactifs (exemples : carbone 14, potassium/argon, argon/argon, uranium/thorium, traces de fission, rubidium/strontium, etc.)

Résonance électronique de spin : méthode de datation mesurant le magnétisme des électrons piégés dans le cristal de minéraux.

Rhizolithes : structures ayant pour origine des racines de végétaux.

Rifting : phénomène tectonique entraînant l'ouverture de failles (rifts) et ses conséquences.

Rudistes : Mollusques lamellibranches dont une valve est fixée. Ils vivent en colonies et constituent parfois des roches.

Sismique : méthode utilisant des ondes sonores pour mesurer, par réflexion, l'homogénéité ou non d'un terrain.

Spectrographie de masse : technique qui utilise les champs électrique ou magnétique pour mesurer les masses atomiques ou moléculaires (détection d'isotopes par exemple). L'appareil s'appelle le spectrographe.

Splanchnologie : étude des viscères.

Stratigraphie : étude de la succession des couches de sédiments et des conditions de leur formation.

Taphonomie : interprétation de la disposition des restes organiques dans les couches géologiques en fonction de leur histoire depuis leur mort ; extension de l'acception de ce terme à l'étude de la disposition des outils sur un sol d'occupation ou d'habitat depuis leur abandon.

Taxinomie : (appelée, à tort, taxonomie par les Anglo-Saxons) science de la classification des êtres vivants et ses lois.

Téthys : nom donné à une mer ancienne (ayant beaucoup varié) s'étant étendue entre l'océan Indien et l'océan Atlantique.

Thermoluminescence : méthode de datation mesurant la lumière dégagée par les électrons déplacés par une radiation (lumière, chaleur), piégés dans le cristal des minéraux et libérés par un chauffage contrôlé.

Tomographie : examen radiologique permettant de visualiser des structures anatomiques sous forme de coupes. Tomodensitométrie, ou scanner ou tomographie assistée par ordinateur : examen radiologique utilisant le scanner à rayons X pour visualiser des coupes de structures anatomiques sous forme d'images numériques.

Varus : qui s'écarte de l'axe du corps vers l'intérieur.

Bibliographie

Actes du congrès international, Toulouse, 1995, Antibes, Éditions APDCA, 1999.

J.-M. ADOVASIO, J.-D. GUNN, J. DONAHUE, R. STUCKENRATH, J. GUILDAY, K. LORD, « Meadowcroft Rockshelter », *in* « Early man in America from a Circum-Pacific perspective », *Occasional Papers*, n° 1, Dept. Anthrop., University of Alberta, éd. A. Lyle Bryan, 1978, p. 140-180.

T. AKAZAWA, S. MUHESEN (éds), *Neanderthal Burials : Excavations of the Dederiyeh Cave, Afrin, Syria*, Auckland, K.-W. Publications, 2003.

Z. ALEMSEGED, F. SPOOR, W. H. KIMBEL, R. BOBE, D. GERAADS, D. REED, J. G. WYNN, « A juvenile early hominin skeleton from Dikika, Ethiopia », *Nature*, 443, 2006, p. 296-301.

E. ANATI, *Aux origines de l'art*, Paris, Fayard, 2003.

C. ARAMBOURG, « L'hominien fossile de Ternifine (Algérie) », *C. R. Acad. Sci.*, n° 239, 1954, p. 893-895.

C. ARAMBOURG, P. BIBERSON, « The fossil human remains from the Paleolithic site of Sidi Abderrahman (Marocco) », *Am. J. of Physic. Anthrop.*, vol. 14, n. s., n° 3, 1956.

C. ARAMBOURG, Y. COPPENS, « Sur la découverte dans le Pléistocène inférieur de la vallée de l'Omo (Éthiopie) d'une mandibule d'Australopithécien », *C. R. Acad. Sci.*, n° 265, 1968, p. 589-590.

C. ARAMBOURG, R. HOFFSTETTER, « Le gisement de Ternifine », *Archiv. Instit. Paléont. Hum.*, n° 32, 1963, Paris, Masson.

J. ARSUAGA, C. BERMUDEZ DE CASTRO, J. et E. CARBONELL, « The Sima de los Huesos hominid site », *J. Hum. Evol.*, n° 36, 1997, p. 105-421.

B. ASFAW, T.-D. WHITE, C.-O. LOVEJOY, B. LATIMER, S. SIMPSON, G. SUWA, « *Australopithecus garhi* : A new species of early hominid from Ethiopia », *Science*, n° 284, 1999, p. 629-635.

M. AWAZU PEREIRA DA SILVA, B. POIRIER, *Anthropologiques. Déformations crâniennes artificielles : histoire, recherches et hypothèses*, Pontoise, Musée de Pontoise, 1997.

A.-M. BACON, *La Locomotion des primates du Miocène d'Afrique et d'Europe. Analyse fonctionnelle des os longs du membre pelvien et systématique*, Paris, CNRS Éditions, « Cahiers de Paléoanthropologie », 2001.

O. BAR YOSEF, B. VANDERMEERSCH, *Le Squelette moustérien du Kébara 2*, Paris, CNRS Éditions, « Cahiers de Paléoanthropologie », 1991.

V. BARRIEL, « L'origine génétique de l'homme moderne », *in* « Les origines de l'humanité », dossier *Pour la Science*, janvier 1999, p. 92-98.

M. BEDEN, « Les Éléphantidés (Mammalia-proboscidea) », *in* Y. Coppens, F. Clark Howell (éds), *Les Faunes plio-pleistocènes de la basse vallée de l'Omo (Éthiopie)*, tome 2, Paris, CNRS Éditions, « Travaux de paléontologie est-africaine », 1987.

E. BÉRAUD-COLOMB, R. ROUBIN, J. MARTIN, N. MAROC, A. GARDEISEN, G. TRABUCHER, M. GOOSSENS, « Human beta-globin gene polymorphisms characterized in DNA extracted from ancient bones 12,000 years old », *Am. J. Hum. Genet.*, n° 57, 1995, p. 1267-1274.

C. BERGE, *L'Évolution de la hanche et du pelvis des hominidés : bipédie, parturition, croissance, allométrie*, Paris, CNRS Éditions, « Cahiers de Paléoanthropologie », 1993.

G. D. VAN DEN BERGH, J. DE VOS, P.-Y. SONDAAR, « The Late Quaternary palaeogeography of mammal evolution in the Indonesian Archipelago », *Palaeogeo. Palaeoclim. Palaeoecol.*, n° 171, 2001, p. 385-408.

G. BÉRILLON, *Le Pied des Hominoïdes Miocènes et des Hominidés fossiles*, Paris, CNRS Éditions, « Cahiers de Paléoanthropologie », 2000.

P. BIBERSON, « Le gisement de l'Atlanthrope de Sidi Abderrahman (Casablanca) », *Bull. Arch. Maroc.*, t. 1., 1956, Rabat.

D. BLACK, « Tertiary man in Asia : the Chou Kou Tien discovery », *Science*, n° 64, 1926, p. 586-587.

D. BLACK, « Tertiary man in Asia : the Chou Kou Tien discovery », *Nature*, n° 118, 1926, p. 733-734.

D. BLACK, « On a lower molar hominid tooth from Chou Kou Tien deposit », *Pal. Sinica*, New Ser., D. 7, 1927, p. 1-28.

J. P. BLAIS, P. COTE, X. DEROBERT, S. PALMA-LOPEZ, *Synthèse des reconnaissances géologiques et géophysiques depuis 1996, Site de l'Homme de Pékin*, Paris, Fondation Électricité de France, 2005.

C. BLANCKAERT, « Monogénisme et polygénisme en France de Buffon à P. Broca (1749-1880) », thèse de troisième cycle, Hist. Sci., Université Paris-I, 1981.

P. BLANDIN, « Îles : vivre entre ciel et mer », catalogue de l'exposition, Paris, MNHN-Nathan, « Nature », 1997, p. 128.

T. BLUNIER, J. CHAPPELLAZ, J. SCHWANDER, A. DALLENBACH, B. STAUFFER, T.-F. STOCKER, D. RAYNAUD, « Asynchrony of Antarctic and Arctic climate change during the last glacial period », *Nature*, n° 394, 1998, p. 793-743.

J.-P. BOCQUET-APPEL, « La paléodémographie », *in* O. Dutour, J.-J. Hublin, B. Vandermeersch (éds), « Objets et méthodes en paléoanthropologie », *Comité Trav. Hist. Sci.*, 2005, p. 271-313.

E. BONIFAY, *Les Premiers Peuplements de l'Europe*, Paris, Éditions Maison des Roches, 2002.

L. DE BONIS, G. BOUVRAIN, D. GERAADS, J. MELENTIS, « Première découverte d'un Primate hominoïde dans le Miocène supérieur de Macédoine (Grèce) », *C. R. Acad. Sci.*, n° 278, 1974, p. 3063-3066.

L. de Bonis, G.-D. Koufos, « *Ouranopithecus* et la date de séparation des hominoïdes modernes », *C. R. Acad. Sci.*, vol. 3, 2004, p. 255-262.

L. de Bonis, G.-D. Koufos, F. Guy, « Nouveaux restes du primate hominoïde *Ouranopithecus* dans les dépôts du Miocène supérieur de Macédoine (Grèce) », *C. R. Acad. Sci.*, série 2, vol. 327, 1998, p. 141-146.

R. Bonnefille, F.-H. Brown, J. Chavaillon, Y. Coppens, P. Haesaerts, J. Heizelin, F.-C. Howell, « Situation stratigraphique des localités à Hominidés des gisements plio-pléistocènes de l'Omo en Éthiopie (membre de base, A, B, C, D et J) », *C. R. Acad. Sci.*, t. 276, série D, 1973, p. 2781-2784.

F. Bordes, *Leçon sur le Paléolithique. Le Paléolithique en Europe*, Paris, CNRS Éditions, « Cahiers du Quaternaire », 7/2, 1984.

F. Bordes, *Typologie du Paléolithique ancien et moyen*, Bordeaux, Éditions Delmas, 1961.

M. Boule, « L'homme fossile de La Chapelle-aux-Saints », *Ann. Pal.*, t. VI-VII-VIII, Monaco, 1911-1913.

F. Bourdier, *Préhistoire de France*, Paris, Flammarion, « Nouvelle Bilbliothèque scientifique », 1967.

A.-F. Boureau-Deslandes, *Sur une Antiquité celtique, in Recueil de differens traités de physique et d'histoire naturelle, propres à perfectionner ces deux sciences*, Paris, Éditions E. Ganeau, 1750-1753.

G. Bräuer, « The out of Africa model and the question of regional continuity. The KNM-ER 3884 Hominid and emergence of modern anatomy in Africa. Humanity from african naissance to coming millennia », P.-V. Tobias, A. Michael, J. Raath, Moggi-Cecchi, G.-A. Doyle, « Colloque de biologie humaine et paléoanthropologie, 28 juin-4 juillet 1998 », Florence, Firenze University Press, Johannesburg, Witwatersrand University Press, 2001.

M. Braûn, « Applications de la scanographie à RX et de l'imagerie virtuelle en paléontologie humaine », thèse, MNHN, 1996.

H. Breuil, *Quatre Cents Siècles d'art pariétal*, Montignac, CEDP, 1952.

J. Briard, *Les Dépôts bretons et l'âge du Bronze atlantique*, Rennes, Laboratoire d'anthropologie, 1965.

J. Briard, *Les Mégalithes de l'Europe atlantique*, Paris, Errance, 1995.

T. G. Bromage, F. Schrenk (éds), *African Biogeography, Climate Change and Human Evolution*, Oxford University Press, 1999.

R. Broom, « A new fossil anthropoid skull from South Africa », *Nature*, vol. 138, 1936, p. 486-488.

R. Broom, « The Pleistocene anthropoid apes of South Africa », *Nature*, vol. 142, 1938, p. 377-379, p. 897-899.

R. Broom, J.-T. Robinson, « Further remains of the Sterkfontein ape-man, *Plesianthropus* », *Nature*, vol. 160, 1947, p. 430-431.

R. Broom, J.-T. Robinson, « A new type of fossil man », *Nature*, n° 164, 1949, p. 322-323.

J.-P. Brugal, F. David, J.-G. Enloe, J. Jaubert (dir), *Le Bison : gibier et moyen de subsistance des Hommes du Paléolithique aux Paléoindiens des grandes plaines*, actes du colloque international, Toulouse 1995, Sophia-Antipolis, Éditions APDCA, 1999.

J.-P. Brugal, L. Meignen, M. Patou-Mathis, *Économie préhistorique. Les comportements de subsistance au paléolithique*, actes des XVIIIe rencontres internationales d'archéologie historique, Antibes, 23-25 octobre 1997, Sophia-Antipolis, Éditions APDCA, 1998.

M. Brunet, A. Beauvilain, Y. Coppens, E. Heintz, A.-H.-E. Moutaye, D. Pilbeam, « The first australopithecine recovered west of the Rift Valley (Koro Toro region, Republic of Chad) », *Nature*, n° 378, 1995, p. 273-275.

M. Brunet, A. Beauvilain, Y. Coppens, E. Heintz, A.-H.-E. Moutaye, D. Pilbeam, « *Australopithecus bahrelghazali* une nouvelle espèce d'Hominidé ancien de la région de Koro Toro (Tchad) », *C. R. Acad. Sci.*, n° 322, 1996, p. 907-913.

M. Brunet, F. Guy, D. Pilbeam, H. T. Mackaye, A. Likius, D. Ahounta, A. Beauvilain, C. Blondel, H. Bocherens, J. R. Boisserie, L. de Bonis, Y. Coppens, J. Dejax, C. Denys, P. Duringer, V. Eisenmann, G. Fanone, P. Fronty, D. Geraads, T. Lehmann, F. Lihoreau, A. Louchart, A. Mahamat, G. Merceron, G. Mouchelin, O. Otero, P. Pelaez-Campomanes, M. Ponce de Léon, J.-C. Rage, M. Sapanet, M. Schuster, J. Sudre, P. Tassy, X. Valentin, P. Vignaud, L. Viriot, A. Zazzo, C. Zollikofer, « A new hominid from the Upper Miocene of Chad, Central Africa », *Nature*, n° 418, 2002, p. 145-151.

M. Brunet, F. Guy, D. Pilbeam, D.-E. Lieberman, A. Likius, H.-T. Mackaye, M. Ponce de Léon, C. Zollikofer, P. Vignaud, « New material of the Earliest Hominid from the Upper Miocene of Chad », *Nature*, n° 434, 2005, p. 753-755.

A.-L. Bryan, R.-M. Casamiquela, J.-M. Cruxent, R. Gruhn, C. Ochsenius, « An El Jobo mastodon kill at Taima-taima, Venezuela », *Science*, vol. l200, l978, p. 1275-1277.

B. Buigues, *Sur la piste du mammouth*, Paris, Robert Laffont, 2000.

J. Chaline, *Une famille peu ordinaire. Du singe à l'homme*, Paris, Seuil, 1994.

J. Chavaillon, « Chronologie des niveaux paléolithiques de Melka-Kunturé (Éthiopie) », *C. R. Acad. Sci.*, t. 276, série D, 1973, p. 1533-1536.

J. Chavaillon, « Evidence for the technical practice of early hominids, Shungura Formation, Lower Omo Valley, Ethiopia », *in* Y. Coppens, R.-C. Howell, G. L. Isaac, R.-E.-F Leakey (éds), *Earliest Man and Environments in the Lake Rudolf Basin*, Chicago, University of Chicago Press, 1976, p. 565-573.

J. Chavaillon, « Un siècle de recherches préhistoriques en République de Djibouti », *Rev. Sci. Tech., ISERST*, n° 3, 1990, p. 17-28.

J. Chavaillon, « Récentes découvertes en Afrique orientale (Éthiopie, Burundi, République de Djibouti », *Bull. Soc. Préhist. Fr.*, vol. 85, n° 3, 1988, p. 79-80.

J. Chavaillon, J.-L. Boisaubert, M. Faure, C. Guerin, J.-L. Ma, B. Nickel, G. Poupeau, P. Rey, S. A. Warsama, « Le site de dépeçage pléistocène à Elephas recki de Barogali (République de Djibouti). Nouveaux résultats et datation », *C. R. Acad. Sci.*, n° 305, série II, 1987, p. 1259-1266.

J. Chavaillon, N. Chavaillon, Y. Coppens, B. Senut, « Présence d'hominidés dans le site oldowayen de Gomboré I à Melka Kunturé, Éthiopie », *C. R. Acad. Sci.*, série D, n° 285, Paris, 1977, p. 961-963.

J. Chavaillon, M. Piperno, *Studies on the Early Paleolithic site of Melka Kunture, Ethiopia*, Florence, Instituto Italiano di Preistoria e Protostoria, 2004.

J. CHLACHULA, « Geology and Quaternary environments of the first preglacial palaeolithic sites found in Alberta, Canada », *Quat. Sci. Rev.*, n° 15, 1996, p. 285-313.

J. CHLACHULA, L. LESLIE, « Preglacial archaeological evidence at Grimshaw, the Peace River area, Alberta », Reply, *Can. J. Earth Sci.*, n° 37, 2000, p. 875-878.

J. CINQ-MARS, « Bluefish cave 1 : a late Pleistocene Eastern Beringian cave deposit in the Northern Yukon », *Can. J. Arch.*, n° 3, 1979, p. 1-32.

R.-J. CLARKE, P.-V. TOBIAS, « Sterkfontein Member 2 foot bones of the oldest South African hominid », *Science*, n° 269, 1995, p. 521-524.

H. DU CLEUZIOU, *Création de l'Homme et les premiers âges de l'humanité*, Paris, Éditions C. Marpon, E. Flammarion, 1887.

D. CLIQUET, « Le gisement paléolithique moyen de Saint-Germain-des-Vaux/Port Racine (Manche) dans son cadre régional. Essai palethnographique », Université de Liège, *ERAUL*, n° 63, 1994.

J. CLOTTES (éd.), *La Grotte Chauvet. L'art des origines*, Paris, Seuil, 2001.

J. COGNÉ, P.-R. GIOT, « Étude pétrographique des haches polies de Bretagne », *Bull. Soc. Préhist. Fr.*, t. 49, n° 8, 1952, p. 388-395.

C. COHEN, J.-J. HUBLIN, *Boucher de Perthes, 1788-1868*, Paris, Belin, 1999.

S. CONDEMI, *Les Hommes fossiles de Saccopastore et leurs relations phylogénétiques*, Paris, CNRS Éditions, « Cahiers de Paléoanthropologie », 1992.

Y. COPPENS, « Notice sur les fours à augets de la côte méridionale bretonne et plus spécialement du Morbihan », *Not. Arch. Armor. Ann. Bret.*, Rennes, t. LX, 1953, fasc. 2, p. 336-353.

Y. COPPENS, « Le mammouth de l'Atrikanova (Sibérie) », *Bull. Mus. Hist. Nat*, série 2, t. 30, n° 4, 1958, p. 404-406.

Y. COPPENS, « L'Hominien du Tchad », *C. R. Acad. Sci.*, t. 260, 1965, p. 2869-2871.

Y. COPPENS, « Le *Tchadanthropus* », *L'Anthropologie*, t. 70, n° 1-2, 1966, p. 5-16.

Y. COPPENS, « Les cultures protohistoriques et historiques du Djourab », premier colloque international d'archéologie africaine, Fort Lamy, *Études et documents tchadiens, Mémoires*, n° 1, 1970, p. 129-146.

Y. COPPENS, « Évolution des Hominidés et de leur environnement au cours du Pio-Pléistocène dans la basse vallée de l'Omo en Éthiopie », *C. R. Acad. Sci.*, vol. 281, série D, 1975, p. 1693-1696.

Y. COPPENS, « C. Arambourg, L. Leakey ou un demi-siècle de paléontologie africaine », Paris, *SPF*, t. 76, n° 10-12, 1979, p. 291-324.

Y. COPPENS, « The differences between *Australopithecus* and *Homo* : preliminary conclusion from the Omo Research Expedition's studies », *Current Argument on Early Man*, report from a Nobel symposium, Pergamon press, 1980, p. 207-225.

Y. COPPENS, « Le cerveau des Hommes fossiles », *C. R. Acad. Sc.*, t. 292, sup. Vie Acad., 1981.

Y. COPPENS, *L'Origine du genre* Homo. *Processus de l'Hominisation*, Paris, Éditions du CNRS, 1981, p. 55-60.

Y. COPPENS, « Les plus anciens fossiles d'Hominidae », *in* « Recent advances in the evolution of primates », *Pontif. Acad. Sci. Script. Var.*, n° 50, Rome, 1983, p. 1-9.

Y. COPPENS, *Le Singe, l'Afrique et l'Homme*, Paris, Fayard, 1983.

Y. COPPENS, « Les Australopithèques », *Bull. Mém. Soc. Anthr.*, Paris, 1984, p. 269-380.

Y. COPPENS (éd.), *L'Environnement des hominidés au plio-pléistocène*, Paris, Masson, 1985.

Y. COPPENS, « L'origine de l'Homme : le milieu, la découverte, la conscience, la création », *Rev. Sci. Mor. Polit.*, n° 4, 1987, p. 507-532.

Y. COPPENS, *Le Genou de Lucy*, Paris, Odile Jacob, 1999.

Y. COPPENS (éd.), Actes de Colloque, Collège de France, « Origine de l'Homme : réalité, mythe, mode », *Artcom'*, 2001.

Y. COPPENS, *Histoire de l'Homme et changements climatiques*, Paris, Fayard, 2006.

Y. COPPENS, F.-C. HOWELL, G.-L. ISAAC, R.-E.-F. LEAKEY (éds), *Earliest Man and Environments in the Lake Rudolf Basin*, Chicago, University of Chicago Press, 1976.

Y. COPPENS, B. SENUT (éds), *Origine(s) de la bipédie chez les Hominidae*, Paris, CNRS Éditions, « Cahiers de Paléoanthropologie », 1991.

Y. COPPENS et P. PICQ (dir), *Aux origines de l'humanité*, T1, Paris, Fayard, 2001.

C. COUTURE, *L'Organisation crânio-maxillo faciale des Neandertaliens et des Hommes modernes*, Paris, CNRS Éditions, « Cahiers de Paléoanthropologie », 1995.

R.-A. DART, « *Australopithecus africanus* : the man-Ape of South Africa », *Nature*, n° 2884, vol. 115, 1925, p. 195-199.

J. DASTUGUE, V. GERVAIS, *Paléopathologie du squelette humain*, Société nouvelle des éditions Boubée, Paris, 1992.

C. DAWSON, A.-S. WOODWARD, « On the discovery of a Palaeolithic Human skull and mandible in a flint-bearing gravel overlying the Wealden (Hastings Beds) at Piltdown, Fletching (Sussex) », *J. Geol. Soc.*, Londres, vol. LXIX, 1913, p. 117-151.

M.-H. DAY, *Guide to Fossil Man*, Chicago, University of Chicago Press, 4e éd., 1986.

A. DEBÉNATH, *Neandertaliens et Cro-Magnons. Les temps glaciaires, dans le bassin de la Charente*, Le Croît vif éditeur, 2006.

A. DEFLEUR, *Les Sépultures moustériennes*, Paris, CNRS Éditions, 1993.

P. DELETIE, J.-P. BLAIS, *Homme de Pékin. Résultats des recherches géologiques et géophysiques*, Mécénat technologique et scientifique d'EDF, 1997, rapport.

Y. DELOISON, « Sur les traces de pas de Laetoli en Tanzanie », *ERAUL*, Liège, n° 56, 1991, p. 63-72.

Y. DELOISON, *Préhistoire du piéton. Essai sur les nouvelles origines de l'homme*, Paris, Plon, 2004.

H. DELPORTE, G. MAZIERE, F. DJINDJIAN, « L'Aurignacien de La Ferrassie : observations préliminaires à la suite de fouilles récentes », *BSPF*, t. 74, 1977, p. 343-361.

E. DELSON, I. TATTERSALL, J. A. VAN COUVERING, A. S. BROOKS, *Encyclopedia of Human Evolution and Prehistory*, seconde édition, Garland Publishing, New York et Londres, 2000.

F. DEMETER, « Histoire du peuplement humain de l'Asie extrême-orientale depuis le Pléistocène supérieur récent », thèse, université Paris-I, 2000.

C. DENYS, « Implications paléoécologiques et paléobiogéographiques de l'étude de Rongeurs plio-pleistocènes d'Afrique orientale et australe », thèse, université Pierre-et-Marie-Curie Paris-VI, 1990.

E. DUBOIS, « Palaeontologische onderzoekingen op Java », *Jaarboek van het Mijnwezen in Nederiandsch-Indie over het jaar 1890-1891*, Mededeelingen, 1892, p. 60-61.

E. DUBOIS, *Pithecanthropus erectus : Eine menschenaehnliche Uebergangsform aus Java*, Batavia, Landesdruckerei, 1894.

C. DUBOURG, « Les expressions du naturalisme dans les arts graphiques du Paléolithique supérieur. Une vision du monde des chasseurs préhistoriques », thèse, Préhistoire et Géologie du Quaternaire, 1997.

A. DUCROS, J. DUCROS, F. JOULIAN, *La Culture est-elle naturelle ? Histoire, épistémologie et applications récentes du concept de culture*, Paris, Hespérides, Errance, 1998.

J.-C. DUPLESSY, « La circulation globale de l'océan et ses variations dans le passé », *C. R. Geosci.*, vol. 336, n° 7-8, 2004, p. 657-666.

G. G. ECK, N. G. JABLONSKI, M. LEAKEY, « Les Cercopithecidae de la formation de Shungura », *in* Y. Coppens, F. Clark Howell (éds), *Les Faunes plio-pleistocènes de la basse vallée de l'Omo (Éthiopie)*, tome 3, Paris, CNRS Éditions, « Travaux de paléontologie est-africaine », 1987.

V. EISENMANN, C. GUÉRIN, D. A. HOOIJER, R. CHURCHER, A. GENTRY, « Périssodactyles. Artiodactyles (Bovidae) », *in* Y. Coppens, F. Clark Howell (éds), *Les Faunes plio-pleistocènes de la basse vallée de l'Omo (Éthiopie)*, tome 1, Paris, CNRS Éditions, « Travaux de paléontologie est-africaine », 1985.

L. EXCOFFIER, « Polymorphisme de l'ADN mitochondrial et histoire du peuplement humain », thèse, Université de Genève, 1988.

F. FACCHINI, *Origini dell'Uomo ed evoluzione culturale, profili scientifici, filosofici, religiosi*, Milan, Jaca Book, 2002.

M. FIZET, « Biogéochimie isotopique du C et N du collagène des vertébrés, contribution à l'étude d'un paléoécosystème anthropique du Pléistocène supérieur (Marillac, Charentes) », thèse, Paris-VI, 1992.

L. GABUNIA, M.-A. DE LUMLEY, A. VEKUA, D. LORDKIPANIDZE, H. DE LUMLEY, « Découverte d'un nouvel hominidé à Dmanissi (Transcaucasie, Géorgie) », *C. R. Acad. Sci., Palevol*, n° 1, 2002, p. 243-53.

L. GABUNIA, A. VEKUA, D. LORDKIPANIDZE, C.-C. SWISHER III, R. FERRING, A. JUSTUS, M. NIORADZE, M. TVALRELIDZE, S. C. ANTON, G. BOSINSKI, O. JRIS, M.-A. DE LUMLEY, G. MAJSURADZS, A. MUSKHELISHVILI, « Earliest Pleistocene hominid cranial remains from Dmanisi, Republic of Georgia : Taxonomy, geological setting, and age », *Science*, n° 288, 2000, p. 1019-1025.

V. GALICHON, « Étude de la structure trabéculaire interne de l'ilium des premiers Hominidés d'Afrique du Sud (analyse d'images digitales) », thèse, Paris, MNHN, 1997.

J. Garanger, « La préhistoire océanienne », *Int. Congr. Prehist. Protohist. Sci.*, CNRS, 1976.

M.-A. Garcia, « Ichnologie générale de la grotte Chauvet », *Bull. Soc. Préhist. F.*, n° 102, 2005, p. 103-108.

M.-A. Garcia, P. Morel, « Restes et reliefs. Présence de l'homme et de l'ours dans la grotte de Montespan », *Anthropozoologica*, n° 21, 1995, p. 73-78.

P. Gervais, « Sur un singe fossile, d'espèce non encore décrite qui a été découverte au Monte Bamboli, Basel », *C. R. Acad. Sci.*, n° 74, 1872, p. 1217-1223.

A. Gibbons, *The First Human*, New York, Doubleday, 2006.

P.-R. Giot, *Le Cairn de Barnenez*, Rennes, Éditions Ouest-France, 1991.

P.-R. Giot, J. Briard, L. Pape, *Protohistoire de la Bretagne*, Rennes, Éditions Ouest-France-Université de Rennes, 1979.

P.-R. Giot, J. Cogné, « Étude pétrographique des haches polies de Bretagne, IV, Les haches de combat en métahornblendite », *Bull. Soc. Préhist. Fr.*, t. 52, 1955, p. 401-409.

P.-R. Giot, J. L'Helgouac'h, J.-L. Monnier, *Préhistoire de la Bretagne*, Rennes, Éditions Ouest-France, 1998.

C. Glenn, M. Conroy, M. Pickford, B. Senut, J. Van Couvering, P. Mein, « *Otavipithecus namibiensis*, first Miocene hominoid from southern Africa », *Nature*, n° 356, 1992, p. 144-148.

R. Gombergh, *Avant de naître*, Paris, Robert Laffont, 1999.

D. Gommery, « Le rachis cervical des primates actuels et fossiles, aspect fonctionnel et évolutif », thèse, Paris-VII, 1995.

M.-J. Graindor, Y. Martin, *L'Art préhistorique de Gouy*, Paris, Presses de la Cité, 1972.

D. Grimaud-Hervé, *L'Évolution de l'encéphale chez* Homo erectus *et* Homo sapiens. *Exemples de l'Asie et de l'Europe*, Paris, CNRS Éditions, « Cahiers de Paléoanthropologie », 1997.

C. Guérin, « Les rhinocéros (Mammalia, Perissodactyla) du Miocène terminal au Pléistocène supérieur en Europe occidentale : comparaison avec les espèces actuelles », Villeurbanne, Département des sciences de la terre, Université Claude-Bernard-Lyon-I, *Documents des laboratoires de géologie*, n° 79, 1980.

N. Guidon, G. Delibrias, « Carbon-14 dates point to man in the Americas 32,000 years ago », *Nature*, n° 321, 1986, p. 769-771.

A.-M. Guihard-Costa, G. Grange J.-C. Larroche, E. Papiernik, « Sexual differences in anthropometric measurements in French newborns », *Biol. Neonate*, Suisse, vol. 72, n° 3, 1997, p. 156-164.

M. Gutierrez, *L'Art pariétal de l'Angola*, Paris, L'Harmattan, 1996.

E. Haeckel, « Natürliche Schöpfungsgeschichte : Gemeinverständliche Wissenschaftliche Vorträge über die Entwickelungslehre im Allgemeinen und Diejenige von Darwin, Goethe und Lamarck im Besonderen, uber die Anwendung Derselben auf den Ursprung der Naturwissenschaft », 3. verb. Aufl./ Mit 15 Tafeln, 19 Holzschnitten, 18 Stammbäumen und 19 systematishen Tabellen, Berlin, éditions G. Reimer, 1868.

E. Haeckel, *The History of Creation*, vol. 1, Londres, Trench & Co., 3e éd., 1883.

Y. Hailé Sélassié, « Late Miocene hominids from Micddle Awash, Ethiopia », *Nature*, n° 412, 2001, p. 178-181.

Y. Hailé Sélassié, G. Suwa, T. D. White, « Late Miocene teeth from Middle Awash, Ethiopia and Early Hominid dental evolution », *Science*, n° 303, 2004, p. 1503-1505.

J.-L. Heim, « Les Hommes de Neandertal : un nouvel essai d'interprétation phylogénique », *C. R. Acad. Sci.*, série générale, n° 4, 1987, p. 305-323.

J.-L. Heim, « Une nouvelle reconstitution du crâne neandertalien de La Chapelle-aux-Saints », *C. R. Acad. Sci.*, t. 308, série II, n° 6, 1989, p. 1187-1192.

J.-L. Heim, *Les Enfants neandertaliens de La Ferrassie : étude anthropologique et analyse ontogénique des hommes de Neandertal*, Paris, Masson, 1982.

A. Hladik, J.-R. Leigh, G. Egbert, F. Bourliere, « Disponibilités des ressources alimentaires dans les forêt tropicales : contexte et donnés récentes », *in* C.-M. Hladik, A. Hladik, H. Pagezy, Linares, F. Olga, Koppert, J.-A. Georgius, A. Froment, *L'Alimentation en forêt tropicale : interactions bioculturelles et perspectives de développement*, Paris, Unesco, 1996, p. 219-242.

R. Hoffstetter, « Phylogeny and geographical deployment of the primates », *J. Hum, Evol.*, n° 3, 1974, p. 327-350.

F.-C. Howell, « European and Northwest African Middle Pleistocene Hominids », *Curr. Anthr*, vol. 1, n° 3, 1960, p. 195-232.

F.-C. Howell, « Hominidae », *in* J. Maglio, H. B. S. Cooke, *Evolution of African Mammals*, Cambridge, Harvard University Press, 1978, p. 154-258.

F.-C. Howell, G. Arsebuk, L. Kuhn, « The Middle Pleistocene Lithic assemblage from Yarimburgaz Cave, Turkey », *Paléorient*, vol. 22, n° 1, 1996.

A. Hrdlicka, *Melanesians and Australians and the peopling of America*, Washington, The Smithsonian Institution, 1935.

J.-J. Hublin, « Before modern humans : The European perspective », *in* M. Aloisi, B. Battaglia, E. Carafoli, G.-A. Danieli (éds), « The Origin of Humankind Conf. », *Proc. Intern. Symp*, 14-15 mai 1998, IVSLA, Venise, 2000, série 3, p. 3-5.

J.-J. Hublin, « D'*Homo ergaster* à *Homo sapiens* », *in* O. Dutour, J.-J. Hublin, B. Vandermeersch (éds), *Origine et évolution des populations humaines*, Paris, Comité des travaux historiques et scientifiques, 2005, p. 89-104.

R. A. Hughes, P.-V. Tobias, « A fossil skull probably of the genus *Homo* from Sterkfontein, Transvaal », *Nature*, n° 265, 1977, p. 310-312.

J. Hurzeler, « Neubeschreibung von Oreopithecus Bambolii Gervais », *Abhandlungen der Scheizerischen Paleontologoschen Gesellschaft*, vol. 66, n° 5, 1949, p. 1-20.

J. Hurzeler, « Oreopithecus Bambolii Gervais, A preliminary report », *Verhandlungen der Naturforschenden Gesellschaft in Basel*, n° 69, 1958, p. 1-48.

W.-L. Hylander, K.-R. Johnson, A.-W. Crompton, « Loading patterns and jaw movements during mastication in Macaca fascicularis : A bone-strain, electromyographic, and cineradiographic analysis », *Am. J. Phys. Anthrop.*, vol. 72, 1987, p. 287-314.

W.-N. Irving, A.-V. Jopling, I. Kritsch-Armstrong, « Studies of bone technology and taphonomy, Old Crow basin, Yukon territory », *in* R. Bonnichsen,

M.-A. Sorg, *Bone Modification*, Orono, Center for the Study of the First Americans-University of Maine-R. Bonnichsen, 1989, p. 347-379.

H. Ishida, M. Pickford, « A new Late Miocene hominoid from Kenya : *Samburupithecus kiptalami* gen et sp. nov. », *C. R. Acad. Sci.*, 1998, série IIa, n° 325, p. 823-829.

F. Jacob, *Le Jeu des possibles*, Paris, Fayard, 1981.

T. Jacob, « Morphology and paleoecology of early man in Java », *in* R.-H. Tuttle (éd.), *Paleoanthropology, morphology and paleoecology*, La Haye, Mouton, 1975, p. 311-326.

T. Jacob, « *Meganthropus*, *Pithecanthropus*, and *Homo sapiens* in Indonesia : evidence and problems », Coll. Inter. CNRS, *Process Hominisation*, n° 599, 1981, p. 81-84.

T. Jacob, « Biological aspects of *Homo erectus* through the time-space continuum », *in* T. Simanjuntak, B. Prasetyo, R. Handini (éds), *Sangiran : man, culture, and environment in Pleistocene times*, Jakarta, Yayasan Obor Indonesia, 2001, p. 19-23.

J.-J. Jaeger, Tin Thein, M. Benammi, Y. Chaimanee, Aung Naing Soe, Thit Lwin, Than Tun, San Wai, S. Ducrocq, « A New Primate from the Middle Eocene of Myanmar and the Asian Early Origin of Anthropoids », *Science*, vol. 286. n° 5439, 1999, p. 528-530.

R. Jagher, J.-M. Le Tensorer, P. Morel, S. Muhesen, J. Renault-Miskovsky, P. Rentezl, P. Schmid, « Découvertes de restes humains dans les niveaux acheuléens de Nadaouiyeh Aïn Askar (El Kowm, Syrie centrale) », *Paléorient*, vol. 23, n° 1, 1997, p. 87-93.

T. Jefferson, « Notes on the State of Virginia », *in Thomas Jefferson : Writings*, New York, Library of America, 1984, p. 123-325.

J. Jelínek, « Man and his origins », Int. Congr. Europ. Anthrop. Ass., 1980, Czechoslovakia, Brno, 1982.

J. Jelínek, « Modern man and his biological evolution », Int. Congr. Europ. Anthrop. Ass., 1980, Czechoslovakia, Brno, 1982.

H. Jerison, « Brain size and the evolution of mind », *Fifty-ninth James Arthur lecture on the evolution of the human brain*, New York, American Museum of Natural History, 1991.

D.-C. Johanson, B. Edgar, *From Lucy to Language*, New York, Simon et Schuster, 1996.

D.-C. Johanson., T.-D. White, Y. Coppens, « A new species of the genus *Australopithecus* (Primates : Hominidae) from the Pliocene of eastern Africa », *Kirtlandia*, vol. 28, 1978, p. 1-14.

F. Joulian, « Techniques du corps et traditions chimpanzières, Les animaux pensent-ils ? », *Terrain*, n° 34, 2000.

R. Joussaume, « Gravures rupestres en République de Djibouti », *Rev. Sci. Tech., ISERST*, n° 2, 1989, p. 105-129.

R. Joussaume, J.-P. Pautreau, *La Préhistoire du Poitou : Poitou, Vendée, Aunis, des origines à la conquête romaine*, Rennes, Éditions Ouest-France, 1990.

S. Joussaume, *Climat d'hier à demain*, Paris, CNRS Éditions-CEA, « Science au présent », 1993.

J. JOUZEL *et al.*, « Les archives glaciaires du Groenland », *La Recherche*, n° 261, 1994, p. 38-45.

A. KATARZYNA KASZYCKA, *Status of Kromdraai : Cranial, Mandibular and Dental Morphology, Systematic Relationships, and Significance of the Kromdraai Hominids*, Paris, CNRS Éditions, « Cahiers de Paléoanthropologie », 2002.

M.-J. KAUFFMANN, « Almasty : yéti du Caucase », *in* E. Joly, « Créatures imaginaires », hors série *Sciences et Avenir*, « Les animaux extraordinaires », n° 123, juillet-août 2000.

A. KEITH, *Antiquity of Man*, Londres, Williams et Norgate, 1915.

A. KEYSER, « Drimolen : a New Plio-Pleistocene Hominid Site », Abstracts of contributions to the Dual Congress 1998, 28 juin-4 juillet, Sun City, South Africa, p. 22.

W.-H. KIMBEL, D.-C. JOHANSON, Y. RAK, « The first skull and other new discoveries of *Australopithecus afarensis* at Hadar, Ethiopia », *Nature*, n° 368, 1994, p. 449-451.

W.-H. KIMBEL, D.-C. JOHANSON, Y. RAK, « Systematic assessment of a maxilla of Homo from Hadar, Ethiopia », *Am. J. Phys. Anthrop.*, n° 103, 1997, p. 235-262.

W. KING, « The reputed fossil man of the Neanderthal », *Quart. Rev. of Sc.*, vol. 1, 1864, p. 88-97.

G.-H.-R. KOENINGSWALD, « Erste Mitteilung uber einen fossilen Hominiden aus dem Atlpleistocan Ostjavas », *Proceedings, K. Akademie Wettenschappen Amsterdam*, n° 39, 1936, p. 1000-1009.

G.-H.-R. KOENINGSWALD, « Preliminary note on the new remains of *Pithecanthropus* from Central Java », *in* F.-N. Chasen, M.-W.-F. Tweedie (éds), *Proceedings of the Third Congress of Prehistorians of the Far East*, Singapoure, 24-30 janvier 1938, Singapoure, Government of the Straits Settlements, 1940, p. 91-95.

G.-H.-R. KOENINGSWALD, « Remarks on *Gigantopithecus* and other hominoid remains from southern China », *Proceedings, K. Akademie Wettenschappen Amsterdam*, (B), n° 60, 1957, p. 153.

T. KOTSAKIS, G. MARRAS, M.-R. PALOMBO, « An *Oreopithecus* fauna from Late Miocene of Sardinia (Italy) », *Nature*, Londres, 1990.

T.-M. DE LA TOUR D'AUVERGNE CORRET, *Origines gauloises, celles des plus anciens peuples de l'Europe, puisées dans leur vraie source, recherches sur la langue, l'origine et les Antiquités des celto-bretons de l'Armorique, pour servir à l'histoire ancienne et moderne, de ce peuple, et à celle des Français*, Bayonne, P. Faunet Jeune imp., 1792.

J.-T. LAITMAN, « Evolution of the Hominid upper respiratory tract : the fossil evidence », *in* P.-V. Tobias (éd.), *Hominid Evolution : Past, Present and Future*, New York, Alan R. Liss, Inc., 1985, p. 281-286.

J.-T. LAITMAN, « L'origine du langage articulé », *La Recherche*, n° 181, 1986, p. 1164-1173.

J.-B.-P.-A. DE LAMARCK, *Histoire naturelle des animaux sans vertèbres*, Paris, éditions J.-B. Baillère, 1843.

A. LANGANEY, J. CLOTTES, J. GUILAINE, D. SIMONNET, *La Plus Belle Histoire de l'Homme. Comment la Terre devint humaine*, Paris, Seuil, 1998.

D. Lavallée, *Promesse d'Amérique : la préhistoire de l'Amérique du Sud*, Paris, Hachette, « Mémoire du temps », 1995.

W.-E. Le Gros Clark, *The Fossil Evidence for Human Evolution*, University of Chicago Press, 1955.

J.-F. Le Mouël, « Ceux des mouettes. Les Eskimos Naujamiut, Groenland Ouest », *Mém. Instit. Ethn.* MNHN, vol. XVI, 1978.

C.-T. Le Roux, *L'Outillage de pierre polie en métadolérite du type A : les ateliers de Plussien, Côtes-d'Armor : production et diffusion au néolithique dans la France de l'Ouest et au-delà*, Rennes, éditions Université de Rennes, 1999.

L.-S.-B. Leakey, « A New Fossil Skull From Olduvai », *Nature*, n° 184, 1959, p. 491-493.

L.-S.-B. Leakey, « Recent discoveries at Olduvai Gorge », *Nature*, vol. 188, n° 4755, 1960, p. 1050-1052.

L.-S.-B. Leakey, « New Finds at Olduvai Gorge », *Nature*, vol. 189, n° 4765, 1961, p 649-650.

L.-S.-B. Leakey, « *Homo habilis*, *Homo erectus*, and *Australopithecus* », *Nature*, vol. 209, 1966, p. 1279-1281.

L.-S.-B. Leakey, A.-T. Hopwood, R. Reck, « New Yields from the Olduway Stone Beds, Tanganyika Terr. », *Nature*, n° 128, 1931, p. 1075.

L.-S.-B. Leakey, M.-D. Leakey, « Recent discoveries of fossil Hominids in Tanganyika : at Olduvai and Near Lake Natron », *Nature*, vol. 202, n° 4927, 1964, p. 5-7.

L.-S.-B. Leakey, P.-V. Tobias, J.-R. Napier, « A new species of the genus *Homo* from Olduvai Gorge », *Nature*, vol. 202, n° 4927, 1964, p. 7-9.

M.-D. Leakey, *Olduvai Gorge : Excavations in Beds I and II, 1960-1963*, Cambridge, Cambridge University Press, 1971.

M.-G. Leakey, C.-S. Feibel, I. McDougall, A.-C. Walker, « New four-million-year old hominid species from Kanapoi and Allia bay, Kenya », *Nature*, n° 375, 1995, p. 565-571.

M.-G. Leakey, F. Spoor, F.-H. Brown, P.-N. Gathogo, C. Kiairie, L.-N. Leakey, I. McDougall, « New hominin genus from eastern Africa shows diverse middle Pliocene lineages », *Nature*, n° 410, 2001, p. 433-439.

A. Leguebe, M. Toussaint, *La Mandibule et le cubitus de La Naulette, morphologie et morphométrie*, Paris, CNRS Éditions, « Cahiers de Paléoanthropologie », 1988.

A. Leroi-Gourhan, *Le Geste et la Parole*, Paris, Albin Michel, 1964.

A. Leroi-Gourhan, *Préhistoire de l'art occidental, (L'art et les grandes civilisations)*, Paris, Mazenod, 1965.

A. Leroi-Gourhan, M. Brézillon, *Fouilles de Pincevent. Essai d'analyse ethnographique d'un habitat magdalénien (la section 36)*, Paris, CNRS Éditions, 1972.

F. Lévêque, « L'homme de Saint-Césaire : sa place dans le Castelperronien de Poitou-Charentes », *in* M. Otte (éd.), « L'homme de Neandertal », *ERAUL*, Liège, 1989, p. 99-108.

G.-E. Lewis, « Preliminary notice of new man-like apes from India », *Am. J. of Sci.*, série 5, 27, 1934, p. 161-181.

C. LINNÉ, *Systema naturæ per regna tria naturæ, secundum classses, ordines, genera, species, cum characteribus, differentiis, synonymis, locis*, Editio decima reformata, Holmiæ, Impensis direct, éd. Laurentii Salvii (Salvius publ.), 1758.

M.-V. LOMOLINO, « Body size evolution in insular vertebrates : generality of the island rule », *J. Biogeogr*, n° 32, 2005, p. 1683-1699.

J.-L. LORENZO, L. MIRAMBELL, « The inhabitants of Mexico during the upper Pleistocene », *in* R. Bonnichsen, K. Turnmire (éds), *Ice Age People of North America*, Corvallis, Oregon State University Press, 1999, p. 482-496.

J.-L. LORENZO, L. MIRAMBELL, « Tlapacoya : 35 000 años de Historia del Lago de Chalco. México », *DFINAH,* « Cient., Ser. Prehist. », 1986.

C. LORIUS, *Glaces de l'Antarctique : une mémoire, des passions*, Paris, Odile Jacob, 1991.

G. LUCOTTE, *Ève était noire*, Paris, Fayard, « Le temps des sciences », 1995.

H. DE LUMLEY, A.-M. MOIGNE, S. GRÉGOIRE, « 2000 : Habitat et mode de vie des chasseurs préhistoriques de la Caune de l'Arago (600 000-400 000 ans) », Congr. Tautavel 10-15 avril 2000, *Les premiers habitants de l'Europe*, p. 145.

H. DE LUMLEY, *La Grande Histoire des premiers hommes européens*, Paris, Odile Jacob, 2007.

M.-A. DE LUMLEY, L. GABONNIA, A. VEKNA, D. LORDKIFANIOZE, « Les restes humains du Pliocène final et du début du Pléistocène inférieur de Dmanissi, Géorgie (1991-2000), I – Les crânes D 2280, D 2282, D 2700 », *L'Anthropologie*, 110 (1), 2006, p. 1-110.

M.-A. DE LUMLEY-WOODYEAR, SONAKIA ARUN, « Première découverte d'un *Homo erectus* sur le continent indien à Hathnora, dans la moyenne Vallée de la Narmada », *L'Anthropologie*, vol. 89, fasc. 1, 1985, p. 13-61.

H. LUND, « Naturforskeren Peter Wilhelm Lund », *Enbiografisk Skizze*, Copenhague (Kjobenhavn), Reitzel, 1885.

R.-S. MACNEISH, « Late Pleistocene adaptations : A new look at early peopling of the New World as of 1976 », *J. Anthrop. Res.*, vol. 34, n° 4, 1978, p. 475-496.

M. MADRE-DUPOUY, *L'Enfant du Roc de Marsal. Étude analytique et comparative*, Paris, CNRS Éditions, « Cahiers de Paléoanthropologie », 1992.

M. MAËS, *Manuel de la Grande chasse en Afrique, Paris,* Montbel, 2005.

A. MAITREROBERT, « L'origine du langage articulé. Le tractus vocal et ses relations avec la base du crâne et la mandibule », thèse, MNHN, 2002.

J.-C. MARQUET, *La Préhistoire en Touraine*, Paris, CLD Éditions, 1999.

A.-B.-L. MAUDET DE PENHOËT (Comte), *Recherches historiques sur la Bretagne d'après ses monuments anciens et modernes*, Nantes, éditions Mangin, 1814.

B. MAUREILLE, « La face chez *Homo erectus* et *Homo sapiens*. Recherche sur la variabilité morphologique et métrique », thèse, université de Bordeaux-I, 1994.

F. MAYER, « Ueber die fossilen Ueberreste eines Menschlichen Schädels und Skeletes in einer Felsenhöhle des Düsseloder Neanderthales », *Müller's Archiv*., n° 1, 1864.

E. MAYR, « Taxonomic categories of fossil hominids », *Cold Spring Harbor Symp. Quant. Biol.*, vol. 25, 1950, p. 109-118.

S. Meiri, T. Dayan, D. Simberloff, « Area, isolation, and body size evolution in insular carnivores », *Ecol. Lett.*, 8, 2005, p. 1211-1217.

J. Monod, *Le Hasard et la Nécessité*, Paris, Seuil, 1970.

S. Muhesen, *Le Paléolithique de Syrie : histoire, bilan et perspectives*, Hab. Dir. Rech., université de Paris-I-Panthéon-Sorbonne, 2004.

C. de Muizon, T.-J. de Vries, « Geology and paleontology of Late Cenozoic marine deposits in the Sacaco area (Peru) », *Geol. Rundsch.*, n° 74, 1985, p. 547-563.

K.-P. Oakley, C.-R. Hoskins, « New evidence on the antiquity of Piltdown man », *Nature*, n° 165, 1950, p. 379-382.

M. Otte, « Origine de l'homme moderne : Approche comportementale », *C. R. Acad. Sci.*, t. 318, série II, 1994, p. 267-273.

F. Parenti, *Le Gisement quaternaire de Pedra Furada (Piaui, Brésil)*, Paris, ERC-La Documentation française, 2002.

A. Patrolin, *Traces, strates. Archéologie en Champagne Ardenne*, Castor et Pollux, 2000.

M. Patou-Mathis, *Neanderthal, une autre humanité*, Paris, Perrin, 2006.

B. Patterson, « A new locality for early Pleistocene fossils in northwestern Kenya », *Nature*, n° 212, 1966, p. 577-581.

B. Patterson, W.-W. Howells, « Hominid humeral fragment from early Pleistocene of Northwestern Kenya », *Science*, n° 156, 1967, p. 64-66.

S. Péan, « Comportements de subsistance au Gravettien en Europe centrale : (Autriche, République tchèque, Pologne, Hongrie) », thèse, MNHN, 2001.

X. Penin, « Modélisation tridimensionnelle des variations morphologiques du complexe crânio-facial des Hominoidea », thèse, université Paris-VI, 1997.

C. Peretto, « I reperti paleontologici del giacimento paleolitico di Isernia La Pineta », Iannone, Isernia, 1996.

G. Petter, B. Senut, *Lucy retrouvée : histoire de nos ancêtres*, Paris, Flammarion, 1994.

E. Peyre, « Pollution au plomb du Moyen Âge à l'époque moderne : l'exemple des moniales de l'abbaye de Maubuisson (Saint-Ouen-l'Aumône, Val-d'Oise) », *Alimentation en milieux religieux*, actes du Colloque CAMHER, 2006.

M. Pickford, « Uplift of the roof of Africa and its bearing on the evolution of mankind », *J. Hum. Evol.*, n° 5, 1990, p. 1-20.

M. Pickford, « Fossil and snails of East Africa and their palaeoecological significance », *J. Af. Eart. Sci.*, n° 20, 1995, p. 167-226.

M. Pickford, B. Senut, « Le toit de l'Afrique et son influence sur les paléoclimats est-africains », in *115e Congrès national des Sociétés savantes*, colloque de Géologie africaine, vol. de résumés, *Comm. Trav. Hist. Sci., Avignon*, 1990, p. 197.

M. Pickford, B. Senut, « The geological and faunal context of Late Miocene hominid remains from Lukeino, Kenya », *C. R. Acad. Sci.*, n° 332, 2001, p. 145-152.

M. Pickford, B. Senut, D. Gommery, « Sexual dimorphism in *Morotopithecus bishopi*, and early Middle Miocene hominoid from Uganda, and a reassessment of its geological and biological contexts », *in* P. Andrews, P. Banham (éds), *Late Cenozoic Environments and Hominid Evolution : A Tribute to Bill Bishop*, Londres, Geol. Soc., 1999, p. 27-38.

M. Pickford, B. Senut, D. Gommery, E. Musiime, « New catarrhine fossils from Moroto II, early Middle Miocene (ca 17,5 Ma) Uganda », *C. R. Acad. Sci.*, série 2, Palévol., n° 2, 2003, p. 649-662.

M. Pickford, B. Senut, D. Hadoto, J. Musisi C. Kariira, « Nouvelles découverte dans le Miocène inférieur de Napak, Ouganda oriental », *C. R. Acad. Sci.*, série 2, n° 302, 1986, p. 47-52.

P. Picq, *L'Évolution de l'articulation temporo-mandibulaire des Hominidés : biomécanique, allométrie, anatomie comparée et évolution*, Paris, CNRS Éditions, « Cahiers de Paléoanthropologie », 1990.

P. Picq, *Les Origines de l'Homme. L'Odyssée de l'Espèce*, Paris, Tallandier, 1999.

P. Picq, *Au commencement était l'Homme*, Paris, Odile Jacob, 2003.

P. Picq, Y. Coppens (dir.), *Aux origines de l'humanité*, t. II, Paris, Fayard, 2001.

E. Piette, *L'Art pendant l'Âge du renne*, Paris, Masson, 1907.

D. Pilbeam, « Rearranging Our Family Tree », *Human Nature*, juin 1978, p. 40.

D. Pilbeam, « New hominoid skull material from the Miocene of Pakistan », *Nature*, vol. 295, 1982, p. 232- 234.

V.-V. Pitulko, P.-A. Nikolsky, E. Yu. Girya, A.-E. Basilyan, V.-E. Tumskoy, S.-A. Koulakov, S.-N. Astakhov, E. Yu. Pavlova, M. A. Anisimov, « The Yana RHS Site : Humans in the Arctic before the last glacial maximum », *Science*, n° 303, 2004, p. 52-56.

J. Piveteau, « Paléontologie humaine », in *Traité de Paléontologie, t.* VI, Paris, Masson, 1957.

E. Pouydebat, « La préhension chez les primates : approches éthologiques, biomécaniques et morphométriques », thèse, MNHN, Paris, 2004.

S. Prat, « Origine et taxinomie des premiers représentants du genre *Homo* », thèse, université de Bordeaux-I, Talence, 2000.

A. de Quatrefages, E.-T. Hamy, « Races humaines fossiles. Race de Cro-Magnon », *C. R. Acad. Sci.*, n° 78, Paris, 1874, p. 861-867.

F. Ramirez-Rozzi (éd.), *Les Hominidés du Plio-Pléistocène de la vallée de l'Omo ; microanatomie de l'émail et développement dentaire*, Paris, CNRS Éditions, « Cahiers de Paléoanthropologie », 1997.

F. Ramirez Rozzi, « Enamel structure and development, and its application in Hominid evolution and taxonomy », *J. Hum. Evol.*, hors série, n° 35 (4/5), 1998.

H. Reck, « Erste vorlaufige Mitteilung fiber den Fund eines fossilen Menschenskeletts aus Zentral-afrika », *Sitzungsbericht der Gesellschaft der naturforschender Freunde*, Berlin, n° 3, 1914, p. 81-95.

H. Reck, « Zweite vorlaufige Mitteilung fossile Tiere- und Menschenfunde aus Oldoway in Zentral-afrika », *Sitzungsbericht der Gesellschaft der naturforschender Freunde*, Berlin, n° 7, 1914, p. 305-318.

A. de Ricqlès, A. Meyendorff, A.-F. de Lapparent, C.-L. Camp, « Les premières recherches paléohistologiques sur les dinosaures du Sahara », *Ann. Paléont.*, n° 80, 1994, p. 143-154.

C.-P. de Robien, *Description historique, topographique et naturelle de l'ancienne Armorique*, 1756, Mayenne, rééd. J.-Y. Veillard., J. Floch, 1974.

J.-T. Robinson, « Occurrence of stone artefacts with *Australopithecus* at Sterkfontein : Part 1 », *Nature*, n° 180, 1957, p. 521-522.

H. Roche, J.-J. Tiercelin, « Découverte d'une industrie lithique ancienne *in situ* dans la formation d'Hadar, Afar Central, Éthiopie », *C. R. Acad. Sci.*, t. 284, série D, 1977, p. 1871-1874.

H. Roche, A. Delagnes, J.-P. Brugal, C. Feibel, M. Kibunjia, *et al.*, « Early hominid stone tool production and technical skill 2.34 myr ago in West Turkana, Kenya », *Nature*, n° 399, 1999, p. 57-60.

H. Roche, J.-P. Brugal, D. Lefevre, S. Ploux, P.-J Texier, « Isenya : état des recherches sur un nouveau site acheuléen d'Afrique orientale », *African Arch. Rev.*, Springer Netherlands, vol. 6, n° 1, 1988, p. 27-55.

A. Rubio i Mora, J.-M. Fullola i Pericot, M.-A Petit Mendizábal, M.-M. Bergadà, V. del Castillo Aguiló, *Arte y arqueología prehistóricos de la península de Baja California (México)*, Homenaje al Dr Joaquín González Echegaray, Museo y Centro de Investigaciones de Altamira, 1994.

R. Saban, *Anatomie et évolution des veines méningées chez les Hommes fossiles*, Mém., Sec. Sci, CTHS, 1984.

A.-B. Safran, A. Vighetto, T. Landis, E. Cabanis, *Neuro-ophtalmologie*, Paris, Masson, 2004.

M. Sakka, *Morphologie évolutive de la tête et du cou chez l'Homme et les Grands singes. Application aux Hominidés fossiles. Ensembles anatomiques cervicaux*, Paris, CNRS Éditions, « Cahiers de Paléoanthropologie », 1985.

S. Sartono, « *Pre-Homo erectus* population in Java, Indonesia », *X Congr. U. Intern. Cien. Prehist. Protohist.*, 1981, p. 47-86.

F.-F. de la Sauvagère d'Artezé, *Recueil d'antiquités dans les Gaules*, Paris, éditions Herissant le fils, 1770.

H. Schaaffhausen, « Sur le crâne de Neanderthal », *Bull. Soc. Anthr.*, 1863-1864.

H. Schaaffhausen, « Verh. naturhist. Ver. Preuss », *Rheinl.14, Corr. Bl.*, 1857, p. 50-52.

H. Schaaffhausen, *Der Neanderthaler Fund*, Bonn, éditions Marcus. 1888.

P.-C. Schmerling, « Recherches sur les ossements fossiles découverts dans les cavernes de la province de Liège », Liège, éditions P.-J. Collardin, 1833-1834.

J. Schwartz, « Morphology *versus* molecules in evolution », *in* H.-J. Birx (éd.), *Encyclopedia of Anthropology*, Thousand Oaks (Ca), Sage Publications, 2006, p. 1626-1633.

S. Semaw, P. Renne, J.-W.-K. Harris, C.-S. Feibel, R.-L. Bernor, N. Fesseha, K. Mowbray, « 2.5-million-year-old stone tools from Gona, Ethiopia », *Nature*, n° 385, 1997, p. 333-336.

B. Senut, *L'Humérus et ses articulations chez les Hominidés plio-pléistocènes*, Paris, CNRS Éditions, « Cahiers de Paléoanthropologie », 1981.

B. Senut, *Le Coude des primates hominoïdes. Anatomie, fonction, taxonomie, évolution*, Paris, CNRS Éditions, « Cahiers de Paléoanthropologie », 1989.

B. Senut, M. Pickford, D. Gommery, P. Mein, K. Cheboi, Y. Coppens, « First hominid from the Miocene (Lukeino) – (Formation, Kenya) », *C. R. Acad. Sci.* Paris, n° 332, 2001, p. 137-144.

B. Senut, M. Pickford, J. Braga, D. Marais, Y. Coppens, « Découverte d'un *Homo sapiens* archaïque à Oranjemund, Namibie », *C. R. Acad. Sci.*, série 2, n° 330, 2000, p. 813-819.

E. Simons, « L'origine des hominidés », *La Recherche*, Paris, n° 10, 1979, p. 260-267.

E.-L. Simons, « The cranium of *Parapithecus grangeri*, an Egyptian Oligocene anthropoidean primate », *Proc. Nat. Acad. Sci.*, n° 98, 2001, p. 7892-7897.

E. Simons, P. Ettel, « *Gigantopithecus* », *Scient. Am.*, n° 222, 1970, p. 76-85.

E. Simons, D. Pilbeam, « *Ramapithecus* (Hominidae, Hominoidea) », *in* V. J. Maglio, H. B. S. Cooke (éds), *Evolution of African Mammals*, Cambridge, Harvard University Press, 1978, p. 147-153.

E. Simons. D. Pilbeam, « Preliminary Revision of Dryopithecinae (Pongidae Anthropoidea) », *Folia Primatol.*, n° 3, 1965, p. 81-52.

E.-L. Simons, E.-R. Seiffert, « A partial skeleton of *Proteopithecus sylviae* (Primates, Anthropoidea) : First associated dental and postcranial remains of an Eocene anthropoidean », *C. R. Acad. Sci.*, série II, n° 329, 1999, p. 921-927.

E.-L. Simons, E.-R. Seiffert, P.-S. Chatrath, Y. Attia, « Earliest record of a parapithecid anthropoid from the Jebel Qatrani Formation, northern Egypt », *Folia Primatol.*, n° 72, 2001, p. 316-331.

G.-G. Simpson, « The principles of classification and a classification of mammals », *Bull. Am. Mus. Nat. Hist.*, vol. 85, 1945.

P. Soto-Heim, *Le Peuplement paléo-indien et archaïque d'Amérique du Sud : étude anthropologique et analyse comparative avec le peuplement sub-actuel*, Paris, MNHN, 1992.

T.-A. Sowers, M. Bender, « Climate records during the last deglaciation », *Science*, n° 269, 1995, p. 210-214.

F.-S. Szalay, E. Delson, *Evolutionary History of the Primates*, New York, Acad. Press, vol. XIV, 1979.

M. Taieb, D. Pauchet, *Sur la terre des premiers hommes*, Paris, Robert Laffont, 1985.

P. Taquet, *L'Empreinte des dinosaures : carnets de piste d'un chercheur d'os*, Paris, Odile Jacob, 1997.

C. Tardieu, *L'Articulation du genou : analyse morpho-fonctionnelle chez les primates et les hominidés fossiles*, Paris, CNRS Éditions, « Cahiers de Paléoanthropologie », 1983.

C. Tardieu, *Le Centre de gravité du corps et sa trajectoire prendant la marche. Évolution de la locomotion des Hommes fossiles*, Paris, CNRS Éditions, « Cahiers de Paléoanthropologie », 1992.

P. Tassy, *Nouveaux Elephantoidea (Mammalia) dans le Miocène du Kenya. Essai de réévaluation systématique*, Paris, CNRS Éditions, « Travaux de paléontologie est-africaine », 1986.

I. Tattersall, J. Schwartz, *Extinct Humans*, Westview press, 2000.

E. Tchernov, *Évolution des crocodiles en Afrique du Nord et de l'Est*, Paris, CNRS Éditions, « Travaux de paléontologie est-africaine », 1986.

C. Ter Haar, *Het Ngandong Terras, Rapport over Ontdekking, Uitgraving en Geologische Ligging er van Uitgebracht*, The Ngandong Terrace, Report on the Discovery, Excavation and Geological situation evident there, GRDC-G, Old library ref. 20/G/34, 1934.

L. Testut, « Recherches anthropologiques sur le squelette quaternaire de Chancelade, Dordogne », *Bull. Soc. Anthrop.*, Lyon, 1889.

P.-L. Thillaud, *Paléopathologie humaine*, Sceaux, Kronos BY, 1996.

A. Thoma, « The position of the Vertesszollos find in relation to *Homo erectus* », *in* B.-A Sigmon, J.-S. Cybulski (éds), Homo erectus *: a Synopsis, Some New Information, and a Chronology.* Homo Erectus *Papers in Honour of Davidson Black*, Toronto, University of Toronto Press, Toronto, 1981. p. 237-238.

H. Thomas, *Le Mystère de l'Homme de Piltdown. Une extraordinaire imposture scientifique*, Paris, Belin, 2002.

H. Thomas, J. Roger, S. Sen, M. Pickford, E. Gheebrant, Z. Al-Sulaimani, S. Al-Busaidi, « Oligocene and Miocene terrestrial vertebrates in the Southern Arabian Peninsule (Sultanate of Oman) and their geodynamic and paleogeographic settings », *in* P.-J. Whybrow, A. Hill (éds), *Fossil Vertebrates of Arabia*, Londres, Yale University Press, 1999, p. 430-442.

A.-M. Tillier, *Les Enfants moustériens de Qafzeh. Interprétations phylogénétiques et paléoauxologique*, Paris, CNRS Éditions, « Cahiers de Paléoanthropologie », 1999.

J. Tixier, « Typologie de l'épipaléolithique du Maghreb », Arts et métiers graphiques, *Mém. CRAPE*, n° 2, Alger, Paris, 1963.

J. Tixier, « Procédés d'analyse et questions de terminologie concernant l'étude des ensembles industriels du Paléolithique récent et de l'Épipaléolithique dans l'Afrique du Nord-Ouest », *in* W.-W. Bishop, J.-D. Clark (éds), *Background to Evolution in Africa*, Chicago, Chicago University Press, 1967.

P. Tobias, « The Olduvai Bed I Hominine with special reference to its cranial capacity », *Curr. Anthr.*, vol. 6, n° 4, 1965, p. 421-422.

P. V. Tobias, « The cranium and maxillary dentition of *Australopithecus* (*Zinjanthropus*) *boisei* », vol. 2, *in* L. S. B. Leakey (éd.), *Olduvai Gorge*, Cambridge, Cambridge University Press, 1967.

P. V. Tobias, « The skulls, endocasts and teeth of *Homo habilis* », vol. 4, *in* L. S. B. Leakey (éd.), *Olduvai Gorge*, Camdbrige, Cambridge University Press, 1991.

E. Trinkaus, P. Shipman, *Les Hommes de Neandertal*, Paris, Seuil, 1996.

R. Tuttle, « Up from electromyography : Primate energetics and the evolution of human bipedalism », *in* R.-S. Corruccini, R.-L. Ciochon (éds), *Integrative Paths to the Past. Paleoanthropological Advances in Honor of F. Clark Howell*, Englewood Cliffs (NJ), Prentice Hall, 1994, p. 269-284.

R. Tuttle, D.-M. Webb, N.-I. Tuttle, M. Baksh, « Footprints and gaits of bipedal apes, bears, and barefoot people : perspectives on Pliocene tracks », *in* S. Matano *et al.*, *Topics in Primatology*, vol. 3, Tokyo, University of Tokyo Press, 1992, p. 221-242.

L'Univers, 17 décembre, Paris, 1908.

C. Ussunet-Zarouk, « Approche du régime alimentaire de l'homme fossile par caractérisation des stries d'usure dentaire », thèse, université Pierre-et-Marie-Curie-Paris-VI, 1991.

B. VANDERMEERSCH, *Les Hommes fossiles de Qafzeh (Israel)*, Paris, CNRS Éditions, « Cahiers de Paléoanthropologie », 1981.

B. VANDERMEERSCH, « Présapiens et anténeandertaliens », *in* « L'Homme fossile : 150 ans après », *Bull. Soc. R. B. Anthrop. Prehist.*, vol. 97, 1986, p. 45-57.

B. VANDERMEERSCH, B. MAUREILLE, *Les Neandertaliens. Biologie et culture*, Comité des travaux historiques et scientifiques, 2007.

R. VERNEAU, « Les grottes de Grimaldi (Baousse-Rousse), Monaco », *L'Anthropologie*, II-Fascicule I., Monaco, 1905.

J.-L. VERNET, « Les charbons de bois, les anciens écosystèmes et le rôle de l'homme », *Bull. Soc. Bot. Fr.*, vol. 139, n° 2, p. 3-4, 1992.

G. VERRON, *Préhistoire de la Normandie*, Rennes, Éditions Ouest-France, 2000.

D. VIALOU, *L'Art des cavernes*, Monaco, Le Rocher, 1987.

D. VIALOU, *L'Art des grottes*, Paris, Scala, 1998.

I. VILLEMEUR, *La Main des neandertaliens, Comparaison avec la main des hommes de type moderne. Morphologie et mécanique*, Paris, CNRS Éditions, « Cahiers de Paléoanthropologie », 1994.

R. VIRCHOW, « Untersuchung des Neanderthal-Schädels Verhandlungen der Berliner », *Anthropologischen Gesellschaft*, n° 4, 1872, p. 157-165.

J. DE VOS, « Taxonomy, ancestry and speciation of the endemic Pleistocene deer of Crete compared with fossil elephants of Crete : faunal turnover and a comparison with taxonomy, ancestry and speciation of Darwin's finches », D. S. Reese (éd.), *Monographs in World Archaeology*, vol. 28. Madison, Prehistory Press, 1996, p. 111-119.

J. DE VOS, F. AZIZ, P.-Y. SONDAAR, G.-D. VAN DEN BERGH, « *Homo erectus* in SE Asia : time space and migration routes ; a global model III. Migration routes and evolution », *in* J. Gibert, F. Sánchez, L. Gibertn, F. Ribot (éds), *The Hominids and their Environment during the Lower and Middle Pleistocene of Eurasia. Proceedings of the International Conference of Human Paleontology, Orce 1995*, 1999, p. 369-383.

E. S. VRBA, G. H. DEUTON, T. C. PARTRIDGE, L. H. BUNCKLE, *Paleoclimate and Evolution with Emphasis on Human origins*, New Haven, Yale University Press, 1995.

F. WEIDENREICH, « The extremity bones of *Sinanthropus pekinensis* », *Pal. Sinica*, nouvelle série, D. 5, 1941, p. 1-151.

F. WEIDENREICH, « The *Sinanthropus* population of Choukoutien (Locality 1) with a preliminary report on new discoveries », *Bull. Geol. Soc. China*, n° 14, 1935, p. 427-461.

F. WEIDENREICH, « The skull of *Sinanthropus pekinensis* : a comparative study on a primitive hominid skull », *Pal. Sinica*, nouvelle série, D. 10, 1943, p. 1-485.

T.-D. WHITE, G. SUWA, B. ASFAW, « *Australopithecus ramidus*, a new species of early hominid from Aramis, Ethiopia », *Nature*, 1994, n° 371, p. 306-312 ; Corrigendum, *Nature*, 1995, n° 375, p. 88.

T.-D. WHITE. « Cut marks on the Bodo cranium : A case of prehistoric defleshing », *Am. J. Phys. Anthrop.*, vol. 69, 1986, p. 503-509.

T. D. WHITE, G. W. GABRIEL, B. ASFAW, S. AMBRORE, Y. BEYENE, R. L. BERNOR, J. R. BOISSERIE, B. CURRIE, H. GILBERT, Y. HAILÉ-SÉLASIÉ, W. K. HART, L. J.

Hlusko, F. C. Howell, R. T. Kono, T. Lehmann, A. Louchart, C. O. Lovejoy, P. R. Renne, H. Saegusa, E. S. Vrba, H. Wesselman, G. Suwa, « Asa Issie, Aramis and the origin of *Australopithecus* », *Nature*, 440, 2006, p. 883.889.

A.-S. Woodward, « Note on the Piltdown Man », *Geol. Mag.*, octobre 1913.

Gao Jian, C. Xu, L. Wang, K. Han, « Australopithecine teeth associated with *Gigantopithecus* », *Vert. PalAsiat.*, n° 13, 1975, p. 81-87.

P. Yiou, K. Fuhrer, L.-D. Meeker, J. Jouzel, S. Johnsen, P.-A. Masked, « Paleoclimatic variability inferred from the spectral, analysis of Greenland and, Antarctic ice-core data », *J. Geophys. Res.*, n° 102(C12), 1997, p. 26441-26454.

O. Zdansky, « Preliminary notice on two teeth of a hominid from a cave in Chihli (China) », *Bull. Geol. Soc. China*, n° 5, 1927, p. 281-284.

Sources

Yves Coppens, « Paléoanthropologie et préhistoire », *Annuaire du Collège de France, 1983-1984*, p. 555-584, 1984 ; *1984-1985*, p. 563-594, 1985 ; *1985-1986*, p. 561-592, 1986 ; *1986-1987*, p. 459-492, 1987 ; *1987-1988*, p. 505-534, 1988 ; *1988-1989*, p. 449-475, 1989 ; *1989-1990*, p. 539-573, 1990 ; *1990-1991*, p. 611-641, 1991 ; *1991-1992*, p. 597-624, 1992 ; *1992-1993*, p. 629-654, 1993 ; *1993-1994*, p. 635-666, 1994 ; *1994-1995*, p. 595-627, 1995 ; *1995-1996*, p. 687-726, 1996 ; *1996-1997*, p. 661-696, 1997 ; *1997-1998*, p. 653-686, 1998 ; *1998-1999*, p. 601-633, 1999 ; *1999-2000*, p. 627-654, 2000 ; *2000-2001*, p. 597-621, 2001 ; *2001-2002*, p. 659-690, 2002 ; *2002-2003*, p. 665-694, 2003 ; *2003-2004*, p. 727-755, 2004 ; *2004-2005*, p. 503-521, 2005.

Table

LEÇONS

ANNEXES

DANS LA COLLECTION « POCHES ODILE JACOB »

N° 1 : Aldo Naouri, *Les Filles et leurs mères*
N° 2 : Boris Cyrulnik, *Les Nourritures affectives*
N° 3 : Jean-Didier Vincent, *La Chair et le Diable*
N° 4 : Jean François Deniau, *Le Bureau des secrets perdus*
N° 5 : Stephen Hawking, *Trous noirs et Bébés univers*
N° 6 : Claude Hagège, *Le Souffle de la langue*
N° 7 : Claude Olievenstein, *Naissance de la vieillesse*
N° 8 : Édouard Zarifian, *Les Jardiniers de la folie*
N° 9 : Caroline Eliacheff, *À corps et à cris*
N° 10 : François Lelord, Christophe André, *Comment gérer les personnalités difficiles*
N° 11 : Jean-Pierre Changeux, Alain Connes, *Matière à pensée*
N° 12 : Yves Coppens, *Le Genou de Lucy*
N° 13 : Jacques Ruffié, *Le Sexe et la Mort*
N° 14 : François Roustang, *Comment faire rire un paranoïaque ?*
N° 15 : Jean-Claude Duplessy, Pierre Morel, *Gros Temps sur la planète*
N° 16 : François Jacob, *La Souris, la Mouche et l'Homme*
N° 17 : Marie-Frédérique Bacqué, *Le Deuil à vivre*
N° 18 : Gerald M. Edelman, *Biologie de la conscience*
N° 19 : Samuel P. Huntington, *Le Choc des civilisations*
N° 20 : Dan Kiley, *Le Syndrome de Peter Pan*
N° 21 : Willy Pasini, *À quoi sert le couple ?*
N° 22 : Françoise Héritier, Boris Cyrulnik, Aldo Naouri, *De l'inceste*
N° 23 : Tobie Nathan, *Psychanalyse païenne*
N° 24 : Raymond Aubrac, *Où la mémoire s'attarde*
N° 25 : Georges Charpak, Richard L. Garwin, *Feux follets et Champignons nucléaires*
N° 26 : Henry de Lumley, *L'Homme premier*
N° 27 : Alain Ehrenberg, *La Fatigue d'être soi*
N° 28 : Jean-Pierre Changeux, Paul Ricœur, *Ce qui nous fait penser*
N° 29 : André Brahic, *Enfants du Soleil*
N° 30 : David Ruelle, *Hasard et Chaos*
N° 31 : Claude Olievenstein, *Le Non-dit des émotions*
N° 32 : Édouard Zarifian, *Des paradis plein la tête*
N° 33 : Michel Jouvet, *Le Sommeil et le Rêve*
N° 34 : Jean-Baptiste de Foucauld, Denis Piveteau, *Une société en quête de sens*
N° 35 : Jean-Marie Bourre, *La Diététique du cerveau*
N° 36 : François Lelord, *Les Contes d'un psychiatre ordinaire*

N° 37 : Alain Braconnier, *Le Sexe des émotions*
N° 38 : Temple Grandin, *Ma vie d'autiste*
N° 39 : Philippe Taquet, *L'Empreinte des dinosaures*
N° 40 : Antonio R. Damasio, *L'Erreur de Descartes*
N° 41 : Édouard Zarifian, *La Force de guérir*
N° 42 : Yves Coppens, *Pré-ambules*
N° 43 : Claude Fischler, *L'Homnivore*
N° 44 : Brigitte Thévenot, Aldo Naouri, *Questions d'enfants*
N° 45 : Geneviève Delaisi de Parseval, Suzanne Lallemand, *L'Art d'accommoder les bébés*
N° 46 : François Mitterrand, Elie Wiesel, *Mémoire à deux voix*
N° 47 : François Mitterrand, *Mémoires interrompus*
N° 48 : François Mitterrand, *De l'Allemagne, de la France*
N° 49 : Caroline Eliacheff, *Vies privées*
N° 50 : Tobie Nathan, *L'Influence qui guérit*
N° 51 : Éric Albert, Alain Braconnier, *Tout est dans la tête*
N° 52 : Judith Rapoport, *Le garçon qui n'arrêtait pas de se laver*
N° 53 : Michel Cassé, *Du vide et de la création*
N° 54 : Ilya Prigogine, *La Fin des certitudes*
N° 55 : Ginette Raimbault, Caroline Eliacheff, *Les Indomptables*
N° 56 : Marc Abélès, *Un ethnologue à l'Assemblée*
N° 57 : Alicia Lieberman, *La Vie émotionnelle du tout-petit*
N° 58 : Robert Dantzer, *L'Illusion psychosomatique*
N° 59 : Marie-Jo Bonnet, *Les Relations amoureuses entre les femmes*
N° 60 : Irène Théry, *Le Démariage*
N° 61 : Claude Lévi-Strauss, Didier Éribon, *De près et de loin*
N° 62 : François Roustang, *La Fin de la plainte*
N° 63 : Luc Ferry, Jean-Didier Vincent, *Qu'est-ce que l'homme ?*
N° 64 : Aldo Naouri, *Parier sur l'enfant*
N° 65 : Robert Rochefort, *La Société des consommateurs*
N° 66 : John Cleese, Robin Skynner, *Comment être un névrosé heureux*
N° 67 : Boris Cyrulnik, *L'Ensorcellement du monde*
N° 68 : Darian Leader, *À quoi penses-tu ?*
N° 69 : Georges Duby, *L'Histoire continue*
N° 70 : David Lepoutre, *Cœur de banlieue*
N° 71 : Université de tous les savoirs 1, *La Géographie et la Démographie*
N° 72 : Université de tous les savoirs 2, *L'Histoire, la Sociologie et l'Anthropologie*
N° 73 : Université de tous les savoirs 3, *L'Économie, le Travail, l'Entreprise*

N° 74 : Christophe André, François Lelord, *L'Estime de soi*
N° 75 : Université de tous les savoirs 4, *La Vie*
N° 76 : Université de tous les savoirs 5, *Le Cerveau, le Langage, le Sens*
N° 77 : Université de tous les savoirs 6, *La Nature et les Risques*
N° 78 : Boris Cyrulnik, *Un merveilleux malheur*
N° 79 : Université de tous les savoirs 7, *Les Technologies*
N° 80 : Université de tous les savoirs 8, *L'Individu dans la société d'aujourd'hui*
N° 81 : Université de tous les savoirs 9, *Le Pouvoir, L'État, la Politique*
N° 82 : Jean-Didier Vincent, *Biologie des passions*
N° 83 : Université de tous les savoirs 10, *Les Maladies et la Médecine*
N° 84 : Université de tous les savoirs 11, *La Philosophie et l'Éthique*
N° 85 : Université de tous les savoirs 12, *La Société et les Relations sociales*
N° 86 : Roger-Pol Droit, *La Compagnie des philosophes*
N° 87 : Université de tous les savoirs 13, *Les Mathématiques*
N° 88 : Université de tous les savoirs 14, *L'Univers*
N° 89 : Université de tous les savoirs 15, *Le Globe*
N° 90 : Jean-Pierre Changeux, *Raison et Plaisir*
N° 91 : Antonio R. Damasio, *Le Sentiment même de soi*
N° 92 : Université de tous les savoirs 16, *La Physique et les Éléments*
N° 93 : Université de tous les savoirs 17, *Les États de la matière*
N° 94 : Université de tous les savoirs 18, *La Chimie*
N° 95 : Claude Olievenstein, *L'Homme parano*
N° 96 : Université de tous les savoirs 19, *Géopolitique et Mondialisation*
N° 97 : Université de tous les savoirs 20, *L'Art et la Culture*
N° 98 : Claude Hagège, *Halte à la mort des langues*
N° 99 : Jean-Denis Bredin, Thierry Lévy, *Convaincre*
N° 100 : Willy Pasini, *La Force du désir*
N° 101 : Jacques Fricker, *Maigrir en grande forme*
N° 102 : Nicolas Offenstadt, *Les Fusillés de la Grande Guerre*
N° 103 : Catherine Reverzy, *Femmes d'aventure*
N° 104 : Willy Pasini, *Les Casse-pieds*
N° 105 : Roger-Pol Droit, *101 Expériences de philosophie quotidienne*
N° 106 : Jean-Marie Bourre, *La Diététique de la performance*
N° 107 : Jean Cottraux, *La Répétition des scénarios de vie*
N° 108 : Christophe André, Patrice Légeron, *La Peur des autres*
N° 109 : Amartya Sen, *Un nouveau modèle économique*
N° 110 : John D. Barrow, *Pourquoi le monde est-il mathématique ?*

N° 111 : Richard Dawkins, *Le Gène égoïste*
N° 112 : Pierre Fédida, *Des bienfaits de la dépression*
N° 113 : Patrick Légeron, *Le Stress au travail*
N° 114 : François Lelord, Christophe André, *La Force des émotions*
N° 115 : Marc Ferro, *Histoire de France*
N° 116 : Stanislas Dehaene, *La Bosse des maths*
N° 117 : Willy Pasini, Donato Francescato, *Le Courage de changer*
N° 118 : François Heisbourg, *Hyperterrorisme : la nouvelle guerre*
N° 119 : Marc Ferro, *Le Choc de l'Islam*
N° 120 : Régis Debray, *Dieu, un itinéraire*
N° 121 : Georges Charpak, Henri Broch, *Devenez sorciers, devenez savants*
N° 122 : René Frydman, *Dieu, la Médecine et l'Embryon*
N° 123 : Philippe Brenot, *Inventer le couple*
N° 124 : Jean Le Camus, *Le Vrai Rôle du père*
N° 125 : Elisabeth Badinter, *XY*
N° 126 : Elisabeth Badinter, *L'Un est l'Autre*
N° 127 : Laurent Cohen-Tanugi, *L'Europe et l'Amérique au seuil du XXIe siècle*
N° 128 : Aldo Naouri, *Réponses de pédiatre*
N° 129 : Jean-Pierre Changeux, *L'Homme de vérité*
N° 130 : Nicole Jeammet, *Les Violences morales*
N° 131 : Robert Neuburger, *Nouveaux Couples*
N° 132 : Boris Cyrulnik, *Les Vilains Petits Canards*
N° 133 : Christophe André, *Vivre heureux*
N° 134 : François Lelord, *Le Voyage d'Hector*
N° 135 : Alain Braconnier, *Petit ou grand anxieux ?*
N° 136 : Juan Luis Arsuaga, *Le Collier de Néandertal*
N° 137 : Daniel Sibony, *Don de soi ou partage de soi*
N° 138 : Claude Hagège, *L'Enfant aux deux langues*
N° 139 : Roger-Pol Droit, *Dernières Nouvelles des choses*
N° 140 : Willy Pasini, *Être sûr de soi*
N° 141 : Massimo Piattelli Palmarini, *Le Goût des études ou comment l'acquérir*
N° 142 : Michel Godet, *Le Choc de 2006*
N° 143 : Gérard Chaliand, Sophie Mousset, *2 000 ans de chrétientés*
N° 145 : Christian De Duve, *À l'écoute du vivant*
N° 146 : Aldo Naouri, *Le Couple et l'Enfant*

N° 147 : Robert Rochefort, *Vive le papy-boom*
N° 148 : Dominique Desanti, Jean-Toussaint Desanti, *La liberté nous aime encore*
N° 149 : François Roustang, *Il suffit d'un geste*
N° 150 : Howard Buten, *Il y a quelqu'un là-dedans*
N° 151 : Catherine Clément, Tobie Nathan, *Le Divan et le Grigri*
N° 152 : Antonio R. Damasio, *Spinoza avait raison*
N° 153 : Bénédicte de Boysson-Bardies, *Comment la parole vient aux enfants*
N° 154 : Michel Schneider, *Big Mother*
N° 155 : Willy Pasini, *Le Temps d'aimer*
N° 156 : Jean-François Amadieu, *Le Poids des apparences*
N° 157 : Jean Cottraux, *Les Ennemis intérieurs*
N° 158 : Bill Clinton, *Ma Vie*
N° 159 : Marc Jeannerod, *Le Cerveau intime*
N° 160 : David Khayat, *Les Chemins de l'espoir*
N° 161 : Jean Daniel, *La Prison juive*
N° 162 : Marie-Christine Hardy-Baylé, Patrick Hardy, *Maniaco-dépressif*
N° 163 : Boris Cyrulnik, *Le Murmure des fantômes*
N° 164 : Georges Charpak, Roland Omnès, *Soyez savants, devenez prophètes*
N° 165 : Aldo Naouri, *Les Pères et les Mères*
N° 166 : Christophe André, *Psychologie de la peur*
N° 167 : Alain Peyrefitte, *La Société de confiance*
N° 168 : François Ladame, *Les Éternels Adolescents*
N° 169 : Didier Pleux, *De l'enfant roi à l'enfant tyran*
N° 170 : Robert Axelrod, *Comment réussir dans un monde d'égoïstes*
N° 171 : François Millet-Bartoli, *La Crise du milieu de la vie*
N° 172 : Hubert Montagner, *L'Attachement*
N° 173 : Jean-Marie Bourre, *La Nouvelle Diététique du cerveau*
N° 174 : Willy Pasini, *La Jalousie*
N° 175 : Frédéric Fanget, *Oser*
N° 176 : Lucy Vincent, *Comment devient-on amoureux ?*
N° 177 : Jacques Melher, Emmanuel Dupoux, *Naître humain*
N° 178 : Gérard Apfeldorfer, *Les Relations durables*
N° 179 : Bernard Lechevalier, *Le Cerveau de Mozart*
N° 180 : Stella Baruk, *Quelles mathématiques pour l'école ?*

N° 181 : Patrick Lemoine, *Le Mystère du placebo*
N° 182 : Boris Cyrulnik, *Parler d'amour au bord du gouffre*
N° 183 : Alain Braconnier, *Mère et Fils*
N° 184 : Jean-Claude Carrière, *Einstein, s'il vous plaît*
N° 185 : Aldo Naouri, Sylvie Angel, Philippe Gutton, *Les Mères juives*
N° 186 : Jean-Marie Bourre, *La Vérité sur les oméga-3*
N° 187 : Édouard Zarifian, *Le Goût de vivre*
N° 188 : Lucy Vincent, *Petits arrangements avec l'amour*
N° 189 : Jean-Claude Carrière, *Fragilité*
N° 190 : Luc Ferry, *Vaincre les peurs*
N° 191 : Henri Broch, *Gourous, sorciers et savants*
N° 192 : Aldo Naouri, *Adultères*
N° 193 : Violaine Guéritault, *La Fatigue émotionnelle et physique des mères*
N° 194 : Sylvie Angel et Stéphane Clerget, *La Deuxième Chance en amour*
N° 195 : Barbara Donville, *Vaincre l'autisme*
N° 196 : François Roustang, *Savoir attendre*
N° 197 : Alain Braconnier, *Les Filles et les Pères*
N° 198 : Lucy Vincent, *Où est passé l'amour ?*
N° 199 : Claude Hagège, *Combat pour le français*
N° 200 : Boris Cyrulnik, *De chair et d'âme*
N° 201 : Jeanne Siaud-Facchin, *Aider son enfant en difficulté scolaire*
N° 202 : Laurent Cohen, *L'Homme-thermomètre*
N° 203 : François Lelord, *Hector et les secrets de l'amour*
N° 204 : Willy Pasini, *Des hommes à aimer*
N° 205 : Jean-François Gayraud, *Le Monde des mafias*
N° 206 : Claude Béata, *La Psychologie du chien*
N° 207 : Denis Bertholet, *Claude Lévi-Strauss*
N° 208 : Alain Bentolila, *Le Verbe contre la barbarie*
N° 209 : François Lelord, *Le Nouveau Voyage d'Hector*
N° 210 : Pascal Picq, *Lucy et l'obscurantisme*
N° 211 : Marc Ferro, *Le Ressentiment dans l'histoire*
N° 212 : Willy Pasini, *Le Couple amoureux*
N° 213 : Christophe André, François Lelord, *L'Estime de soi*
N° 214 : Lionel Naccache, *Le Nouvel Inconscient*
N° 215 : Christophe André, *Imparfaits, libres et heureux*
N° 216 : Michel Godet, *Le Courage du bon sens*

N° 217 : Daniel Stern, Nadia Bruschweiler, *Naissance d'une mère*
N° 218 : Gérard Apfeldorfer, *Mangez en paix !*
N° 219 : Libby Purves, *Comment ne pas être une mère parfaite*
N° 220 : Gisèle George, *La Confiance en soi de votre enfant*
N° 221 : Libby Purves, *Comment ne pas élever des enfants parfaits*
N° 222 : Claudine Biland, *Psychologie du menteur*
N° 223 : Dr Hervé Grosgogeat, *La Méthode acide-base*
N° 224 : François-Xavier Poudat, *La Dépendance amoureuse*
N° 225 : Barack Obama, *Le Changement*
N° 226 : Aldo Naouri, *Éduquer ses enfants*
N° 227 : Dominique Servant, *Soigner le stress et l'anxiété par soi-même*
N° 228 : Anthony Rowley, *Une histoire mondiale de la table*
N° 229 : Jean-Didier Vincent, *Voyage extraordinaire au centre du cerveau*
N° 230 : Frédéric Fanget, *Affirmez-vous !*
N° 231 : Gisèle George, *Mon enfant s'oppose*
N° 232 : Sylvie Royant-Parola, *Comment retrouver le sommeil par soi-même*
N° 233 : Christian Zaczyck, *Comment avoir de bonnes relations avec les autres*
N° 234 : Jeanne Siaud-Facchin, *L'Enfant surdoué*
N° 235 : Bruno Koeltz, *Comment ne pas tout remettre au lendemain*
N° 236 : Henri Lôo et David Gourion, *Guérir de la dépression*
N° 237 : Henri Lumley, *La Grande Histoire des premiers hommes européens*
N° 238 : Boris Cyrulnik, *Autobiographie d'un épouvantail*
N° 239 : Monique Bydbowski, *Je rêve un enfant*
N° 240 : Willy Pasini, *Les Nouveaux Comportements sexuels*
N° 241 : Dr Jean-Philippe Zermati, *Maigrir sans regrossir. Est-ce possible ?*
N° 242 : Patrick Pageat, *L'Homme et le Chien*
N° 243 : Philippe Brenot, *Le Sexe et l'Amour*
N° 244 : Georges Charpak, *Mémoires d'un déraciné*
N° 245 : Yves Coppens, *L'Histoire de l'Homme*
N° 246 : Boris Cyrulnik, *Je me souviens*

Cet ouvrage a été transcodé et mis en pages
chez NORD COMPO (Villeneuve d'Ascq)

Impression réalisée par

CPI
BRODARD & TAUPIN

La Flèche (Sarthe), le 19-03-2010
N° d'impression : 57077
N° d'édition : 7381-2407-X
Dépôt légal : avril 2010
Imprimé en France